Allevare Galline Ovaiole

Guida Pratica per Crescere Galline Libere nel Tuo Cortile e Ottenere Uova Fresche

Testi Creativi
Scrittura Professionale Online

Indice

Alla fine di questo libro troverai un regalo esclusivo!

Allevare Galline Ovaiole

Guida Pratica per Crescere Galline Libere nel Tuo Cortile e Ottenere Uova Fresche

I. Introduzione all'Allevamento delle Galline Ovaiole

1. I Benefici dell'Allevamento delle Galline Ovaiole nel Proprio Cortile

Allevare galline ovaiole nel proprio cortile offre numerosi benefici, sia per i principianti che per gli allevatori più esperti. Il primo e più evidente vantaggio è la possibilità di ottenere uova fresche e di alta qualità direttamente a casa propria. Le uova prodotte da galline allevate in modo naturale e con un'alimentazione sana sono più nutrienti e gustose rispetto a quelle acquistate nei supermercati. Le galline allevate nel proprio cortile possono essere nutrite con resti di cucina e cibi biologici, garantendo che le uova siano prive di sostanze chimiche e antibiotici.

Un altro beneficio significativo è il risparmio economico. Dopo l'investimento iniziale per la costruzione del pollaio e l'acquisto delle galline, i costi di mantenimento sono relativamente bassi. Con un piccolo numero di galline, è possibile ridurre considerevolmente la spesa mensile per l'acquisto di uova. Inoltre, le galline ovaiole contribuiscono alla riduzione dei rifiuti domestici, poiché possono essere nutrite con avanzi di cibo, riducendo così la quantità di rifiuti organici destinati alla discarica.

Le galline ovaiole svolgono anche un ruolo importante nel giardinaggio ecologico. Grazie al loro istinto naturale di razzolare, le galline possono aiutare a controllare la popolazione di insetti dannosi nel giardino. Mangiano insetti, larve e parassiti, contribuendo così a mantenere le piante sane senza la necessità di utilizzare pesticidi chimici. Inoltre, il letame delle galline è un eccellente fertilizzante naturale. Ricco di azoto, fosforo e potassio, può essere compostato e utilizzato per arricchire il terreno del giardino, migliorando la crescita delle piante e aumentando la produttività del raccolto.

Allevare galline ovaiole è anche un'attività educativa e terapeutica. Per le famiglie con bambini, può rappresentare un'opportunità per insegnare responsabilità, cura degli animali e rispetto per la natura. I bambini possono partecipare attivamente alla raccolta delle uova, alla pulizia del pollaio e all'alimentazione delle galline, sviluppando così competenze pratiche e una maggiore consapevolezza ambientale. Inoltre, il semplice atto di prendersi cura delle galline può avere effetti positivi sulla salute mentale degli adulti, riducendo lo stress e promuovendo un senso di tranquillità e benessere.

Dal punto di vista ambientale, allevare galline ovaiole nel proprio cortile contribuisce a ridurre l'impronta ecologica. Le piccole operazioni domestiche sono generalmente più sostenibili rispetto agli allevamenti intensivi, che consumano grandi quantità di risorse e producono significative emissioni di gas serra. Mantenere le galline in un ambiente familiare e rispettoso del loro benessere contribuisce alla promozione di pratiche agricole più etiche e sostenibili.

Infine, allevare galline ovaiole permette di costruire una comunità intorno alla passione per l'agricoltura urbana. Molti allevatori trovano soddisfazione nel condividere le proprie esperienze, scambiare consigli e collaborare con vicini e amici interessati a intraprendere lo stesso percorso. Questo spirito di condivisione e collaborazione arricchisce la vita sociale e crea reti di supporto che possono essere utili in caso di difficoltà o domande sull'allevamento.

Per iniziare, è consigliabile dedicare del tempo alla ricerca e alla pianificazione. Prima di acquistare le galline, è fondamentale informarsi sulle necessità specifiche delle diverse razze, valutare lo spazio disponibile e assicurarsi di poter fornire un ambiente sicuro e confortevole per gli animali. Con un po' di impegno iniziale, allevare galline ovaiole nel proprio cortile può trasformarsi in un'attività gratificante e sostenibile, capace di offrire benefici significativi sotto molteplici aspetti.

2. La Storia delle Galline Ovaiole Domestiche

La storia delle galline ovaiole domestiche è affascinante e ricca di dettagli che risalgono a migliaia di anni fa. Le galline domestiche, come le conosciamo oggi, discendono dal gallo bankiva (Gallus gallus), una specie di uccello selvatico originaria del Sud-Est asiatico. Gli archeologi ritengono che l'addomesticamento delle prime galline sia avvenuto circa 8.000 anni fa in questa regione. L'addomesticamento è stato motivato non solo dal desiderio di avere una fonte stabile di carne e uova, ma anche per il coinvolgimento di questi animali in rituali religiosi e combattimenti tra galli.

La diffusione delle galline domestiche si è poi espansa lungo le principali rotte commerciali e di migrazione umana. Le prove archeologiche suggeriscono che le galline furono introdotte in Europa intorno al 600 a.C., grazie ai mercanti fenici. Da lì, la loro presenza si è rapidamente diffusa in tutto il continente, arrivando fino alle isole britanniche. Gli antichi romani furono particolarmente abili nell'allevamento delle galline, sviluppando tecniche avanzate per la loro cura e selezione. Plinio il Vecchio, nel suo famoso "Naturalis Historia", descrive dettagliatamente le pratiche di allevamento dei romani e la loro preferenza per le galline che deponevano grandi quantità di uova.

Nel corso dei secoli, diverse razze di galline ovaiole sono state selezionate e sviluppate in base alle loro caratteristiche specifiche, come la produttività delle uova, la resistenza alle malattie e l'adattabilità ai diversi climi. Ad esempio, la razza Leghorn, originaria dell'Italia, è famosa per la sua straordinaria capacità di deposizione delle uova ed è diventata una delle razze più popolari al mondo. Altre razze come la Rhode Island Red e la Plymouth Rock, sviluppate negli Stati Uniti, sono apprezzate per la loro robustezza e versatilità.

Con la rivoluzione industriale e l'urbanizzazione del XIX secolo, l'allevamento delle galline ovaiole ha subito trasformazioni significative. L'introduzione di tecniche di allevamento intensivo e la creazione di grandi impianti industriali hanno reso possibile la produzione massiccia di uova, soddisfacendo la crescente domanda delle popolazioni urbane. Tuttavia, questo cambiamento ha portato anche a preoccupazioni riguardo al benessere degli animali e alla qualità delle uova prodotte in tali condizioni. Molti allevamenti industriali utilizzano pratiche come il confinamento delle galline in gabbie strette, limitando fortemente i loro comportamenti naturali.

Negli ultimi decenni, c'è stata una crescente consapevolezza e un ritorno alle pratiche di allevamento più sostenibili e rispettose degli animali. Gli allevatori domestici e gli appassionati di galline ovaiole stanno riscoprendo i benefici di mantenere piccoli gruppi di galline in ambienti più naturali e liberi. Questi metodi non solo migliorano il benessere delle galline, ma producono anche uova di qualità superiore.

Per iniziare a seguire le pratiche tradizionali di allevamento, è essenziale capire l'importanza di offrire alle galline uno spazio adeguato per razzolare e comportarsi naturalmente. Ad esempio, un pollaio ben progettato dovrebbe includere aree per il riposo, la deposizione delle uova e lo spazio all'aperto per il pascolo. Inoltre, bisogna fare attenzione alla selezione delle razze in base al clima locale e alle esigenze specifiche dell'allevatore. Razze come la Sussex e la Orpington sono ideali per climi più freddi, mentre la Ancona e la Leghorn si adattano meglio ai climi caldi.

In sintesi, la storia delle galline ovaiole domestiche è un viaggio affascinante che va dall'addomesticamento antico fino alle moderne pratiche di allevamento sostenibile. Conoscere questa storia non solo arricchisce la nostra comprensione di questi animali, ma ci guida anche nelle migliori pratiche per allevare galline ovaiole in modo etico e produttivo nel nostro cortile.

3. Le Differenze tra Allevamento Industriale e Domestico

L'allevamento delle galline ovaiole può essere suddiviso in due categorie principali: l'allevamento industriale e quello domestico. Questi due approcci differiscono notevolmente sotto molti aspetti, tra cui la gestione degli animali, le condizioni di vita, la qualità delle uova e l'impatto ambientale. Comprendere queste differenze è fondamentale per chiunque desideri avviare un allevamento domestico e assicurarsi di adottare le migliori pratiche per il benessere delle galline e la qualità della produzione.

Gestione degli Animali

Nell'allevamento industriale, le galline ovaiole sono spesso tenute in gabbie di batteria, dove lo spazio è estremamente limitato. Ogni gabbia può ospitare diverse galline, costringendole a vivere in condizioni di sovraffollamento che impediscono loro di esprimere comportamenti naturali come razzolare, fare bagni di polvere e deporre le uova in nidi. Le condizioni di stress elevate e la mancanza di stimolazione ambientale possono portare a problemi di salute e benessere.

Al contrario, nell'allevamento domestico, le galline hanno generalmente accesso a spazi più ampi e a un ambiente più naturale. Gli allevatori domestici possono costruire pollai e aree di razzolamento all'aperto che permettono alle galline di muoversi liberamente e comportarsi secondo il loro istinto. Questo approccio non solo migliora il benessere degli animali, ma può anche portare a una produzione di uova di qualità superiore.

Esempio Pratico: Costruire un pollaio con un'area di razzolamento recintata che consenta alle galline di avere almeno 4 metri quadrati di spazio ciascuna. Fornire posatoi, nidi e aree ombreggiate per garantire comfort e stimolazione.

Condizioni di Vita

Le condizioni di vita nelle aziende industriali sono spesso focalizzate sulla massimizzazione della produzione a scapito del benessere animale. Le gabbie di batteria non permettono alle galline di muoversi liberamente e possono causare lesioni alle zampe e alle ali. Inoltre, l'illuminazione artificiale è spesso utilizzata per aumentare la produzione di uova, alterando i ritmi naturali delle galline.

In un contesto domestico, gli allevatori possono fornire condizioni di vita molto più vicine a quelle naturali. Le galline possono godere di luce solare naturale, aria fresca e un ambiente meno stressante. Questo non solo contribuisce al loro benessere generale, ma può anche migliorare la qualità delle uova prodotte.

Tecnica Pratica: Installare finestre o utilizzare materiali traslucidi per il tetto del pollaio in modo da garantire un'adeguata illuminazione naturale. Assicurarsi che il pollaio sia ben ventilato per evitare l'accumulo di ammoniaca e altri gas nocivi.

Qualità delle Uova

Le uova prodotte nell'allevamento industriale possono differire significativamente da quelle prodotte in un contesto domestico. Le galline allevate in modo intensivo sono spesso nutrite con mangimi standardizzati e possono essere trattate con antibiotici e ormoni per prevenire malattie e aumentare la produttività. Questo può influire sulla qualità e sul sapore delle uova.

Le galline allevate domestiche, invece, possono essere nutrite con una dieta più varia e naturale, che può includere avanzi di cucina, erbe fresche e insetti. Questo tipo di alimentazione può migliorare il contenuto nutritivo delle uova, rendendole più ricche di vitamine e acidi grassi omega-3.

Esempio Pratico: Integrare la dieta delle galline con erbe aromatiche come il timo e l'origano, che possono migliorare il gusto delle uova e contribuire alla salute delle galline grazie alle loro proprietà antibatteriche e antinfiammatorie.

Impatto Ambientale

L'allevamento industriale delle galline ovaiole ha un impatto ambientale significativo. La produzione intensiva richiede grandi quantità di risorse, come mangimi, acqua ed energia, e genera notevoli quantità di rifiuti, tra cui letame e residui chimici. Questi rifiuti possono contaminare le acque sotterranee e contribuire all'inquinamento atmosferico.

L'allevamento domestico, essendo su scala ridotta, ha un impatto ambientale molto minore. Gli allevatori domestici possono adottare pratiche sostenibili, come il compostaggio del letame per utilizzarlo come fertilizzante naturale nel giardino, riducendo così la necessità di fertilizzanti chimici. Inoltre, le piccole dimensioni dell'allevamento riducono il consumo di risorse e minimizzano i rifiuti.

Tecnica Pratica: Creare un sistema di compostaggio nel cortile per il letame delle galline. Il compost ottenuto può essere utilizzato per arricchire il terreno del giardino, migliorando la salute delle piante e riducendo i rifiuti organici.

Conclusioni

Le differenze tra l'allevamento industriale e domestico delle galline ovaiole sono sostanziali e riguardano vari aspetti della gestione, delle condizioni di vita, della qualità delle uova e dell'impatto ambientale. Per chi desidera avviare un allevamento domestico, è importante comprendere queste differenze e adottare pratiche che promuovano il benessere delle galline, la sostenibilità e la qualità della produzione. Con l'impegno e la cura adeguati, l'allevamento domestico può offrire un'esperienza gratificante e sostenibile, capace di fornire uova fresche e nutrienti, migliorando al contempo la qualità della vita degli animali e riducendo l'impatto ambientale.

4. Il Ciclo di Vita delle Galline Ovaiole

Il ciclo di vita delle galline ovaiole è un aspetto fondamentale da comprendere per chiunque desideri allevare questi animali in modo efficace e sostenibile. Dalla schiusa delle uova fino alla fine del loro periodo produttivo, le galline attraversano diverse fasi che richiedono cure e attenzioni specifiche. In questo paragrafo, esploreremo ciascuna fase del ciclo di vita delle galline ovaiole, fornendo esempi pratici e tecniche utili per garantire il loro benessere e massimizzare la produzione di uova.

Schiusa e Primi Giorni di Vita

Il ciclo di vita delle galline ovaiole inizia con la schiusa delle uova. Questo processo avviene solitamente in un'incubatrice che mantiene una temperatura costante di circa 37,5°C e un'umidità relativa del 50-55%. Le uova vengono girate automaticamente per simulare il comportamento della gallina madre. Dopo circa 21 giorni, i pulcini iniziano a rompere il guscio e a uscire dall'uovo.

Esempio Pratico: Utilizzare un'incubatrice digitale che monitora e regola automaticamente temperatura e umidità, garantendo condizioni ottimali per la schiusa.

Nei primi giorni di vita, i pulcini sono estremamente vulnerabili e necessitano di un ambiente caldo e sicuro. Viene solitamente utilizzata una brooder box, una scatola riscaldata con una lampada a infrarossi, che mantiene una temperatura di circa 35°C. La temperatura viene gradualmente ridotta di 2-3°C ogni settimana fino a raggiungere la temperatura ambiente.

Tecnica Pratica: Controllare regolarmente la temperatura all'interno della brooder box con un termometro digitale e assicurarsi che i pulcini abbiano sempre accesso a cibo e acqua freschi.

Crescita e Svezzamento

Dopo le prime settimane, i pulcini iniziano a crescere rapidamente. Durante questa fase, è importante fornire loro un'alimentazione bilanciata, ricca di proteine, per supportare il loro sviluppo. La dieta può includere un mangime specifico per pulcini, integrato con verdure fresche e piccole quantità di grani.

Esempio Pratico: Offrire ai pulcini un mangime starter formulato specificamente per le loro esigenze nutrizionali, assicurandosi che contenga almeno il 20% di proteine.

Intorno alla sesta settimana, i pulcini possono iniziare il processo di svezzamento, che consiste nell'abituarli gradualmente a vivere all'aperto e a mangiare una dieta più varia. Durante questa fase, è essenziale monitorare attentamente la salute e il comportamento dei giovani polli per garantire che si adattino bene alle nuove condizioni.

Tecnica Pratica: Creare un'area protetta all'aperto dove i giovani polli possano esplorare sotto supervisione, abituandosi gradualmente alla vita all'aperto.

Maturità Sessuale e Inizio della Deposizione

Le galline ovaiole raggiungono la maturità sessuale intorno ai 5-6 mesi di età, momento in cui iniziano a deporre le uova. Questo periodo è cruciale, poiché la qualità della cura e dell'alimentazione influenzerà direttamente la produttività delle galline. Una dieta bilanciata, ricca di calcio e proteine, è fondamentale per supportare la produzione di uova.

Esempio Pratico: Integrare la dieta delle galline con gusci d'uovo macinati o farina di ostrica per garantire un adeguato apporto di calcio, necessario per la formazione del guscio delle uova.

Durante la fase iniziale della deposizione, è comune che le uova siano più piccole e irregolari, ma con il tempo, la produzione si stabilizzerà. Le galline ovaiole possono deporre uova quasi quotidianamente per circa due anni, anche se la produttività tende a diminuire gradualmente con l'età.

Tecnica Pratica: Fornire nidi puliti e confortevoli dove le galline possano deporre le uova. Cambiare la paglia o il materiale della lettiera regolarmente per mantenere i nidi igienici.

Declino della Produzione e Vecchiaia

Dopo i primi due anni di alta produttività, la capacità delle galline di deporre uova inizia a diminuire. Questo declino è naturale e può variare in base alla razza, alla dieta e alle condizioni di vita. Anche se la produzione di uova diminuisce, le galline possono continuare a vivere per diversi anni, offrendo altri benefici come il controllo dei parassiti e la produzione di letame.

Esempio Pratico: Continuare a fornire una dieta nutriente alle galline anziane e monitorare la loro salute, assicurandosi che ricevano le cure veterinarie necessarie.

Fasi Finali e Benessere

La gestione delle galline ovaiole nelle fasi finali della loro vita richiede particolare attenzione. È importante garantire che vivano in condizioni confortevoli e rispettose. Alcuni allevatori scelgono di mantenere le galline fino alla fine naturale della loro vita, mentre altri possono decidere di sostituirle con nuove galline più produttive.

Tecnica Pratica: Selezionare una modalità di gestione etica e sostenibile per le galline anziane, considerando opzioni come il pensionamento in un'area del cortile dove possano vivere tranquillamente.

Conclusioni

Il ciclo di vita delle galline ovaiole è complesso e richiede una comprensione approfondita di ciascuna fase per garantire il loro benessere e massimizzare la produzione di uova. Dalla schiusa e i primi giorni di vita, passando per la crescita e la maturità sessuale, fino al declino della produzione e la vecchiaia, ogni fase richiede cure e attenzioni specifiche. Con l'applicazione di tecniche pratiche e un'attenzione costante alla salute e al benessere degli animali, gli allevatori possono assicurare una vita lunga e produttiva alle loro galline ovaiole.

5. Aspetti Economici dell'Allevamento delle Galline Ovaiole

Allevare galline ovaiole nel proprio cortile non è solo un'attività gratificante dal punto di vista personale e ambientale, ma può anche avere importanti implicazioni economiche. Questo paragrafo esplorerà i vari aspetti economici legati all'allevamento domestico delle galline ovaiole, fornendo una panoramica sui costi iniziali, le spese ricorrenti, i potenziali risparmi e i possibili guadagni. Comprendere questi fattori è essenziale per chiunque desideri avviare un allevamento di successo e sostenibile, sia per uso personale che per una piccola attività commerciale.

Costi Iniziali

I costi iniziali per avviare un allevamento di galline ovaiole possono variare notevolmente in base alla scala del progetto e alle attrezzature scelte. Le principali spese iniziali includono l'acquisto delle galline, la costruzione o l'acquisto di un pollaio e l'acquisto di attrezzature essenziali come mangiatoie, abbeveratoi, e sistemi di recinzione.

Esempio Pratico: Per un piccolo allevamento domestico con 5-10 galline, il costo delle galline può variare da 5 a 20 euro ciascuna, a seconda della razza e dell'età. Un pollaio prefabbricato di buona qualità può costare tra i 200 e i 500 euro, mentre costruirne uno da zero può ridurre i costi ma richiede più tempo e competenze.

Spese Ricorrenti

Le spese ricorrenti includono principalmente il costo del mangime, che rappresenta una parte significativa delle spese mensili. Altri costi ricorrenti includono la lettiera, i prodotti per la pulizia e la manutenzione del pollaio, e le eventuali spese veterinarie. È importante pianificare attentamente queste spese per assicurarsi che l'allevamento rimanga sostenibile nel lungo termine.

Tecnica Pratica: Utilizzare mangimi di alta qualità per garantire la salute delle galline e una produzione ottimale di uova. Considerare l'acquisto di mangime all'ingrosso per ridurre i costi.

Esempio Pratico: Un sacco di mangime da 25 kg può costare tra i 15 e i 25 euro e può durare circa un mese per un piccolo gruppo di galline. Inoltre, la lettiera in trucioli di legno o paglia può costare tra i 5 e i 10 euro al mese.

Potenziali Risparmi

Uno dei principali vantaggi economici dell'allevamento domestico delle galline ovaiole è il risparmio sul costo delle uova. Le uova fresche prodotte in casa sono generalmente di qualità superiore rispetto a quelle acquistate nei negozi e possono ridurre notevolmente la spesa alimentare della famiglia. Inoltre, l'allevamento domestico permette di utilizzare avanzi di cucina e scarti vegetali come integrazione del mangime, riducendo ulteriormente i costi.

Esempio Pratico: Se una famiglia consuma 12 uova a settimana, acquistare uova biologiche al supermercato può costare circa 4 euro a dozzina. Allevando galline ovaiole, si possono produrre uova fresche a un costo significativamente inferiore, generando un risparmio annuo di oltre 200 euro.

Possibili Guadagni

Oltre ai risparmi, l'allevamento delle galline ovaiole può anche generare reddito aggiuntivo. Vendere le uova in eccesso a vicini, amici o al mercato locale può portare entrate supplementari. Inoltre, alcuni allevatori trovano opportunità di guadagno nella vendita di galline giovani o nella fornitura di servizi di consulenza per nuovi allevatori.

Tecnica Pratica: Stabilire un piccolo mercato locale o partecipare ai mercati contadini per vendere le uova. Creare una rete di clienti regolari che apprezzano la qualità delle uova fresche e biologiche.

Esempio Pratico: Vendere una dozzina di uova fresche a 3 euro può portare a un guadagno mensile di 36 euro per un allevamento che produce 12 dozzine di uova al mese.

Considerazioni Fiscali e Regolamentari

È importante tenere conto delle regolamentazioni fiscali e locali quando si vendono uova o altri prodotti derivati dall'allevamento. In alcune regioni, può essere necessario registrare l'attività e rispettare specifiche normative sanitarie. Rispettare queste regolamentazioni è essenziale per evitare sanzioni e garantire la sicurezza alimentare.

Tecnica Pratica: Consultare le autorità locali per ottenere informazioni sulle normative vigenti. Tenere registri accurati delle vendite e delle spese per facilitare la gestione fiscale.

Conclusioni

Gli aspetti economici dell'allevamento delle galline ovaiole sono complessi e richiedono una pianificazione attenta e una gestione oculata. I costi iniziali e ricorrenti devono essere bilanciati con i potenziali risparmi e guadagni per garantire la sostenibilità economica dell'allevamento. Con le giuste strategie, l'allevamento domestico di galline ovaiole può non solo fornire uova fresche e di alta qualità, ma anche rappresentare una fonte di risparmio e guadagno, contribuendo al contempo al benessere degli animali e alla sostenibilità ambientale.

6. Considerazioni Ambientali sull'Allevamento delle Galline Ovaiole

L'allevamento delle galline ovaiole, sebbene possa sembrare una pratica ecologica e sostenibile, comporta una serie di considerazioni ambientali che meritano attenzione. Dal punto di vista ambientale, è essenziale valutare l'impatto dell'allevamento sul suolo, sull'acqua e sull'aria, e adottare pratiche che minimizzino questo impatto. In questo paragrafo, esploreremo come l'allevamento delle galline ovaiole può influenzare l'ambiente e forniremo suggerimenti pratici per gestire e ridurre tale impatto.

Impatto sul Suolo

L'uso del suolo è uno degli aspetti più evidenti dell'allevamento delle galline ovaiole. Le galline necessitano di spazio per razzolare e fare attività fisica, il che può portare a un'usura del terreno se non viene gestito adeguatamente. Un uso intensivo e non controllato può portare a problemi come l'erosione del suolo e la perdita di vegetazione.

Esempio Pratico: Creare un'area di razzolamento con rotazione periodica per evitare l'erosione del suolo. Utilizzare una recinzione mobile per spostare le galline su diverse sezioni del terreno, permettendo al suolo di riprendersi e alla vegetazione di ricrescere.

Tecnica Pratica: Implementare un sistema di gestione rotazionale del pascolo. Spostare regolarmente le galline tra diverse aree di razzolamento per evitare la sovrapposizione eccessiva e il degrado del terreno.

Impatto sull'Acqua

Il letame delle galline e i residui di mangime possono contaminare le risorse idriche se non vengono gestiti correttamente. Il letame, ricco di azoto e fosforo, può causare l'eutrofizzazione delle acque, un processo che porta alla crescita eccessiva di alghe e alla diminuzione dell'ossigeno nell'acqua, compromettendo la qualità dell'acqua e la salute degli ecosistemi acquatici.

Esempio Pratico: Utilizzare il letame delle galline come fertilizzante per il giardino o l'orto, compostandolo prima di applicarlo al suolo. Questo non solo riduce il rischio di contaminazione delle risorse idriche, ma fornisce anche un eccellente nutriente per le piante.

Tecnica Pratica: Creare una pila di compostaggio separata per il letame delle galline e gli scarti organici. Monitorare il processo di compostaggio per garantire che il materiale sia completamente decomposto prima di applicarlo come fertilizzante.

Impatto sull'Aria

L'allevamento delle galline può contribuire all'inquinamento dell'aria attraverso l'emissione di ammoniaca e metano. L'ammoniaca, liberata dal letame e dalle deiezioni, può causare odori sgradevoli e contribuire alla formazione di particelle nocive nell'aria. Il metano, sebbene in quantità minori rispetto ad altre fonti, può anche contribuire ai cambiamenti climatici.

Esempio Pratico: Mantenere il pollaio pulito e ben ventilato per ridurre l'accumulo di ammoniaca. Utilizzare lettiera assorbente di alta qualità per minimizzare le emissioni di gas e odori.

Tecnica Pratica: Implementare un sistema di ventilazione naturale o forzata nel pollaio per garantire un'adeguata circolazione dell'aria. Cambiare regolarmente la lettiera per ridurre l'umidità e l'emissione di gas.

Gestione dei Rifiuti e Riciclo

Una gestione adeguata dei rifiuti è cruciale per minimizzare l'impatto ambientale dell'allevamento delle galline ovaiole. I rifiuti prodotti, tra cui letame, mangime avanzato e materiali di lettiera, devono essere gestiti in modo sostenibile per evitare contaminazioni e sprechi.

Esempio Pratico: Compostare i rifiuti organici del pollaio e utilizzarli per arricchire il terreno del giardino. Questo riduce la quantità di rifiuti inviati alla discarica e migliora la qualità del suolo.

Tecnica Pratica: Installare un contenitore per il compostaggio vicino al pollaio. Assicurarsi di mescolare regolarmente il materiale e mantenerlo umido per facilitare la decomposizione.

Conservazione delle Risorse

Adottare pratiche che conservano le risorse naturali è essenziale per ridurre l'impatto ambientale dell'allevamento delle galline. Utilizzare risorse rinnovabili e ridurre il consumo di energia e acqua possono contribuire a un allevamento più sostenibile.

Esempio Pratico: Utilizzare sistemi di raccolta dell'acqua piovana per l'irrigazione del giardino e per fornire acqua alle galline. Installare pannelli solari per ridurre il consumo di energia elettrica nel pollaio.

Tecnica Pratica: Creare una cisterna per raccogliere l'acqua piovana e collegarla a un sistema di distribuzione per l'irrigazione e l'abbeveraggio. Considerare l'uso di energie rinnovabili per alimentare le attrezzature del pollaio.

Conclusioni

Le considerazioni ambientali sull'allevamento delle galline ovaiole sono fondamentali per garantire una pratica sostenibile e responsabile. Gestire l'impatto sul suolo, sull'acqua e sull'aria, adottare tecniche di riciclo e conservazione delle risorse, e implementare pratiche di gestione dei rifiuti possono aiutare a minimizzare l'impatto ambientale e a promuovere un allevamento ecologico. Con le giuste strategie, è possibile combinare il piacere dell'allevamento domestico con il rispetto per l'ambiente, creando un equilibrio tra produzione e sostenibilità.

7. Il Ruolo delle Galline Ovaiole nell'Agricoltura Sostenibile

Le galline ovaiole giocano un ruolo significativo nell'agricoltura sostenibile, contribuendo a un sistema agricolo più equilibrato e rispettoso dell'ambiente. La loro presenza offre numerosi benefici sia diretti che indiretti che possono migliorare la salute del suolo, promuovere la biodiversità e ridurre gli sprechi. Questo paragrafo esplorerà come l'allevamento delle galline ovaiole può integrarsi efficacemente in un modello di agricoltura sostenibile, evidenziando le pratiche e i vantaggi che ne derivano.

Fertilizzazione Naturale del Suolo

Uno dei contributi più importanti delle galline ovaiole all'agricoltura sostenibile è la loro capacità di fertilizzare naturalmente il suolo. Il letame delle galline è ricco di nutrienti essenziali come azoto, fosforo e potassio, che sono fondamentali per la crescita delle piante. Integrando il letame nel terreno, è possibile migliorare la qualità del suolo, aumentando la sua fertilità e la capacità di trattenere l'umidità.

Esempio Pratico: Utilizzare il letame delle galline come fertilizzante organico per orti e giardini. Comportarsi come segue: raccogliere il letame, lasciarlo compostare per alcune settimane e poi applicarlo al terreno prima della semina. Questo processo riduce l'odore e migliora l'efficacia del fertilizzante.

Tecnica Pratica: Creare un'area di compostaggio vicino al pollaio. Mescolare il letame con materiale vegetale come foglie secche e paglia per accelerare la decomposizione e ottenere un compost di alta qualità.

Controllo Naturale dei Parassiti

Le galline ovaiole contribuiscono al controllo naturale dei parassiti grazie alla loro abitudine di razzolare e cibarsi di insetti, vermi e altri piccoli invertebrati. Questo comportamento riduce la necessità di pesticidi chimici, che possono avere effetti negativi sull'ambiente e sulla salute umana.

Esempio Pratico: Permettere alle galline di razzolare liberamente in aree del giardino o dell'orto dove si sospetta la presenza di parassiti. Le galline possono contribuire a ridurre le popolazioni di insetti dannosi e migliorare la salute delle piante.

Tecnica Pratica: Creare percorsi di razzolamento delimitati all'interno di orti o giardini. Assicurarsi che le galline abbiano accesso a diverse aree per un controllo più efficace dei parassiti.

Riduzione dei Rifiuti

Le galline ovaiole possono anche aiutare a ridurre gli sprechi agricoli e domestici, consumando avanzi di cucina e scarti vegetali. Questo non solo fornisce un'alimentazione supplementare alle galline, ma riduce anche la quantità di rifiuti organici destinati alla discarica.

Esempio Pratico: Offrire alle galline avanzi di frutta e verdura, scarti di cucina e altri rifiuti alimentari sicuri. Evitare cibi avariati o contenenti ingredienti tossici per le galline.

Tecnica Pratica: Creare un contenitore per i rifiuti organici destinati alle galline. Assicurarsi che il contenitore sia facilmente accessibile e regolarmente svuotato per mantenere la freschezza degli scarti.

Promozione della Biodiversità

Integrare le galline ovaiole in un sistema agricolo può anche promuovere la biodiversità. Le galline, razzolando e mangiando semi e insetti, possono contribuire a una maggiore varietà di flora e fauna. Inoltre, il loro comportamento stimola la crescita di piante e fiori selvatici, creando habitat diversificati.

Esempio Pratico: Permettere alle galline di accedere a aree di giardino dove possano interagire con piante autoctone e fiori selvatici. Questo favorirà la proliferazione di specie vegetali locali e l'arrivo di altri animali benefici.

Tecnica Pratica: Pianificare l'installazione di aiuole e spazi verdi diversificati nelle aree di razzolamento. Scegliere piante che attraggano insetti utili e promuovano la biodiversità del giardino.

Esercizio Fisico e Benessere delle Galline

Un'altra considerazione importante è il benessere delle galline ovaiole. Fornire loro spazio per razzolare e muoversi liberamente contribuisce a una vita più sana e soddisfacente per gli animali. Questo non solo migliora il loro benessere, ma può anche aumentare la qualità delle uova prodotte.

Esempio Pratico: Creare un'area di pascolo con abbondanza di spazio e strutture per l'attività fisica. Offrire diversi tipi di copertura e riparo per stimolare il comportamento naturale delle galline.

Tecnica Pratica: Integrare strutture come perches e aree di ombreggiamento all'interno dell'area di razzolamento. Garantire che le galline abbiano accesso a diverse zone e materiali per stimolare il loro comportamento naturale.

Conclusioni

Le galline ovaiole rappresentano una risorsa preziosa nell'ambito dell'agricoltura sostenibile. Attraverso la fertilizzazione naturale del suolo, il controllo dei parassiti, la riduzione dei rifiuti, la promozione della biodiversità e il miglioramento del benessere animale, queste creature contribuiscono a un sistema agricolo più equilibrato e ecologico. Adottando pratiche che integrano l'allevamento delle galline in un contesto sostenibile, è possibile ottenere numerosi benefici ambientali e migliorare l'efficienza e la salute generale dell'ecosistema agricolo.

8. Comportamento Naturale e Abitudini delle Galline Ovaiole

Le galline ovaiole, come tutti gli animali, presentano una serie di comportamenti naturali e abitudini che sono fondamentali per il loro benessere e la loro produttività. Comprendere questi comportamenti è essenziale per creare un ambiente che rispetti le loro esigenze e favorisca una vita sana e produttiva. In questo paragrafo, esploreremo i principali comportamenti e abitudini delle galline ovaiole, offrendo consigli pratici su come adattare l'ambiente per soddisfare al meglio queste necessità.

Comportamento di Razzolamento

Il razzolamento è uno dei comportamenti più distintivi delle galline. In natura, le galline razzolano nel terreno alla ricerca di cibo, come insetti, semi e piccoli organismi. Questo comportamento non solo le aiuta a nutrirsi, ma stimola anche il loro benessere fisico e mentale. Razzolare è una parte fondamentale della loro vita e deve essere incoraggiato anche in un ambiente domestico.

Esempio Pratico: Creare un'area di razzolamento nel cortile o nel giardino, dove le galline possano muoversi liberamente e cercare cibo. Questa area dovrebbe essere ben ventilata, sicura e arricchita con diverse texture del suolo, come terra, sabbia e foglie.

Tecnica Pratica: Installare recinzioni mobili per spostare le galline tra diverse aree di razzolamento. Questo non solo permette alle galline di esplorare nuovi ambienti, ma aiuta anche a prevenire l'usura eccessiva del terreno.

Costruzione dei Nidi e Deposizione delle Uova

Le galline ovaiole hanno un forte istinto a costruire nidi e deporre le uova in luoghi sicuri e appartati. Questo comportamento naturale riflette il loro desiderio di proteggere le uova dalla predazione e dalle condizioni ambientali avverse. Fornire spazi adeguati e ben progettati per la deposizione delle uova è cruciale per mantenere le galline felici e produttive.

Esempio Pratico: All'interno del pollaio, installare nidi coperti e rialzati, imbottiti con materiale morbido come paglia o fieno. Assicurarsi che i nidi siano situati in una zona tranquilla e separata dalle aree di alimentazione e movimento.

Tecnica Pratica: Posizionare i nidi in una posizione elevata e facilmente accessibile, ma non troppo vicina al pavimento del pollaio per evitare contaminazioni. Pulire regolarmente i nidi e sostituire il materiale di imbottitura per garantire un ambiente igienico.

Comportamenti Sociali e Gerarchia

Le galline hanno una struttura sociale complessa, nota come "gerarchia sociale" o "pecking order". Questo sistema gerarchico determina l'accesso alle risorse e stabilisce il comportamento tra le galline. Comprendere questa gerarchia è importante per evitare conflitti e garantire un ambiente armonioso.

Esempio Pratico: Osservare le interazioni tra le galline per identificare eventuali segni di conflitto o aggressività. Se necessario, intervenire per separare le galline problematiche e prevenire danni.

Tecnica Pratica: Fornire abbondanza di spazi e risorse, come mangiatoie e abbeveratoi, distribuiti uniformemente per ridurre le tensioni e garantire che tutte le galline possano accedere facilmente al cibo e all'acqua. Aggiungere nascondigli e aree di rifugio per permettere alle galline di ritirarsi in sicurezza.

Abitudini di Dormita e Riposo

Le galline hanno abitudini di dormita specifiche, che includono la ricerca di un luogo sicuro e elevato per riposare durante la notte. Questo comportamento riflette il loro istinto di protezione contro i predatori e le condizioni ambientali. Fornire aree di riposo adeguate è essenziale per il loro benessere.

Esempio Pratico: All'interno del pollaio, installare barre orizzontali o perches a diverse altezze, dove le galline possano appollaiarsi e riposare. Assicurarsi che le perches siano stabili e facili da raggiungere.

Tecnica Pratica: Posizionare le perches in modo che siano abbastanza lontane dal pavimento per proteggere le galline dalle contaminazioni e dalle correnti d'aria. Fornire una superficie morbida e pulita per il riposo.

Comportamento di Pulizia e Cura del Corpo

Le galline sono molto attente alla loro pulizia e alla cura del corpo. Utilizzano la polvere per fare il bagno e mantenere il piumaggio libero da parassiti. Questo comportamento è essenziale per la loro salute e per prevenire infestazioni di pidocchi e acari.

Esempio Pratico: Fornire una "polveriera" all'interno del pollaio, composta da terra fine, cenere e sabbia. Questo spazio permette alle galline di fare il bagno nella polvere e mantenere il loro piumaggio in condizioni ottimali.

Tecnica Pratica: Costruire una piccola area di polvere all'interno del pollaio utilizzando un contenitore a cielo aperto. Rinnovare regolarmente il materiale per garantire che rimanga pulito e efficace.

Comportamento Alimentare e Nutrizione

Il comportamento alimentare delle galline è strettamente legato alla loro salute e produttività. Le galline devono avere accesso a una dieta bilanciata che comprenda proteine, carboidrati, vitamine e minerali. La loro dieta può includere mangime commerciale, avanzi di cucina e materiali vegetali.

Esempio Pratico: Offrire un mangime di alta qualità specifico per galline ovaiole e integrare con avanzi di cucina e verdure fresche. Fornire anche una fonte di calcio, come il guscio d'uovo tritato o il calcario, per sostenere la produzione di uova.

Tecnica Pratica: Monitorare regolarmente l'assunzione di cibo e acqua per assicurarsi che tutte le galline ricevano una nutrizione adeguata. Evitare di sovralimentare e garantire che le galline abbiano sempre accesso a cibo fresco e pulito.

Conclusioni

Comprendere e rispettare il comportamento naturale e le abitudini delle galline ovaiole è cruciale per garantire il loro benessere e ottimizzare la loro produttività. Creare un ambiente che stimoli il razzolamento, fornisca adeguati spazi per la deposizione delle uova, rispetti la gerarchia sociale, e permetta il riposo e la pulizia, contribuisce a una gestione più efficace e gratificante delle galline. Implementare queste pratiche non solo migliora la vita delle galline, ma contribuisce anche a un allevamento domestico di successo e sostenibile.

9. Le Prime Cose da Sapere per Iniziare l'Allevamento

Iniziare un allevamento di galline ovaiole nel proprio cortile può sembrare un'impresa semplice, ma richiede una preparazione accurata e una pianificazione dettagliata. Dalla scelta delle razze e l'allestimento dell'habitat, fino alla gestione della salute e della nutrizione, ogni aspetto deve essere considerato con attenzione. Questo paragrafo fornirà una guida esaustiva per i principianti e per chi desidera affinare le proprie competenze, coprendo gli elementi essenziali per avviare un allevamento di successo.

Pianificazione e Preparazione

1. Definizione degli Obiettivi

Prima di tutto, è fondamentale definire gli obiettivi del tuo allevamento. Decidi se desideri avere un piccolo numero di galline per un consumo familiare o se hai intenzione di espandere l'allevamento per una produzione più ampia. Questa decisione influenzerà tutti gli altri aspetti della pianificazione, inclusa la dimensione del pollaio e il tipo di attrezzature necessarie.

Esempio Pratico: Se il tuo obiettivo è fornire uova fresche per la tua famiglia, un piccolo gruppo di 4-6 galline potrebbe essere sufficiente. Se desideri vendere le uova, potresti considerare di partire con almeno 12-20 galline per ottenere una produzione costante e sufficiente.

Tecnica Pratica: Redigere un piano dettagliato che includa il numero di galline, le dimensioni del pollaio, e le risorse necessarie, come mangime e attrezzature. Considerare le spese iniziali e ricorrenti per pianificare un budget realistico.

Scelta della Razza

2. Selezione delle Razze di Galline

Le galline ovaiole sono disponibili in molte razze, ciascuna con caratteristiche specifiche in termini di produzione di uova, temperamento e adattabilità ambientale. La scelta della razza giusta dipenderà dai tuoi obiettivi e dalle condizioni climatiche locali.

Esempio Pratico: Le razze come la Legbar e la Sussex sono note per la loro alta produzione di uova e sono adattabili a diverse condizioni. Altre razze come la Rhode Island Red sono molto robuste e possono essere una scelta eccellente per climi più freddi.

Tecnica Pratica: Consultare risorse online o allevatori locali per informazioni sulle razze più adatte alla tua zona. Considerare anche l'acquisto di galline da allevatori certificati per garantire la salute e la qualità degli animali.

Costruzione e Allestimento del Pollaio

3. Progettazione e Costruzione del Pollaio

Un pollaio ben progettato è essenziale per il benessere delle galline e per una produzione efficiente. Il pollaio deve offrire protezione dalle intemperie e dai predatori, oltre a garantire ventilazione e spazio sufficiente per le galline.

Esempio Pratico: Costruire un pollaio con una buona ventilazione e isolamento per mantenere una temperatura stabile. Prevedere aree di razzolamento e spazi per la deposizione delle uova. Installare una recinzione sicura per proteggere le galline dai predatori.

Tecnica Pratica: Utilizzare materiali resistenti alle intemperie e facili da pulire, come legno trattato e rete metallica. Assicurarsi che il pollaio sia facilmente accessibile per la manutenzione e la raccolta delle uova.

Nutrizione e Alimentazione

4. Alimentazione Bilanciata

Le galline ovaiole necessitano di una dieta equilibrata per garantire una produzione costante di uova e una buona salute generale. Fornire un mangime commerciale di alta qualità specifico per galline ovaiole e integrare con avanzi di cucina e materiali vegetali per una dieta variata.

Esempio Pratico: Offrire mangime commerciale arricchito di proteine e calcio, come il mangime per galline ovaiole. Aggiungere alimenti freschi come verdure e frutta e garantire sempre acqua pulita.

Tecnica Pratica: Monitorare l'assunzione di cibo e acqua e regolare le quantità in base al numero di galline e al loro stato di salute. Utilizzare mangiatoie e abbeveratoi automatizzati per facilitare l'alimentazione.

Salute e Benessere

5. Monitoraggio della Salute

La salute delle galline è un aspetto cruciale dell'allevamento. Prevenire malattie e parassiti richiede attenzione costante e pratiche di gestione igieniche. Controlli regolari e vaccinazioni sono essenziali per mantenere le galline in buona salute.

Esempio Pratico: Stabilire un programma di vaccinazione e di controllo per parassiti, come acari e vermi. Monitorare le galline quotidianamente per segni di malattie, come cambiamenti nel comportamento o nella produzione di uova.

Tecnica Pratica: Collaborare con un veterinario avicolo per un piano di salute e benessere delle galline. Mantenere un registro delle vaccinazioni e degli interventi sanitari.

Gestione dei Rifiuti

6. Gestione e Compostaggio dei Rifiuti

Gestire correttamente i rifiuti del pollaio è importante per mantenere un ambiente pulito e ridurre gli odori. Il letame delle galline può essere compostato e utilizzato come fertilizzante per il giardino, contribuendo a una pratica di allevamento sostenibile.

Esempio Pratico: Creare un'area di compostaggio separata per raccogliere il letame e i residui di mangime. Mescolare il materiale e mantenere il compostaggio umido per accelerare il processo.

Tecnica Pratica: Utilizzare un contenitore per compostaggio aerato per facilitare la decomposizione. Periodicamente mescolare il compost e utilizzare il fertilizzante risultante per il giardino.

Sicurezza e Protezione

7. Protezione dai Predatori

Le galline possono essere vulnerabili ai predatori come volpi, faine e uccelli rapaci. Proteggere il pollaio con misure di sicurezza adeguate è fondamentale per prevenire perdite e garantire la sicurezza delle galline.

Esempio Pratico: Installare recinzioni alte e sicure e coprire il pollaio con rete metallica per prevenire l'accesso dei predatori. Verificare regolarmente il pollaio per assicurarsi che non ci siano punti deboli.

Tecnica Pratica: Utilizzare trappole per predatori e dispositivi di allerta per monitorare l'attività nella zona del pollaio. Implementare misure di sicurezza aggiuntive, come sistemi di illuminazione notturna.

Legalità e Normative

8. Conformità alle Normative Locali

Prima di iniziare l'allevamento, è importante essere a conoscenza delle normative locali relative all'allevamento di pollame. Verificare i requisiti per il numero di galline, le dimensioni del pollaio e le norme sanitarie.

Esempio Pratico: Consultare le autorità locali o i servizi di controllo animali per ottenere informazioni sulle normative relative all'allevamento di galline. Assicurarsi di avere tutte le licenze e permessi necessari.

Tecnica Pratica: Registrare il tuo allevamento presso le autorità competenti e seguire le linee guida per garantire la conformità alle normative. Tenere aggiornati i documenti e le certificazioni.

Inizio e Monitoraggio

9. Inizio dell'Allevamento e Monitoraggio

Dopo aver completato la preparazione, è il momento di avviare l'allevamento e monitorare le operazioni quotidiane. Prestare attenzione ai dettagli e apportare modifiche in base alle esigenze delle galline e alle condizioni ambientali.

Esempio Pratico: Inserire le galline nel pollaio e osservare il loro adattamento all'ambiente. Monitorare la produzione di uova, la salute e il comportamento per identificare eventuali problemi o aree di miglioramento.

Tecnica Pratica: Stabilire una routine giornaliera per la gestione delle galline, inclusa l'alimentazione, la pulizia e la raccolta delle uova. Tenere un registro delle attività per monitorare il progresso e apportare aggiustamenti se necessario.

Conclusioni

Avviare un allevamento di galline ovaiole richiede preparazione e attenzione ai dettagli. Dalla pianificazione iniziale alla gestione quotidiana, ogni fase deve essere gestita con cura per garantire il benessere delle galline e il successo dell'allevamento. Adottare queste pratiche e tecniche ti aiuterà a stabilire una base solida per un allevamento efficiente e soddisfacente.

10. Storie di Successo di Allevatori di Galline Ovaiole Domestiche

Le storie di successo degli allevatori di galline ovaiole domestiche offrono preziose lezioni e ispirazioni per chi desidera avviare un proprio allevamento. Questi racconti non solo celebrano i risultati ottenuti, ma forniscono anche indicazioni pratiche e tecniche che possono essere applicate per migliorare le proprie pratiche di allevamento. Esplorando queste storie, vedremo come l'attenzione ai dettagli, la pianificazione e la passione per l'allevamento possano portare a risultati eccezionali.

1. La Trasformazione del Giardino di Laura

Storia di Successo: Laura, una donna che vive in una casa suburbana con un ampio giardino, ha deciso di avviare un piccolo allevamento di galline ovaiole per migliorare la sostenibilità alimentare della sua famiglia e ridurre i rifiuti. Partendo da zero, ha progettato un pollaio funzionale e accogliente, utilizzando materiali riciclati e tecniche di compostaggio per gestire i rifiuti.

Esempio Pratico: Laura ha scelto la razza Sussex per la sua alta produzione di uova e il suo temperamento docile. Ha costruito un pollaio con una sezione di razzolamento all'aperto e un'area di compostaggio per trasformare il letame in fertilizzante per il suo giardino.

Tecnica Pratica: Utilizzare materiali locali e riciclati per ridurre i costi di costruzione. Implementare un sistema di compostaggio per gestire i rifiuti e migliorare la qualità del suolo del giardino.

Risultati: Laura ha ottenuto uova fresche e abbondanti, contribuendo alla sostenibilità della sua casa e migliorando la salute del suo giardino. Ha anche trovato un senso di soddisfazione personale nel vedere le galline prosperare.

2. Il Progetto di Roberta: Dalla Passione alla Produzione

Storia di Successo: Roberta, un'appassionata di cucina e giardinaggio, ha avviato il suo allevamento di galline ovaiole per ottenere uova fresche e di alta qualità per i suoi piatti gourmet. Ha investito in un pollaio ben progettato e ha scelto razze di galline ad alta produzione come la Legbar e la Rhode Island Red.

Esempio Pratico: Roberta ha creato un ambiente stimolante per le sue galline, fornendo loro diverse aree di razzolamento e nidi ben progettati. Ha anche integrato una dieta varia, composta sia da mangime commerciale che da avanzi di cucina e verdure fresche.

Tecnica Pratica: Fornire un'alimentazione bilanciata e varia per massimizzare la qualità e la quantità delle uova. Creare un ambiente ricco di stimoli per mantenere le galline felici e produttive.

Risultati: Le galline di Roberta hanno prodotto uova di alta qualità, che hanno contribuito al successo delle sue ricette. Ha anche trovato una nuova opportunità di vendita, offrendo uova fresche e gourmet ai mercati locali.

3. L'Iniziativa Familiare di Marco e Sara

Storia di Successo: Marco e Sara, una giovane coppia con una passione per l'agricoltura sostenibile, hanno deciso di avviare un allevamento di galline ovaiole come progetto familiare. Hanno dedicato una parte del loro terreno a questo progetto e hanno costruito un pollaio con caratteristiche ecocompatibili.

Esempio Pratico: Hanno scelto razze di galline adattabili al clima locale, come la Marans e la Plymouth Rock. Hanno costruito un pollaio con pannelli solari per alimentare le luci e hanno implementato un sistema di raccolta dell'acqua piovana per l'abbeveraggio.

Tecnica Pratica: Utilizzare tecnologie ecologiche e soluzioni sostenibili per ridurre l'impatto ambientale e abbattere i costi operativi. Integrare la raccolta dell'acqua e l'energia solare per migliorare l'efficienza.

Risultati: Marco e Sara hanno ottenuto un sistema di allevamento autosufficiente e sostenibile, che ha ridotto i costi e migliorato la qualità della vita della loro famiglia. Hanno anche contribuito alla consapevolezza ambientale nella loro comunità.

4. Il Successo di Andrea e il Suo Mercato Locale

Storia di Successo: Andrea, un imprenditore locale con un'idea innovativa, ha avviato un piccolo allevamento di galline ovaiole con l'intento di fornire uova fresche ai mercati locali e alle panetterie. Ha creato una rete di distribuzione e ha collaborato con altri produttori locali per offrire prodotti freschi e sostenibili.

Esempio Pratico: Andrea ha scelto una combinazione di razze per garantire una produzione continua e costante di uova. Ha progettato un pollaio efficiente e ha implementato un sistema di monitoraggio per ottimizzare la produzione e la qualità delle uova.

Tecnica Pratica: Costruire una rete di distribuzione locale per raggiungere direttamente i clienti e minimizzare i costi di trasporto. Monitorare costantemente la produzione per garantire una qualità uniforme delle uova.

Risultati: Andrea ha creato un business di successo, che ha migliorato l'offerta di prodotti freschi nella sua comunità e ha contribuito alla crescita del mercato locale. Il suo esempio dimostra come un'idea ben pianificata possa trasformarsi in un'impresa redditizia.

5. Il Progetto di Alessandro: Educare e Coinvolgere

Storia di Successo: Alessandro, un educatore e appassionato di agricoltura, ha avviato un progetto di allevamento di galline ovaiole con l'obiettivo di educare i bambini e le famiglie sulla sostenibilità e l'agricoltura. Ha creato un pollaio didattico e ha organizzato visite scolastiche per coinvolgere i giovani nella gestione del pollaio.

Esempio Pratico: Alessandro ha progettato un pollaio educativo con aree di razzolamento visibili e spazi didattici. Ha implementato un programma di educazione per insegnare ai bambini come prendersi cura delle galline e comprendere il ciclo di produzione delle uova.

Tecnica Pratica: Integrare programmi educativi e attività pratiche nel progetto di allevamento per coinvolgere la comunità e sensibilizzare sui temi dell'agricoltura sostenibile. Offrire risorse e materiali didattici per supportare l'apprendimento.

Risultati: Alessandro ha ispirato numerosi giovani e famiglie a prendere coscienza dell'importanza della sostenibilità e della gestione del pollaio. Il suo progetto ha avuto un impatto positivo sulla comunità e ha contribuito all'educazione ambientale.

Conclusioni

Le storie di successo di questi allevatori di galline ovaiole dimostrano che, con passione, dedizione e pianificazione, è possibile raggiungere risultati straordinari. Ogni esperienza fornisce insegnamenti preziosi e tecniche applicabili che possono aiutare chiunque a intraprendere un percorso di allevamento di successo. Sia che tu stia cercando di avviare un piccolo progetto familiare o un'impresa più ampia, questi esempi offrono una guida pratica e ispirazione per realizzare i tuoi obiettivi.

II. Pianificazione e Preparazione dello Spazio

1. Scelta della Posizione Ideale per il Pollaio

La scelta della posizione ideale per il pollaio è un aspetto cruciale nell'allevamento delle galline ovaiole. La corretta collocazione del pollaio può influire significativamente sulla salute e sul benessere delle galline, nonché sulla qualità e quantità delle uova prodotte. Quando si sceglie la posizione, è fondamentale considerare vari fattori ambientali e pratici.

Fattori Climatici e Protezione dagli Elementi

La posizione del pollaio deve tenere conto delle condizioni climatiche locali. Idealmente, il pollaio dovrebbe essere collocato in una zona che riceva una buona quantità di luce solare durante il giorno, poiché la luce solare stimola la produzione di uova. Tuttavia, è altrettanto importante garantire che il pollaio sia protetto dai venti forti e dalle intemperie. La costruzione di barriere naturali, come siepi o alberi, può aiutare a proteggere le galline dagli elementi.

Esempio Pratico: In una regione ventosa, si potrebbe posizionare il pollaio sul lato sottovento di un gruppo di alberi, che fungerebbero da frangivento naturale. Questo non solo protegge le galline dai venti forti ma offre anche ombra durante i mesi più caldi.

Drenaggio e Terreno

Il terreno su cui si costruisce il pollaio deve avere un buon drenaggio per evitare ristagni d'acqua, che possono causare problemi di salute alle galline e condizioni igieniche inadeguate. Un terreno leggermente inclinato è ideale, poiché permette all'acqua piovana di defluire facilmente lontano dal pollaio.

Tecnica Pratica: Se il terreno è pianeggiante, è possibile creare una leggera pendenza utilizzando terreno di riporto o costruire il pollaio su una piattaforma sopraelevata per garantire un adeguato drenaggio. Inoltre, l'installazione di canaline di scolo attorno al pollaio può ulteriormente aiutare a gestire l'acqua piovana.

Accessibilità e Sicurezza

La posizione del pollaio deve essere facilmente accessibile per facilitare la manutenzione quotidiana, l'alimentazione delle galline e la raccolta delle uova. Tuttavia, deve anche essere sufficientemente lontano dalle abitazioni e dalle aree di passaggio per ridurre il disturbo causato da rumori e attività quotidiane.

Esempio Pratico: Posizionare il pollaio in un angolo del cortile che non sia direttamente visibile dalle finestre principali della casa può offrire un ambiente più tranquillo per le galline, riducendo il loro stress. Allo stesso tempo, deve essere facilmente raggiungibile con una carriola per facilitare la pulizia e il trasporto di materiali.

Considerazioni Sanitarie

È importante collocare il pollaio lontano da altre strutture che possono rappresentare un rischio sanitario, come il compost o le aree di stoccaggio dei rifiuti. Questo aiuta a prevenire la diffusione di malattie e parassiti che potrebbero compromettere la salute delle galline.

Tecnica Pratica: Installare il pollaio almeno 30 metri lontano da aree di compostaggio e stoccaggio dei rifiuti. Inoltre, mantenere una buona igiene e pulizia attorno al pollaio è essenziale per prevenire infestazioni di parassiti.

Normative Locali

Infine, è essenziale verificare le normative locali riguardanti l'allevamento di pollame. Alcune aree possono avere regolamenti specifici riguardo alla distanza minima tra il pollaio e le proprietà adiacenti, nonché requisiti particolari per la gestione dei rifiuti e il controllo degli odori.

Esempio Pratico: Prima di costruire il pollaio, consultare il regolamento edilizio locale e ottenere eventuali permessi necessari. Questo non solo garantisce la conformità alle leggi locali ma previene anche possibili conflitti con i vicini.

La scelta della posizione ideale per il pollaio richiede una pianificazione attenta e la considerazione di vari fattori ambientali, sanitari e legali. Una posizione ben scelta può migliorare significativamente la qualità della vita delle galline e la produttività dell'allevamento.

2. Dimensionamento del Pollaio e dell'Area di Razzolamento

Il dimensionamento del pollaio e dell'area di razzolamento è una fase critica nella pianificazione dell'allevamento delle galline ovaiole. Le dimensioni adeguate garantiscono che le galline abbiano spazio sufficiente per muoversi, razzolare e deporre le uova in un ambiente confortevole e sano. Una buona progettazione dello spazio può influire positivamente sulla salute delle galline, sulla loro produttività e sulla facilità di gestione del pollaio.

Determinazione dello Spazio Interno del Pollaio

Ogni gallina ovaiola richiede uno spazio interno minimo per evitare sovraffollamento e stress. Generalmente, si consiglia di prevedere almeno 0,3 metri quadrati per ogni gallina all'interno del pollaio. Questo spazio consente alle galline di muoversi liberamente, accedere ai nidi e posatoi senza difficoltà.

Esempio Pratico: Per un allevamento di 10 galline ovaiole, il pollaio dovrebbe avere una superficie interna di almeno 3 metri quadrati. Se si dispone di più galline, è necessario aumentare proporzionalmente lo spazio interno per garantire il benessere degli animali.

Pianificazione dei Nidi e dei Posatoi

Un aspetto importante del dimensionamento del pollaio è la disposizione dei nidi e dei posatoi. Ogni 3-4 galline dovrebbe essere previsto un nido per la deposizione delle uova. I posatoi, invece, devono essere sufficientemente lunghi da permettere a tutte le galline di riposare contemporaneamente, con almeno 20-25 cm di spazio per gallina.

Tecnica Pratica: Disporre i nidi in zone tranquille e poco illuminate del pollaio per incoraggiare la deposizione delle uova. Installare i posatoi a diverse altezze per imitare l'ambiente naturale delle galline e permettere loro di scegliere il posto preferito.

Dimensionamento dell'Area di Razzolamento

L'area di razzolamento esterna è fondamentale per il benessere delle galline, permettendo loro di esprimere comportamenti naturali come il razzolamento, il becchettare e il fare bagni di polvere. Si consiglia di prevedere almeno 1 metro quadrato di spazio esterno per ogni gallina. Un'area adeguatamente dimensionata contribuisce a prevenire comportamenti aggressivi e a mantenere le galline attive e sane.

Esempio Pratico: Per un gruppo di 10 galline ovaiole, l'area di razzolamento dovrebbe avere una superficie di almeno 10 metri quadrati. Questo spazio può essere delimitato da una recinzione per proteggere le galline dai predatori e permettere loro di muoversi liberamente e in sicurezza.

Considerazioni sulla Sicurezza

Quando si dimensiona il pollaio e l'area di razzolamento, è essenziale considerare la sicurezza delle galline. Il pollaio deve essere resistente e ben costruito per proteggere gli animali dai predatori, mentre l'area di razzolamento deve avere una recinzione robusta e, possibilmente, una rete superiore per evitare attacchi dall'alto.

Tecnica Pratica: Utilizzare reti metalliche resistenti per le recinzioni e assicurarsi che non ci siano spazi attraverso i quali possano passare piccoli predatori. Verificare regolarmente lo stato delle recinzioni e del pollaio per individuare eventuali punti deboli.

Ventilazione e Illuminazione

Le dimensioni del pollaio devono anche permettere una buona ventilazione e illuminazione naturale. Un pollaio ben ventilato aiuta a mantenere l'aria fresca e a ridurre l'umidità, prevenendo malattie respiratorie. L'illuminazione naturale è importante per stimolare la produzione di uova, ma è necessario evitare l'esposizione diretta e prolungata al sole, che potrebbe surriscaldare il pollaio.

Tecnica Pratica: Installare finestre o aperture che possono essere regolate per controllare il flusso d'aria. Posizionare il pollaio in modo che riceva luce indiretta durante il giorno e prevedere una copertura parziale per proteggere le galline dalla luce solare intensa.

Manutenzione e Pulizia

Lo spazio interno del pollaio deve essere progettato per facilitare la pulizia e la manutenzione. Avere accesso sufficiente per rimuovere facilmente la lettiera, pulire i nidi e i posatoi, e sostituire l'acqua e il cibo è essenziale per mantenere un ambiente igienico e sano.

Esempio Pratico: Prevedere porte o pannelli removibili che permettano di accedere facilmente a tutte le aree del pollaio. Utilizzare materiali lavabili e resistenti per le superfici interne, che possano essere disinfettati regolarmente.

Dimensionare correttamente il pollaio e l'area di razzolamento richiede attenzione ai dettagli e una buona pianificazione. Assicurarsi che ogni gallina abbia spazio sufficiente per muoversi, deporre le uova e razzolare non solo migliora il loro benessere, ma contribuisce anche a una produzione di uova più alta e di migliore qualità.

3. Progettazione del Pollaio: Struttura e Materiali

La progettazione del pollaio è una fase fondamentale per garantire il benessere delle galline ovaiole e facilitare la gestione quotidiana dell'allevamento. Un buon progetto deve considerare la struttura del pollaio, i materiali da utilizzare, la funzionalità e la durabilità della costruzione. Questo paragrafo offre una guida dettagliata su come progettare un pollaio efficiente e sicuro.

Struttura del Pollaio

La struttura del pollaio deve essere robusta e resistente per proteggere le galline dalle intemperie e dai predatori. Una base solida è essenziale per evitare infiltrazioni d'acqua e garantire la stabilità del pollaio.

Tecnica Pratica: Utilizzare blocchi di cemento per elevare leggermente il pollaio dal suolo, prevenendo l'umidità e facilitando la pulizia sotto il pavimento. Questo metodo aiuta anche a evitare l'ingresso di roditori.

Le pareti devono essere costruite con materiali che offrano isolamento termico, mantenendo il pollaio caldo in inverno e fresco in estate. Il tetto deve essere impermeabile e dotato di una leggera inclinazione per permettere il deflusso dell'acqua piovana.

Esempio Pratico: Un tetto in lamiera ondulata con una pendenza di almeno 30 gradi garantisce un efficace drenaggio dell'acqua piovana e una buona durata nel tempo. Per migliorare l'isolamento termico, è possibile installare pannelli di polistirene espanso all'interno delle pareti.

Materiali per la Costruzione

La scelta dei materiali per la costruzione del pollaio è cruciale per garantire longevità e facilità di manutenzione. Il legno è un materiale comunemente usato per la sua disponibilità e facilità di lavorazione, ma deve essere trattato per resistere all'umidità e agli insetti.

Tecnica Pratica: Utilizzare legno di pino trattato in autoclave per le strutture portanti e le pareti del pollaio. Questo tipo di legno è resistente alle intemperie e ai parassiti. Per il pavimento, una soluzione ideale è l'uso di pannelli di compensato marino, che resistono all'umidità e sono facili da pulire.

Le reti metalliche devono essere robuste e resistenti alla corrosione. La maglia della rete dovrebbe essere sufficientemente piccola per impedire l'ingresso di predatori, ma abbastanza grande da permettere una buona ventilazione.

Esempio Pratico: Utilizzare rete metallica zincata con una maglia di 1 cm x 1 cm per le finestre e le aree di ventilazione. Questo tipo di rete è resistente alla ruggine e offre una protezione duratura contro i predatori.

Funzionalità e Layout Interno

Il layout interno del pollaio deve essere progettato per facilitare la gestione quotidiana e garantire il benessere delle galline. È importante prevedere aree distinte per la deposizione delle uova, il riposo e l'alimentazione.

Tecnica Pratica: Disporre i nidi lungo una parete laterale in una zona tranquilla e ombreggiata del pollaio. Ogni nido dovrebbe essere di circa 30 cm x 30 cm e dotato di un fondo morbido per il comfort delle galline. I posatoi devono essere installati ad almeno 50 cm dal pavimento e avere un diametro di 4-5 cm per garantire una presa sicura.

Ventilazione e Illuminazione

Una buona ventilazione è essenziale per mantenere l'aria fresca all'interno del pollaio e prevenire problemi respiratori nelle galline. È necessario prevedere aperture che permettano un flusso d'aria costante senza creare correnti d'aria.

Esempio Pratico: Installare finestre con rete metallica su pareti opposte del pollaio per favorire la circolazione dell'aria. Le finestre dovrebbero essere posizionate ad un'altezza superiore rispetto alle galline per evitare correnti d'aria dirette.

L'illuminazione naturale è importante per stimolare la produzione di uova. Il pollaio dovrebbe essere orientato in modo da ricevere luce solare diretta durante il giorno.

Tecnica Pratica: Posizionare il pollaio con le finestre rivolte a sud per massimizzare l'esposizione alla luce solare. In caso di scarsa illuminazione naturale, considerare l'installazione di luci artificiali temporizzate per simulare il ciclo giorno-notte.

Durabilità e Manutenzione

Un pollaio ben progettato deve essere facile da pulire e mantenere. Le superfici interne dovrebbero essere lisce e prive di angoli difficili da raggiungere, dove potrebbe accumularsi sporco e parassiti.

Esempio Pratico: Utilizzare vernici lavabili e atossiche per le pareti interne del pollaio. Installare pannelli rimovibili o porte di accesso che facilitino la pulizia periodica e l'ispezione delle strutture interne.

La progettazione del pollaio richiede una combinazione di buone pratiche costruttive, scelta oculata dei materiali e attenzione ai dettagli funzionali. Un pollaio ben progettato offre alle galline un ambiente sicuro, confortevole e produttivo, facilitando al contempo la gestione quotidiana per l'allevatore.

4. Creazione di un Sistema di Ventilazione Efficace

La ventilazione è un elemento cruciale nella progettazione del pollaio per garantire il benessere delle galline ovaiole. Un sistema di ventilazione efficace previene l'accumulo di umidità, elimina gli odori sgradevoli e riduce il rischio di malattie respiratorie. La ventilazione corretta assicura anche un ambiente interno confortevole, contribuendo alla salute generale e alla produttività delle galline. In questo paragrafo, esamineremo come progettare e implementare un sistema di ventilazione efficiente per il tuo pollaio.

Importanza della Ventilazione

La ventilazione è essenziale per mantenere l'aria fresca e ridurre l'umidità all'interno del pollaio. L'accumulo di umidità può portare alla formazione di muffe e funghi, creando un ambiente insalubre per le galline. Inoltre, una ventilazione inadeguata può aumentare la concentrazione di ammoniaca prodotta dalle feci, causando problemi respiratori e irritazioni agli occhi.

Esempio Pratico: Durante i mesi invernali, l'umidità può diventare un problema maggiore. Un buon sistema di ventilazione aiuta a prevenire la condensa sulle superfici interne del pollaio, mantenendo l'ambiente asciutto e sano.

Tipi di Ventilazione

Esistono diversi tipi di ventilazione che possono essere utilizzati nel pollaio, ognuno con i propri vantaggi. La ventilazione naturale sfrutta le aperture nel pollaio per permettere il flusso d'aria, mentre la ventilazione meccanica utilizza ventilatori per garantire una circolazione costante.

Tecnica Pratica: Utilizzare una combinazione di ventilazione naturale e meccanica per massimizzare l'efficacia. Ad esempio, installare finestre o aperture sul lato del pollaio esposto al vento prevalente per sfruttare la ventilazione naturale, integrando con ventilatori nei periodi di clima estremo.

Progettazione delle Aperture

Le aperture per la ventilazione devono essere posizionate strategicamente per garantire un flusso d'aria efficace senza creare correnti d'aria dirette sulle galline. Le aperture superiori permettono l'uscita dell'aria calda e umida, mentre le aperture inferiori facilitano l'ingresso di aria fresca.

Esempio Pratico: Installare finestre o aperture lungo le pareti superiori del pollaio, vicino al tetto, per permettere la fuoriuscita dell'aria calda. Le aperture inferiori, come le prese d'aria poste vicino al pavimento, aiutano a far entrare aria fresca. Assicurarsi che tutte le aperture siano coperte con reti metalliche per impedire l'ingresso di predatori.

Uso di Ventilatori

I ventilatori possono essere utilizzati per migliorare la circolazione dell'aria nei periodi di caldo estremo o quando la ventilazione naturale non è sufficiente. I ventilatori assiali sono particolarmente efficaci per spostare grandi volumi d'aria.

Tecnica Pratica: Installare un ventilatore assiale sul tetto o sulle pareti superiori del pollaio per estrarre l'aria calda e umida. Nei climi più caldi, considerare l'uso di ventilatori a soffitto per distribuire uniformemente l'aria fresca all'interno del pollaio.

Controllo dell'Ammoniaca

L'accumulo di ammoniaca dalle deiezioni delle galline può causare gravi problemi di salute. Un buon sistema di ventilazione aiuta a diluire e rimuovere i gas nocivi dall'ambiente del pollaio.

Esempio Pratico: Monitorare regolarmente i livelli di ammoniaca all'interno del pollaio utilizzando appositi rilevatori. Se i livelli di ammoniaca diventano troppo alti, aumentare la ventilazione aprendo ulteriormente le finestre o utilizzando ventilatori supplementari.

Manutenzione del Sistema di Ventilazione

Un sistema di ventilazione efficace richiede una manutenzione regolare per garantire il suo corretto funzionamento. Pulire le griglie e le aperture per evitare l'accumulo di polvere e detriti che possono ostruire il flusso d'aria.

Tecnica Pratica: Effettuare una pulizia mensile delle aperture di ventilazione e dei ventilatori. Controllare che le reti metalliche siano integre e prive di danni che potrebbero permettere l'ingresso di predatori.

Integrazione con il Sistema di Riscaldamento

Durante l'inverno, è importante bilanciare la ventilazione con il riscaldamento per mantenere un ambiente confortevole per le galline. Un eccesso di ventilazione può disperdere il calore, mentre una ventilazione insufficiente può aumentare l'umidità.

Esempio Pratico: Utilizzare un termostato per controllare il sistema di riscaldamento e assicurarsi che le aperture di ventilazione siano adeguatamente regolate per mantenere una temperatura interna ottimale. Durante il giorno, le finestre possono essere parzialmente aperte per migliorare la ventilazione, mentre di notte possono essere chiuse per conservare il calore.

Un sistema di ventilazione ben progettato e mantenuto è fondamentale per il successo dell'allevamento delle galline ovaiole. Garantire una buona circolazione dell'aria non solo migliora la salute e il benessere delle galline, ma contribuisce anche a una maggiore produttività e qualità delle uova.

5. Protezione dai Predatori: Barriere e Recinzioni

La protezione dalle minacce esterne è una componente cruciale per l'allevamento delle galline ovaiole. Predatori come volpi, faine, rapaci e cani randagi possono causare gravi perdite, non solo mettendo a rischio la vita delle galline, ma anche compromettendo la tranquillità dell'intero allevamento. Pertanto, l'implementazione di barriere e recinzioni adeguate è essenziale per garantire un ambiente sicuro e protetto. In questo paragrafo, esamineremo diverse tecniche e materiali per la costruzione di recinzioni efficaci e barriere di sicurezza.

Scelta dei Materiali per le Recinzioni

La scelta dei materiali per le recinzioni deve tenere conto della durabilità, della resistenza e della facilità di manutenzione. La rete metallica galvanizzata è uno dei materiali più utilizzati per la sua robustezza e resistenza alla corrosione.

Tecnica Pratica: Utilizzare rete metallica galvanizzata con maglie di dimensioni inferiori a 5 cm per impedire il passaggio di piccoli predatori. La rete deve essere alta almeno 1,80 m per scoraggiare i predatori più grandi dal saltare all'interno del recinto.

Installazione delle Recinzioni

Per garantire una protezione efficace, le recinzioni devono essere installate correttamente, seguendo alcune linee guida fondamentali.

Esempio Pratico: Interrare la base della rete metallica almeno 30 cm nel terreno per prevenire che i predatori scavino sotto la recinzione. In alternativa, si può installare una barriera di rete metallica orizzontale alla base della recinzione, estendendola verso l'esterno per scoraggiare i tentativi di scavo.

Le recinzioni devono essere supportate da pali robusti, preferibilmente in legno trattato o metallo, posti a intervalli regolari di circa 2-3 metri. Assicurarsi che la rete sia ben tesa e fissata saldamente ai pali per evitare cedimenti.

Barriere di Sicurezza Aggiuntive

Oltre alle recinzioni, è possibile implementare ulteriori barriere di sicurezza per aumentare la protezione contro i predatori.

Tecnica Pratica: Installare un filo elettrico lungo la parte superiore della recinzione per dissuadere i predatori più grandi, come volpi e cani randagi. Questo sistema può essere alimentato da una batteria solare, rendendolo una soluzione sostenibile ed efficace.

Un'altra misura efficace è l'uso di reti anti-uccello per proteggere le galline dai rapaci. La rete deve essere installata sopra l'area di razzolamento e fissata saldamente ai bordi della recinzione.

Portoni e Accessi Sicuri

Gli accessi al pollaio e all'area di razzolamento devono essere progettati per garantire la massima sicurezza. I portoni devono essere robusti e dotati di chiusure resistenti ai tentativi di intrusione.

Esempio Pratico: Utilizzare serrature a prova di predatore, come quelle con meccanismi a scatto o chiavistelli, che richiedono una manipolazione complessa per essere aperti. I portoni devono essere realizzati in materiali robusti, come legno trattato o metallo, e devono chiudersi in modo sicuro per impedire l'accesso ai predatori.

Sorveglianza e Manutenzione

Un sistema di protezione efficace richiede una sorveglianza costante e una manutenzione regolare per assicurarsi che le barriere rimangano intatte e funzionali.

Tecnica Pratica: Ispezionare settimanalmente le recinzioni e le barriere per identificare eventuali punti deboli o danni. Riparare immediatamente eventuali buchi o sezioni allentate della rete per prevenire intrusioni. Considerare l'installazione di telecamere di sorveglianza a circuito chiuso (CCTV) per monitorare l'area e rilevare tempestivamente l'attività dei predatori.

Integrazione con Sistemi di Allarme

Per una protezione ancora più avanzata, è possibile integrare le recinzioni con sistemi di allarme che avvisano della presenza di predatori nelle vicinanze del pollaio.

Esempio Pratico: Installare sensori di movimento lungo il perimetro della recinzione che attivano allarmi sonori o visivi in caso di intrusione. Questi sistemi possono essere collegati a luci di sicurezza che si accendono automaticamente per spaventare i predatori e avvisare l'allevatore.

Progettazione di Zone di Sicurezza

Creare zone di sicurezza all'interno dell'area di razzolamento può offrire ulteriore protezione alle galline in caso di tentativi di attacco da parte di predatori.

Tecnica Pratica: Realizzare rifugi all'interno dell'area di razzolamento, utilizzando strutture leggere ma resistenti, come capannine di legno o plastica, dove le galline possono ripararsi rapidamente. Questi rifugi devono essere posizionati in modo strategico per offrire copertura in diverse parti dell'area.

Proteggere le galline ovaiole dai predatori richiede una combinazione di barriere fisiche, sistemi di allarme e vigilanza costante. Implementando queste misure, è possibile creare un ambiente sicuro e protetto, garantendo il benessere delle galline e la tranquillità dell'allevatore.

6. Allestimento degli Spazi per la Deposizione delle Uova

Allestire adeguatamente gli spazi per la deposizione delle uova è fondamentale per garantire il benessere delle galline ovaiole e ottenere uova pulite e di qualità. Un ambiente confortevole e sicuro per la deposizione incoraggia le galline a utilizzare regolarmente i nidi, riducendo il rischio di uova rotte o sporche. In questo paragrafo, esploreremo come progettare e allestire spazi di deposizione efficaci, fornendo esempi pratici e tecniche utili per principianti e allevatori esperti.

Scelta e Posizionamento dei Nidi

I nidi devono essere progettati per offrire un ambiente tranquillo e accogliente, dove le galline possano deporre le uova in sicurezza. È importante posizionare i nidi in un'area del pollaio che sia lontana dalle zone di passaggio e dal trambusto, per ridurre lo stress delle galline.

Esempio Pratico: Posizionare i nidi lungo le pareti laterali del pollaio, preferibilmente in un'area ombreggiata e poco illuminata, per simulare un ambiente naturale e tranquillo. Sollevare i nidi dal pavimento di circa 30-50 cm per evitare che le uova vengano calpestate o sporche.

Dimensioni e Struttura dei Nidi

Le dimensioni e la struttura dei nidi devono essere adeguate alle esigenze delle galline ovaiole. Ogni nido deve essere abbastanza spazioso da permettere alla gallina di muoversi comodamente, ma abbastanza contenuto da farla sentire sicura e protetta.

Tecnica Pratica: Costruire nidi di circa 30x30x30 cm per garantire uno spazio sufficiente. Utilizzare materiali come legno trattato, che è robusto e facile da pulire. Assicurarsi che il fondo dei nidi sia leggermente inclinato verso la parte posteriore, dove può essere installata una leggera imbottitura per raccogliere le uova e prevenire rotture.

Materiali di Rivestimento

Il rivestimento dei nidi è fondamentale per garantire il comfort delle galline e mantenere le uova pulite. Materiali come la paglia, il fieno o i trucioli di legno sono ideali per creare un ambiente morbido e accogliente.

Esempio Pratico: Riempire i nidi con uno strato di circa 5-10 cm di paglia o fieno. È importante cambiare regolarmente il materiale di rivestimento per mantenere i nidi puliti e prevenire la proliferazione di parassiti e batteri. I trucioli di legno possono essere utilizzati come alternativa, poiché assorbono bene l'umidità e sono facili da sostituire.

Accessibilità e Manutenzione dei Nidi

I nidi devono essere facilmente accessibili sia per le galline che per l'allevatore. La manutenzione regolare dei nidi è essenziale per garantire la pulizia e l'igiene.

Tecnica Pratica: Progettare i nidi con aperture posteriori o superiori per facilitare la raccolta delle uova e la pulizia. Le aperture devono essere dotate di coperchi o sportelli facilmente rimovibili o ribaltabili. Assicurarsi che i nidi siano facilmente ispezionabili per individuare eventuali problemi, come la presenza di uova rotte o parassiti.

Sistemi di Raccolta Automatizzata

Per gli allevatori che desiderano un approccio più automatizzato, esistono sistemi di raccolta delle uova che riducono il lavoro manuale e garantiscono una maggiore igiene.

Esempio Pratico: Installare nidi a rullo, dove il fondo inclinato permette alle uova di rotolare dolcemente in un vassoio di raccolta situato all'esterno del nido. Questo sistema protegge le uova dalle galline e facilita la raccolta senza disturbare gli animali.

Illuminazione dei Nidi

L'illuminazione può influenzare il comportamento di deposizione delle galline. Un'illuminazione adeguata incoraggia le galline a utilizzare i nidi e aiuta a regolare il loro ciclo di deposizione.

Tecnica Pratica: Mantenere i nidi in un'area con luce naturale indiretta o utilizzare luci a basso consumo energetico con un timer per simulare il ciclo naturale giorno-notte. Evitare luci troppo intense direttamente sui nidi, poiché possono stressare le galline.

Temperature e Condizioni Climatiche

Le condizioni climatiche all'interno del pollaio possono influenzare la frequenza e la qualità della deposizione delle uova. È essenziale mantenere una temperatura adeguata e un buon livello di ventilazione.

Esempio Pratico: Assicurarsi che il pollaio sia ben ventilato ma privo di correnti d'aria dirette sui nidi. Durante i mesi invernali, isolare i nidi con pannelli di legno o materiali isolanti per mantenere una temperatura confortevole. In estate, fornire ombra e aumentare la ventilazione per evitare il surriscaldamento.

Monitoraggio e Registrazione

Monitorare regolarmente la frequenza di deposizione e la qualità delle uova può fornire preziose informazioni sullo stato di salute delle galline e sull'efficacia degli spazi di deposizione.

Tecnica Pratica: Tenere un registro delle uova deposte quotidianamente, annotando eventuali anomalie nella frequenza o nella qualità delle uova. Questo permette di individuare tempestivamente problemi di salute o ambientali e di intervenire rapidamente.

Allestire spazi adeguati per la deposizione delle uova richiede una combinazione di progettazione attenta, materiali di qualità e manutenzione regolare. Implementando queste tecniche, gli allevatori possono garantire un ambiente sicuro e confortevole per le galline, promuovendo una produzione di uova di alta qualità e migliorando il benessere complessivo del pollaio.

7. Installazione di Sistemi di Abbeveraggio e Mangiatoie

L'installazione di sistemi di abbeveraggio e mangiatoie adeguati è essenziale per garantire che le galline ovaiole ricevano un'alimentazione corretta e abbiano accesso continuo a acqua fresca e pulita. La progettazione e la disposizione di questi sistemi devono tenere conto delle esigenze delle galline, della facilità di manutenzione e della prevenzione della contaminazione. In questo paragrafo, esploreremo le migliori pratiche per la selezione, l'installazione e la manutenzione di abbeveratoi e mangiatoie, fornendo esempi pratici e tecniche utili sia per i principianti che per gli allevatori esperti.

Selezione dei Sistemi di Abbeveraggio

I sistemi di abbeveraggio devono essere scelti in base alla dimensione del pollaio, al numero di galline e alla facilità di pulizia. Esistono diversi tipi di abbeveratoi, ciascuno con vantaggi specifici.

Tecnica Pratica: Utilizzare abbeveratoi a sifone per piccoli allevamenti, poiché sono facili da riempire e pulire. Per allevamenti più grandi, considerare l'installazione di abbeveratoi a tazza o a nippel, che forniscono acqua su richiesta e riducono il rischio di contaminazione.

Esempio Pratico: Un abbeveratoio a tazza, collegato a un sistema di approvvigionamento idrico continuo, garantisce che l'acqua sia sempre disponibile. Le galline beccano la tazza, facendo scorrere l'acqua solo quando necessario, riducendo così gli sprechi e mantenendo l'acqua più pulita.

Posizionamento degli Abbeveratoi

Il posizionamento degli abbeveratoi è cruciale per garantire che tutte le galline abbiano accesso all'acqua senza dover competere eccessivamente. Gli abbeveratoi devono essere distribuiti uniformemente nel pollaio e nell'area di razzolamento.

Tecnica Pratica: Posizionare gli abbeveratoi ad un'altezza tale che le galline possano bere facilmente, ma che non permetta loro di sporcare l'acqua con i piedi. Un'altezza di circa 15-20 cm dal suolo è ideale per le galline ovaiole adulte.

Selezione delle Mangiatoie

Le mangiatoie devono essere adeguate al tipo di mangime utilizzato e al numero di galline. Esistono vari tipi di mangiatoie, tra cui mangiatoie a tramoggia, a rastrelliera e a piatto.

Tecnica Pratica: Le mangiatoie a tramoggia sono ideali per allevamenti di medie e grandi dimensioni, poiché possono contenere grandi quantità di mangime e richiedono ricariche meno frequenti. Le mangiatoie a piatto sono adatte per piccoli gruppi di galline e possono essere facilmente spostate e pulite.

Esempio Pratico: Una mangiatoia a tramoggia in metallo o plastica con coperchio protegge il mangime da umidità e contaminanti. Le tramogge regolabili permettono di controllare il flusso del mangime, riducendo gli sprechi.

Posizionamento delle Mangiatoie

Il posizionamento delle mangiatoie deve garantire un accesso facile per tutte le galline e prevenire la contaminazione del mangime.

Tecnica Pratica: Distribuire le mangiatoie in modo uniforme nel pollaio e nell'area di razzolamento. Posizionarle ad un'altezza tale da evitare che le galline possano beccare e spargere il mangime sul pavimento. Una buona altezza è intorno ai 10-15 cm dal suolo.

Prevenzione della Contaminazione

Mantenere l'acqua e il mangime puliti è fondamentale per la salute delle galline. La contaminazione può portare a malattie e ridurre la qualità delle uova.

Tecnica Pratica: Installare coperture sopra le mangiatoie per proteggere il mangime dagli escrementi delle galline e dai detriti. Utilizzare abbeveratoi con sistemi di filtraggio per mantenere l'acqua pulita più a lungo.

Esempio Pratico: Un abbeveratoio con filtro integrato può rimuovere particelle di sporco e residui, garantendo che l'acqua rimanga fresca. Le mangiatoie coperte con coperchi rimovibili facilitano la pulizia e proteggono il mangime.

Manutenzione Regolare

La manutenzione regolare dei sistemi di abbeveraggio e mangiatoie è essenziale per garantire il loro corretto funzionamento e la salute delle galline.

Tecnica Pratica: Pulire e disinfettare gli abbeveratoi e le mangiatoie almeno una volta alla settimana. Rimuovere eventuali residui di mangime ammuffito o incrostato e risciacquare accuratamente con acqua pulita.

Esempio Pratico: Utilizzare una soluzione di acqua e aceto bianco per disinfettare le superfici dei sistemi di abbeveraggio e mangiatoie. L'aceto è un disinfettante naturale che aiuta a rimuovere i depositi minerali e i batteri senza l'uso di sostanze chimiche aggressive.

Monitoraggio del Consumo di Acqua e Mangime

Monitorare il consumo di acqua e mangime può fornire indicazioni sulla salute e sul benessere delle galline. Cambiamenti nel consumo possono indicare problemi di salute o stress ambientali.

Tecnica Pratica: Tenere un registro giornaliero del consumo di acqua e mangime. Annotare eventuali variazioni significative che potrebbero indicare problemi come malattie, parassiti o cambiamenti nelle condizioni ambientali.

Esempio Pratico: Se il consumo di acqua aumenta drasticamente durante i periodi caldi, può essere necessario migliorare la ventilazione del pollaio o fornire ulteriori abbeveratoi. Se il consumo di mangime diminuisce, potrebbe essere utile esaminare la qualità del mangime o verificare la presenza di malattie.

Automazione dei Sistemi

Per semplificare la gestione del pollaio, è possibile automatizzare alcuni aspetti dei sistemi di abbeveraggio e mangiatoie.

Tecnica Pratica: Installare abbeveratoi e mangiatoie automatiche che si riempiono automaticamente secondo necessità. Questi sistemi possono ridurre significativamente il tempo e lo sforzo necessari per la manutenzione quotidiana.

Esempio Pratico: Un sistema di abbeveraggio automatico collegato a una fonte d'acqua principale e dotato di un timer o sensore di livello può garantire che le galline abbiano sempre accesso a acqua fresca senza bisogno di intervento manuale.

L'installazione e la manutenzione di sistemi di abbeveraggio e mangiatoie adeguati sono fondamentali per il successo dell'allevamento di galline ovaiole. Seguendo queste linee guida e implementando le tecniche descritte, gli allevatori possono garantire che le loro galline ricevano una nutrizione adeguata e abbiano accesso a acqua pulita, migliorando così il loro benessere e la qualità delle uova prodotte.

8. Gestione dell'Illuminazione e della Temperatura Interna

La gestione efficace dell'illuminazione e della temperatura interna è cruciale per il benessere delle galline ovaiole e per ottimizzare la produzione di uova. Un controllo adeguato di questi fattori può prevenire lo stress, migliorare la salute generale delle galline e garantire una produzione costante di uova anche nei periodi invernali. Questo paragrafo fornirà dettagliate istruzioni pratiche e tecniche utili per principianti e allevatori esperti su come gestire l'illuminazione e la temperatura interna del pollaio.

Illuminazione

Le galline ovaiole richiedono un ciclo di luce di circa 14-16 ore al giorno per mantenere una produzione ottimale di uova. In assenza di luce naturale sufficiente, specialmente durante i mesi invernali, è essenziale fornire un'illuminazione artificiale adeguata.

Tecnica Pratica: Installare lampade a LED bianche o fluorescenti, preferibilmente con un timer automatico per garantire un ciclo di luce costante. Le lampade a LED sono particolarmente adatte perché consumano meno energia e hanno una durata maggiore rispetto alle lampade incandescenti.

Esempio Pratico: Programmare il timer delle luci per accendersi un'ora prima dell'alba e spegnersi un'ora dopo il tramonto, simulando così un ciclo naturale di luce. Se il sole sorge alle 7:00 e tramonta alle 17:00, impostare il timer per accendere le luci alle 6:00 e spegnerle alle 18:00.

Posizionamento delle Luci

Il posizionamento corretto delle luci è fondamentale per assicurare una distribuzione uniforme dell'illuminazione nel pollaio, evitando zone d'ombra che potrebbero stressare le galline.

Tecnica Pratica: Installare le luci ad un'altezza di circa 2-2,5 metri dal pavimento del pollaio e distribuire uniformemente le lampade in tutto lo spazio. È consigliabile utilizzare lampade con un angolo di diffusione ampio per coprire una maggiore area.

Esempio Pratico: In un pollaio di 10 metri quadrati, posizionare quattro lampade a LED da 10 watt ciascuna agli angoli e una centrale per garantire un'illuminazione uniforme.

Controllo della Temperatura

Le galline ovaiole sono sensibili agli estremi di temperatura. Temperature troppo alte o troppo basse possono ridurre la produzione di uova e causare stress termico. Idealmente, la temperatura interna del pollaio dovrebbe essere mantenuta tra i 12°C e i 24°C.

Tecnica Pratica: Utilizzare riscaldatori a infrarossi durante i mesi freddi per mantenere una temperatura costante. Questi riscaldatori sono efficienti e sicuri, poiché non riscaldano l'aria ma gli oggetti e gli esseri viventi all'interno del pollaio.

Esempio Pratico: Installare un riscaldatore a infrarossi da 250 watt in un angolo del pollaio e un termostato regolabile per monitorare la temperatura. Programmare il termostato per attivare il riscaldatore quando la temperatura scende sotto i 12°C.

Ventilazione per Regolare la Temperatura

Una buona ventilazione è essenziale per regolare la temperatura e prevenire l'accumulo di umidità e ammoniaca, che possono essere dannosi per le galline.

Tecnica Pratica: Installare ventilatori a soffitto o finestrini di ventilazione che possono essere aperti e chiusi a seconda delle condizioni climatiche. Durante l'estate, aumentare la ventilazione per ridurre il calore interno e durante l'inverno, limitare le correnti d'aria mantenendo comunque un buon ricambio d'aria.

Esempio Pratico: Posizionare due ventilatori da 30 cm di diametro sui lati opposti del pollaio per creare un flusso d'aria incrociato. Collegare i ventilatori a un regolatore di velocità per poterli controllare facilmente.

Monitoraggio della Temperatura e dell'Umidità

Il monitoraggio costante della temperatura e dell'umidità all'interno del pollaio è fondamentale per mantenere condizioni ottimali per le galline.

Tecnica Pratica: Installare un termometro e un igrometro digitale all'interno del pollaio per monitorare la temperatura e l'umidità. Collegare questi dispositivi a un sistema di allarme che avvisi in caso di superamento dei limiti impostati.

Esempio Pratico: Impostare il termometro per attivare un allarme se la temperatura scende sotto i 10°C o supera i 25°C. Impostare l’igrometro per un livello di umidità ottimale tra il 50% e il 70%.

Manutenzione dei Sistemi di Illuminazione e Riscaldamento

Una manutenzione regolare dei sistemi di illuminazione e riscaldamento è essenziale per garantirne il corretto funzionamento e prevenire malfunzionamenti che potrebbero mettere a rischio il benessere delle galline.

Tecnica Pratica: Controllare mensilmente le lampadine, i cavi e i riscaldatori per individuare eventuali segni di usura o malfunzionamenti. Pulire le lampade e i riscaldatori per rimuovere polvere e detriti che potrebbero compromettere l'efficienza.

Esempio Pratico: Sostituire le lampadine a LED ogni due anni, anche se funzionano ancora, per garantire un'illuminazione ottimale. Effettuare una pulizia approfondita dei riscaldatori a infrarossi all'inizio e alla fine della stagione fredda.

La gestione dell'illuminazione e della temperatura interna è una componente chiave per il successo nell'allevamento delle galline ovaiole. Implementando queste tecniche e suggerimenti, gli allevatori possono creare un ambiente confortevole e produttivo per le loro galline, garantendo una produzione costante di uova di alta qualità.

9. Realizzazione di un Sistema di Drenaggio Adeguato

Un sistema di drenaggio adeguato è essenziale per mantenere l'ambiente del pollaio asciutto e prevenire problemi legati all'umidità, come la formazione di muffa, l'accumulo di escrementi e la proliferazione di parassiti. Un buon drenaggio non solo contribuisce alla salute delle galline, ma anche alla durata e alla manutenzione delle strutture del pollaio. Questo paragrafo fornirà una guida dettagliata su come progettare e implementare un sistema di drenaggio efficace, includendo esempi pratici e tecniche per garantire un ambiente sano e funzionale.

Importanza di un Buon Drenaggio

Un sistema di drenaggio ben progettato previene l'accumulo di acqua piovana e di escrementi, riducendo il rischio di malattie e migliorando la qualità dell'aria all'interno del pollaio. Inoltre, un drenaggio efficace aiuta a proteggere le fondamenta del pollaio e le strutture circostanti dall'erosione e dall'umidità eccessiva.

Tecnica Pratica: Un drenaggio adeguato deve essere progettato per allontanare rapidamente l'acqua piovana e le acque reflue dal pollaio, evitando che l'umidità ristagni nelle aree di passaggio e nei punti critici.

Esempio Pratico: In un pollaio di 20 metri quadrati, il sistema di drenaggio dovrebbe essere progettato per gestire circa 10 litri di acqua per metro quadrato in caso di piogge intense, assicurando così che l'acqua non si accumuli eccessivamente.

Progettazione del Sistema di Drenaggio

La progettazione del sistema di drenaggio dipende dalla dimensione del pollaio, dal tipo di terreno e dalle condizioni climatiche. Un buon sistema di drenaggio dovrebbe includere una combinazione di drenaggi superficiali e sotterranei.

Tecnica Pratica: Utilizzare una trincea di drenaggio intorno al pollaio per raccogliere e convogliare l'acqua piovana lontano dalle fondamenta. Combinare questa trincea con tubi di drenaggio sotterranei e griglie di raccolta per gestire le acque reflue.

Esempio Pratico: Scavare una trincea profonda circa 30 cm intorno al pollaio e riempirla con ghiaia e tubi di drenaggio perforati. Posizionare una griglia di raccolta in corrispondenza dei punti più critici, come vicino all'ingresso del pollaio, per evitare l'accumulo di acqua.

Installazione di Tubazioni di Drenaggio

Le tubazioni di drenaggio sotterranee sono cruciali per allontanare l'acqua in eccesso. Questi tubi devono essere installati con una pendenza adeguata per facilitare il flusso dell'acqua verso i punti di scarico.

Tecnica Pratica: Installare tubi di drenaggio con una pendenza di circa 1-2% (1-2 cm per ogni metro di tubo) per garantire un flusso continuo dell'acqua. Utilizzare tubi di PVC o polietilene, che sono resistenti e facili da mantenere.

Esempio Pratico: Per un pollaio di 20 metri quadrati, posizionare i tubi di drenaggio sotterranei a una distanza di circa 1 metro l'uno dall'altro, assicurandosi che i tubi siano inclinati verso un punto di scarico centrale o una cisterna di raccolta.

Utilizzo di Materiali di Drenaggio

La scelta dei materiali giusti per il drenaggio è fondamentale per garantire l'efficacia del sistema. I materiali devono permettere un flusso libero di acqua e prevenire l'intasamento.

Tecnica Pratica: Utilizzare ghiaia grossa e sabbia come base per i tubi di drenaggio. Questi materiali permettono un flusso d'acqua ottimale e riducono il rischio di intasamenti. Sovrapporre uno strato di tessuto geotessile per prevenire l'ingresso di particelle di terra nei tubi.

Esempio Pratico: Prima di posare i tubi di drenaggio, riempire la trincea con uno strato di ghiaia di circa 10 cm e coprire con tessuto geotessile. Posizionare i tubi sopra questo strato e coprire con altro strato di ghiaia di 10 cm.

Manutenzione del Sistema di Drenaggio

La manutenzione regolare del sistema di drenaggio è fondamentale per prevenire ostruzioni e malfunzionamenti. È importante ispezionare e pulire periodicamente le componenti del sistema.

Tecnica Pratica: Controllare e pulire le griglie di raccolta e i tubi di drenaggio ogni sei mesi. Rimuovere foglie, rami e detriti che potrebbero ostruire il flusso dell'acqua. Verificare che le tubazioni siano libere da blocchi e che la pendenza sia ancora adeguata.

Esempio Pratico: Durante l'ispezione semestrale, rimuovere le griglie di raccolta, pulirle con una spazzola e un getto d'acqua. Utilizzare un'asta flessibile per ispezionare e pulire i tubi di drenaggio, rimuovendo eventuali detriti accumulati.

Gestione delle Acque Reflue

La gestione delle acque reflue è importante per evitare contaminazioni ambientali e garantire che l'acqua non inquini il terreno circostante.

Tecnica Pratica: Installa una cisterna di raccolta delle acque reflue collegata ai tubi di drenaggio, che può essere utilizzata per raccogliere e smaltire in modo sicuro l'acqua. Se possibile, considera l'uso di un sistema di filtraggio per trattare le acque reflue prima dello scarico.

Esempio Pratico: Per un pollaio di dimensioni medie, una cisterna di raccolta con una capacità di circa 1000 litri può essere posizionata al termine del sistema di drenaggio. Equipaggiare la cisterna con un filtro a rete per rimuovere detriti e impiegare un sistema di pompaggio per scaricare l'acqua trattata.

Un sistema di drenaggio ben progettato e mantenuto contribuisce significativamente alla salute delle galline e alla longevità del pollaio. Implementando questi suggerimenti e tecniche, è possibile creare un ambiente di allevamento più salubre, riducendo i rischi legati all'umidità e migliorando la qualità complessiva del pollaio.

10. Pianificazione della Manutenzione Regolare e della Pulizia del Pollaio

Una corretta pianificazione della manutenzione regolare e della pulizia del pollaio è essenziale per garantire un ambiente sano e funzionale per le galline ovaiole. Un pollaio ben curato non solo favorisce la salute delle galline, ma previene anche problemi legati a malattie e parassiti. Questo paragrafo fornirà dettagli su come organizzare e eseguire le operazioni di manutenzione e pulizia in modo efficace, con esempi pratici e tecniche per allevatori principianti e avanzati.

Frequenza della Pulizia

La frequenza con cui il pollaio deve essere pulito dipende dalla dimensione del pollaio, dal numero di galline e dalle condizioni climatiche. Tuttavia, una pianificazione regolare è fondamentale per evitare accumuli di sporco e cattivi odori.

Tecnica Pratica: Programmare una pulizia approfondita del pollaio ogni due settimane e una pulizia leggera settimanale. Durante la pulizia leggera, rimuovere le lettiere sporche e sostituirle, mentre durante la pulizia approfondita, disinfettare tutte le superfici e le attrezzature.

Esempio Pratico: In un pollaio di medie dimensioni con 15 galline, effettuare una pulizia leggera ogni sabato e una pulizia approfondita ogni prima e terza settimana del mese. Annotare nel calendario queste attività per garantire la loro regolarità.

Pulizia delle Lettiera e del Pavimento

La lettiera e il pavimento del pollaio devono essere mantenuti puliti per prevenire la proliferazione di batteri e parassiti. Una lettiera ben mantenuta aiuta anche a controllare l'umidità e gli odori.

Tecnica Pratica: Rimuovere e sostituire la lettiera sporca con una frequenza regolare. Utilizzare lettiera assorbente come segatura, paglia o trucioli di legno. Spazzare e aspirare il pavimento per rimuovere detriti e polvere.

Esempio Pratico: Utilizzare una pala per rimuovere la lettiera sporca e un aspirapolvere industriale per pulire i residui dal pavimento. Aggiungere uno strato fresco di lettiera al termine della pulizia. Per un pollaio di 10 metri quadrati, circa 1 metro cubo di lettiera sarà sufficiente per una nuova applicazione.

Disinfezione delle Superfici

La disinfezione regolare delle superfici interne del pollaio è cruciale per prevenire la diffusione di malattie. È importante scegliere disinfettanti sicuri e appropriati per animali.

Tecnica Pratica: Utilizzare disinfettanti specifici per animali o soluzioni di acqua e aceto per pulire tutte le superfici interne, comprese le pareti, le gabbie e le attrezzature. Applicare il disinfettante dopo una pulizia approfondita per garantire l'eliminazione di germi e batteri.

Esempio Pratico: Preparare una soluzione di disinfettante al 5% di cloro in acqua e applicarla con un pennello su tutte le superfici. Lasciare agire per almeno 10 minuti prima di risciacquare con acqua pulita. Ripetere questa operazione ogni due settimane.

Manutenzione delle Attrezzature

Le attrezzature come mangiatoie, abbeveratoi e sistemi di ventilazione devono essere regolarmente controllate e pulite per garantire un funzionamento ottimale.

Tecnica Pratica: Controllare e pulire le mangiatoie e gli abbeveratoi settimanalmente per prevenire la formazione di alghe e muffe. Verificare che i sistemi di ventilazione siano privi di polvere e detriti.

Esempio Pratico: Smontare le mangiatoie e gli abbeveratoi, lavarli con acqua calda e sapone, e lasciarli asciugare all'aria. Per i sistemi di ventilazione, utilizzare un aspirapolvere per rimuovere polvere e detriti dai filtri e dalle ventole.

Controllo dei Parassiti

Un controllo regolare dei parassiti come pulci, zecche e vermi è essenziale per mantenere le galline in salute. I parassiti possono causare gravi problemi se non gestiti correttamente.

Tecnica Pratica: Ispezionare regolarmente le galline e il pollaio per segni di infestazioni. Utilizzare trattamenti antiparassitari naturali o chimici sicuri per animali, seguendo le istruzioni del produttore.

Esempio Pratico: Applicare uno spray antiparassitario approvato ogni mese e controllare le galline per segni di infestazione. Pulire e disinfettare le aree colpite con una soluzione di acqua e aceto.

Controllo dell'Umidità

L'umidità eccessiva può favorire la crescita di muffa e batteri. È importante mantenere un ambiente asciutto all'interno del pollaio.

Tecnica Pratica: Utilizzare deumidificatori o migliorare la ventilazione per mantenere un livello di umidità adeguato. Monitorare l'umidità con un igrometro e mantenere un livello tra il 50% e il 70%.

Esempio Pratico: Posizionare un igrometro nel pollaio e regolare la ventilazione per mantenere l'umidità sotto controllo. Utilizzare deumidificatori se necessario, specialmente durante i periodi di alta umidità.

Pianificazione delle Riparazioni

La manutenzione del pollaio include anche la pianificazione di riparazioni e miglioramenti per prevenire danni strutturali e garantire un ambiente sicuro per le galline.

Tecnica Pratica: Controllare regolarmente la struttura del pollaio per identificare segni di usura o danni. Riparare o sostituire immediatamente le parti danneggiate per evitare problemi maggiori.

Esempio Pratico: Controllare le pareti, il tetto e il pavimento del pollaio ogni sei mesi. Riparare le crepe, sostituire le assi rotte e assicurarsi che le porte e le finestre chiudano correttamente.

Registrazione e Monitoraggio delle Attività di Manutenzione

Tenere traccia delle attività di manutenzione e pulizia è essenziale per garantire che tutte le operazioni siano eseguite regolarmente e in modo efficace.

Tecnica Pratica: Creare un registro delle attività di manutenzione e pulizia, annotando le date, le operazioni eseguite e le eventuali osservazioni. Utilizzare questo registro per pianificare future attività e monitorare le condizioni del pollaio.

Esempio Pratico: Utilizzare un foglio di calcolo o un'app per la gestione delle attività di manutenzione, inserendo le date e le descrizioni delle operazioni eseguite. Rivedere e aggiornare il registro ogni mese per garantire la completezza delle operazioni.

Formazione del Personale e Coinvolgimento della Famiglia

Se il pollaio è gestito da più persone, è importante formare tutti i membri del personale o della famiglia coinvolti nella manutenzione.

Tecnica Pratica: Organizzare sessioni di formazione per insegnare le procedure corrette di pulizia e manutenzione. Creare un manuale operativo che descriva le responsabilità e le tecniche da seguire.

Esempio Pratico: Redigere un manuale di manutenzione e distribuirlo a tutti i membri della famiglia o del personale. Pianificare incontri mensili per discutere le problematiche emerse e aggiornare le procedure se necessario.

Una pianificazione accurata della manutenzione regolare e della pulizia non solo aiuta a mantenere il pollaio in ottime condizioni, ma contribuisce anche al benessere e alla produttività delle galline. Seguendo questi suggerimenti e tecniche, gli allevatori possono garantire un ambiente salubre e efficiente per le loro galline ovaiole.

III. Norme Igienico Sanitarie e Regolamentazioni

1. Requisiti Legali per l'Allevamento di Galline Ovaiole

Per avviare e gestire correttamente un allevamento di galline ovaiole, è essenziale conoscere e rispettare i requisiti legali previsti dalle normative vigenti. Questi requisiti variano a seconda della giurisdizione, ma in genere includono regolamenti igienico-sanitari, norme di benessere animale, e autorizzazioni specifiche. In questo paragrafo, esploreremo in dettaglio le principali normative che regolano l'allevamento delle galline ovaiole, fornendo esempi pratici e tecniche utili per assicurare la conformità legale e igienica.

Autorizzazioni e Registrazioni

La prima fase per avviare un allevamento di galline ovaiole è ottenere le necessarie autorizzazioni e registrazioni presso le autorità locali. Questo può includere la registrazione dell'allevamento come azienda agricola, l'ottenimento di permessi edilizi per la costruzione del pollaio e l'autorizzazione sanitaria.

Tecnica Pratica: Visitare l'ufficio agricolo locale per ottenere informazioni dettagliate sui requisiti di registrazione e le autorizzazioni necessarie. Presentare tutte le domande richieste insieme alla documentazione richiesta, come il piano del pollaio, l'ubicazione e le misure sanitarie previste.

Esempio Pratico: In Italia, è necessario registrare il proprio allevamento presso l'ASL di competenza, presentando il modulo di registrazione dell'azienda agricola e rispettando le direttive regionali in materia di benessere animale.

Norme Igienico-Sanitarie

Le norme igienico-sanitarie sono fondamentali per prevenire malattie e garantire la sicurezza alimentare. Le normative spesso stabiliscono standard specifici per la pulizia, la disinfezione, la gestione dei rifiuti e il controllo delle malattie.

Tecnica Pratica: Stabilire un piano di pulizia e disinfezione dettagliato per il pollaio, seguendo le linee guida delle autorità sanitarie locali. Utilizzare prodotti disinfettanti approvati e mantenere registri delle attività di pulizia.

Esempio Pratico: Pulire e disinfettare il pollaio settimanalmente con soluzioni di ipoclorito di sodio al 5%, e mantenere un registro delle operazioni di pulizia per eventuali ispezioni sanitarie.

Requisiti di Benessere Animale

Il rispetto delle normative sul benessere animale è obbligatorio per assicurare condizioni di vita adeguate per le galline. Questo include lo spazio minimo per animale, l'accesso a cibo e acqua, e condizioni ambientali adeguate.

Tecnica Pratica: Calcolare lo spazio minimo necessario per ogni gallina secondo le linee guida locali, e assicurarsi che il pollaio offra sufficiente spazio per il movimento e il razzolamento. Garantire l'accesso costante a cibo e acqua pulita.

Esempio Pratico: In molte regioni, è richiesto almeno 1 metro quadrato di spazio per ogni gallina all'interno del pollaio e 4 metri quadrati nell'area di razzolamento. Verificare le normative specifiche del proprio paese o regione.

Regolamentazioni sulla Gestione dei Rifiuti

La gestione corretta dei rifiuti, inclusi gli escrementi delle galline, è essenziale per prevenire l'inquinamento e la diffusione di malattie. Le normative possono richiedere metodi specifici per la raccolta, lo stoccaggio e lo smaltimento dei rifiuti.

Tecnica Pratica: Implementare un sistema di raccolta degli escrementi che preveda contenitori chiusi per evitare la dispersione di odori e la proliferazione di insetti. Pianificare lo smaltimento regolare dei rifiuti in conformità con le normative locali.

Esempio Pratico: Utilizzare compostiere chiuse per trasformare gli escrementi delle galline in fertilizzante naturale, rispettando le distanze minime da fonti d'acqua e abitazioni previste dalla legge.

Ispezioni e Controlli

Gli allevamenti di galline ovaiole possono essere soggetti a ispezioni periodiche da parte delle autorità sanitarie per verificare la conformità alle normative. È importante essere preparati per queste ispezioni mantenendo documentazione accurata e rispettando tutte le prescrizioni legali.

Tecnica Pratica: Mantenere un registro dettagliato di tutte le operazioni di pulizia, manutenzione, e trattamento sanitario delle galline. Preparare una cartella con tutte le autorizzazioni e i certificati necessari.

Esempio Pratico: Conservare in un unico luogo facilmente accessibile tutti i documenti relativi alle ispezioni sanitarie, le autorizzazioni edilizie e i certificati di conformità. Questo faciliterà il processo durante le ispezioni delle autorità competenti.

Conoscere e rispettare i requisiti legali per l'allevamento delle galline ovaiole è fondamentale per garantire un'attività sostenibile e conforme alle normative. Seguendo le indicazioni fornite in questo paragrafo, gli allevatori possono evitare sanzioni e garantire il benessere delle loro galline.

2. Norme Igieniche Fondamentali nel Pollaio

Mantenere un livello elevato di igiene nel pollaio è essenziale per la salute delle galline ovaiole e per la qualità delle uova prodotte. Le norme igieniche fondamentali includono la pulizia regolare degli spazi, la disinfezione delle superfici, la gestione corretta dei rifiuti e il controllo dei parassiti. In questo paragrafo, esamineremo in dettaglio le pratiche igieniche necessarie per garantire un ambiente sano e sicuro per le galline, fornendo esempi pratici e tecniche utili per principianti e utenti avanzati.

Pulizia Regolare del Pollaio

La pulizia regolare del pollaio è il primo passo per mantenere un ambiente salubre. Una pulizia approfondita e costante previene l'accumulo di escrementi, riduce la proliferazione di batteri e parassiti, e migliora il benessere generale delle galline.

Tecnica Pratica: Stabilire un programma di pulizia settimanale che includa la rimozione degli escrementi, la sostituzione della lettiera e la pulizia delle superfici. Utilizzare una spazzola rigida per rimuovere lo sporco ostinato e una paletta per raccogliere i rifiuti.

Esempio Pratico: Ogni settimana, rimuovere tutta la lettiera sporca dal pavimento del pollaio e sostituirla con lettiera fresca e asciutta. Pulire le superfici con una soluzione di acqua e aceto per disinfettare in modo naturale.

Disinfezione delle Superfici

La disinfezione delle superfici è un passaggio cruciale per eliminare agenti patogeni che potrebbero causare malattie alle galline. È importante utilizzare disinfettanti sicuri ed efficaci, che non lascino residui nocivi.

Tecnica Pratica: Dopo la pulizia, applicare un disinfettante approvato su tutte le superfici del pollaio, comprese le pareti, i pavimenti e le attrezzature. Lasciare agire il disinfettante per il tempo consigliato dal produttore, quindi risciacquare con acqua pulita.

Esempio Pratico: Utilizzare una soluzione di ipoclorito di sodio diluito al 5% per disinfettare il pollaio. Spruzzare la soluzione su tutte le superfici, lasciare agire per 10 minuti, quindi risciacquare accuratamente con acqua pulita.

Gestione dei Rifiuti

La gestione corretta dei rifiuti è essenziale per evitare l'accumulo di materiale organico che può attirare parassiti e causare cattivi odori. La compostazione è un metodo efficace per trasformare i rifiuti in fertilizzante naturale.

Tecnica Pratica: Raccogliere gli escrementi e la lettiera sporca in contenitori chiusi e trasferirli regolarmente in un'area di compostaggio. Assicurarsi che l'area di compostaggio sia ben ventilata e lontana dal pollaio e dalle abitazioni.

Esempio Pratico: Utilizzare un contenitore per compostaggio con coperchio per evitare la diffusione di odori e prevenire l'accesso agli animali selvatici. Mescolare il compost regolarmente per accelerare il processo di decomposizione.

Controllo dei Parassiti

I parassiti, come acari, pidocchi e pulci, possono infestare il pollaio e causare gravi problemi di salute alle galline. La prevenzione e il controllo dei parassiti sono quindi fondamentali.

Tecnica Pratica: Ispezionare regolarmente le galline e il pollaio per individuare eventuali segni di infestazione. Utilizzare polveri insetticide naturali o prodotti specifici per il controllo dei parassiti, seguendo attentamente le istruzioni del produttore.

Esempio Pratico: Spruzzare una miscela di terra di diatomee, un insetticida naturale, nella lettiera e sulle superfici del pollaio per prevenire infestazioni di parassiti. Ripetere l'applicazione ogni mese o quando necessario.

Manutenzione delle Attrezzature

Le attrezzature utilizzate nel pollaio, come abbeveratoi e mangiatoie, devono essere pulite e disinfettate regolarmente per prevenire la contaminazione del cibo e dell'acqua.

Tecnica Pratica: Svuotare e pulire quotidianamente gli abbeveratoi e le mangiatoie, utilizzando una spazzola e acqua calda. Disinfettare le attrezzature almeno una volta alla settimana con una soluzione disinfettante sicura per gli alimenti.

Esempio Pratico: Riempire un secchio con acqua calda e aggiungere un disinfettante alimentare. Immergere le mangiatoie e gli abbeveratoi nella soluzione per 10 minuti, quindi risciacquare abbondantemente e lasciar asciugare all'aria.

Educazione e Formazione

Mantenere un alto livello di igiene nel pollaio richiede anche educazione e formazione continue. È importante che tutti coloro che gestiscono il pollaio siano informati sulle pratiche igieniche migliori e sulle norme sanitarie.

Tecnica Pratica: Partecipare a corsi di formazione o seminari sull'allevamento delle galline ovaiole e le pratiche igieniche. Consultare guide e manuali aggiornati per rimanere informati sulle ultime normative e tecniche.

Esempio Pratico: Iscriversi a un corso online sull'allevamento delle galline ovaiole offerto da un'istituzione agricola o veterinaria. Utilizzare le conoscenze acquisite per migliorare le pratiche igieniche nel pollaio.

Mantenere rigorose norme igieniche nel pollaio è fondamentale per il benessere delle galline ovaiole e per la produzione di uova di alta qualità. Seguendo le pratiche e gli esempi forniti in questo paragrafo, gli allevatori possono creare un ambiente sano e sicuro per le loro galline, riducendo il rischio di malattie e infestazioni.

3. Procedure per la Sicurezza Alimentare delle Galline

La sicurezza alimentare è un aspetto cruciale nell'allevamento delle galline ovaiole, poiché influisce direttamente sulla salute degli animali e sulla qualità delle uova prodotte. È fondamentale adottare procedure rigorose per garantire che il cibo somministrato alle galline sia sicuro, nutriente e privo di contaminanti. In questo paragrafo, esamineremo le pratiche migliori per la gestione degli alimenti, fornendo esempi pratici e tecniche utili sia per principianti che per allevatori esperti.

Selezione e Conservazione degli Alimenti

La scelta degli alimenti giusti è il primo passo per garantire la sicurezza alimentare delle galline. È importante utilizzare mangimi di alta qualità, specificamente formulati per le galline ovaiole, e conservarli correttamente per prevenire contaminazioni.

Tecnica Pratica: Acquistare mangimi da fornitori affidabili e verificare sempre la data di scadenza. Conservare i mangimi in contenitori chiusi e impermeabili, lontano da umidità, luce solare diretta e parassiti.

Esempio Pratico: Utilizzare contenitori di plastica o metallo con coperchi ermetici per conservare i mangimi. Posizionare i contenitori in un luogo fresco e asciutto, e sollevarli da terra per evitare l'umidità e l'accesso di roditori.

Preparazione dell'Alimento

La preparazione corretta degli alimenti è essenziale per prevenire la contaminazione e garantire che le galline ricevano una dieta equilibrata e sicura.

Tecnica Pratica: Pulire e disinfettare regolarmente le superfici e gli utensili utilizzati per la preparazione del cibo. Mescolare accuratamente gli ingredienti per assicurarsi che le galline ricevano tutti i nutrienti necessari.

Esempio Pratico: Prima di preparare il cibo, lavare le mani e utilizzare utensili puliti. Se si prepara un mix di cereali e integratori, mescolare gli ingredienti in una vasca pulita e utilizzare un misurino per garantire le giuste proporzioni.

Somministrazione del Cibo

La somministrazione corretta del cibo contribuisce a mantenere l'ambiente del pollaio pulito e riduce il rischio di malattie. È importante offrire cibo fresco e in quantità adeguate, evitando sprechi e accumuli.

Tecnica Pratica: Riempire le mangiatoie con piccole quantità di cibo più volte al giorno, anziché somministrare grandi quantità una volta sola. Pulire le mangiatoie regolarmente per rimuovere residui di cibo e prevenire la crescita di muffe.

Esempio Pratico: Somministrare il cibo tre volte al giorno, mattina, pomeriggio e sera, controllando che le galline consumino tutto entro un'ora. Lavare le mangiatoie con acqua calda e sapone ogni giorno e disinfettarle settimanalmente.

Gestione dell'Acqua Potabile

L'acqua pulita è fondamentale per la salute delle galline. Controllare regolarmente gli abbeveratoi e garantire che l'acqua sia sempre fresca e priva di contaminanti.

Tecnica Pratica: Svuotare e pulire gli abbeveratoi ogni giorno, riempiendoli con acqua fresca e pulita. Utilizzare abbeveratoi che riducono il rischio di contaminazione, come quelli a goccia o con sistema a sifone.

Esempio Pratico: Sostituire l'acqua ogni mattina e sera. Utilizzare una soluzione di acqua e aceto per pulire gli abbeveratoi, risciacquare bene e riempire con acqua fresca. Installare abbeveratoi a goccia per ridurre la sporcizia.

Controllo dei Parassiti e Malattie

Il controllo dei parassiti e delle malattie è parte integrante della sicurezza alimentare. Galline sane producono uova di qualità superiore e sono meno suscettibili alle malattie trasmissibili attraverso il cibo.

Tecnica Pratica: Monitorare regolarmente le galline per segni di parassiti e malattie. Utilizzare trattamenti preventivi e mantenere un programma di vaccinazioni aggiornato.

Esempio Pratico: Ispezionare le galline ogni settimana, cercando segni di parassiti come acari o pidocchi. Consultare un veterinario per un piano di vaccinazione e trattamenti preventivi.

Smaltimento Sicuro dei Rifiuti Alimentari

La gestione corretta dei rifiuti alimentari è essenziale per prevenire la proliferazione di parassiti e malattie. È importante smaltire gli avanzi di cibo in modo sicuro e igienico.

Tecnica Pratica: Raccogliere i rifiuti alimentari in contenitori chiusi e smaltirli regolarmente. Evitare di lasciare avanzi di cibo nel pollaio per lunghi periodi.

Esempio Pratico: Utilizzare sacchi di plastica robusti per raccogliere i rifiuti alimentari e smaltirli nei rifiuti domestici o in un'area di compostaggio sicura. Rimuovere i resti di cibo dalle mangiatoie ogni sera.

Formazione Continua e Aggiornamenti

Rimanere aggiornati sulle migliori pratiche per la sicurezza alimentare è fondamentale per garantire un ambiente sano e sicuro per le galline.

Tecnica Pratica: Partecipare a corsi di formazione e consultare risorse aggiornate per rimanere informati sulle normative e le tecniche più recenti.

Esempio Pratico: Iscriversi a newsletter di associazioni avicole e partecipare a workshop locali. Utilizzare le informazioni acquisite per migliorare continuamente le pratiche di gestione del pollaio.

Adottare procedure rigorose per la sicurezza alimentare delle galline ovaiole è essenziale per garantire la loro salute e la qualità delle uova prodotte. Seguendo le tecniche pratiche e gli esempi forniti in questo paragrafo, gli allevatori possono creare un ambiente sicuro e nutriente per le loro galline, riducendo al minimo i rischi di contaminazione e malattie.

4. Gestione dei Rifiuti e degli Escrementi

Una gestione efficace dei rifiuti e degli escrementi nel pollaio è fondamentale per mantenere un ambiente sano per le galline ovaiole e per prevenire la diffusione di malattie. Un pollaio pulito non solo migliora il benessere delle galline, ma contribuisce anche alla qualità delle uova prodotte. In questo paragrafo, esploreremo le migliori pratiche per la gestione dei rifiuti e degli escrementi, fornendo tecniche pratiche e esempi concreti per allevatori principianti e avanzati.

Pulizia Regolare del Pollaio

La pulizia regolare del pollaio è essenziale per prevenire l'accumulo di escrementi e rifiuti. Gli escrementi delle galline possono diventare un terreno fertile per batteri e parassiti se non vengono gestiti correttamente.

Tecnica Pratica: Stabilire un programma di pulizia settimanale per rimuovere escrementi e lettiera sporca. Utilizzare strumenti adeguati come pale, rastrelli e spazzole per facilitare la rimozione dei rifiuti.

Esempio Pratico: Ogni settimana, rimuovere la lettiera vecchia e sporca e sostituirla con materiale fresco come trucioli di legno o paglia. Pulire le superfici del pollaio con una soluzione disinfettante sicura per gli animali, risciacquando bene per evitare residui chimici.

Compostaggio degli Escrementi

Il compostaggio è un metodo ecologico ed efficace per gestire gli escrementi delle galline. Gli escrementi compostati possono essere utilizzati come fertilizzante naturale per il giardino, riducendo i rifiuti e migliorando la sostenibilità dell'allevamento.

Tecnica Pratica: Raccogliere gli escrementi quotidianamente e aggiungerli a un cumulo di compost. Mescolare regolarmente il compost per accelerare il processo di decomposizione e assicurare che raggiunga temperature sufficienti a uccidere eventuali agenti patogeni.

Esempio Pratico: Costruire un'area dedicata al compostaggio nel giardino, utilizzando un contenitore o una struttura in legno. Aggiungere strati alternati di escrementi e materiali verdi come foglie e erba tagliata. Innaffiare il compost periodicamente e mescolarlo ogni due settimane.

Gestione dei Rifiuti Alimentari

I rifiuti alimentari possono attirare parassiti e contribuire alla diffusione di malattie se non vengono gestiti correttamente. È importante smaltire in modo appropriato i residui di cibo e mantenere le aree di alimentazione pulite.

Tecnica Pratica: Rimuovere quotidianamente gli avanzi di cibo dalle mangiatoie e smaltirli in modo sicuro. Evitare di lasciare cibo aperto o accessibile a roditori e altri parassiti.

Esempio Pratico: Utilizzare mangiatoie rialzate e con copertura per proteggere il cibo dagli agenti atmosferici e dai parassiti. Alla fine di ogni giornata, raccogliere eventuali avanzi di cibo e smaltirli in un contenitore chiuso o nel compost.

Controllo degli Odori

Gli escrementi e i rifiuti possono generare odori sgradevoli se non vengono gestiti correttamente. Il controllo degli odori è importante per mantenere un ambiente piacevole sia per le galline che per chi vive nei dintorni.

Tecnica Pratica: Utilizzare materiali di lettiera che aiutano a controllare gli odori, come la segatura o i trucioli di legno. Pulire regolarmente il pollaio e ventilare adeguatamente per ridurre l'accumulo di odori.

Esempio Pratico: Aggiungere un sottile strato di bicarbonato di sodio sulla lettiera per assorbire gli odori. Assicurarsi che il pollaio abbia finestre o ventole per migliorare la circolazione dell'aria.

Raccolta e Smaltimento degli Escrementi

Una gestione efficace degli escrementi richiede sistemi adeguati per la raccolta e lo smaltimento. Evitare l'accumulo di grandi quantità di escrementi all'interno del pollaio per prevenire problemi sanitari.

Tecnica Pratica: Installare vaschette o reti di raccolta sotto i posatoi per facilitare la raccolta degli escrementi. Smaltire gli escrementi raccolti regolarmente nel compost o in altre aree designate.

Esempio Pratico: Posizionare vaschette estraibili sotto i posatoi e svuotarle ogni mattina nel cumulo di compost. Utilizzare guanti e attrezzature adeguate per evitare il contatto diretto con gli escrementi.

Monitoraggio e Prevenzione delle Malattie

La gestione dei rifiuti e degli escrementi è strettamente legata alla prevenzione delle malattie. Un ambiente pulito e ben gestito riduce il rischio di infezioni e promuove la salute delle galline.

Tecnica Pratica: Monitorare regolarmente lo stato di salute delle galline e cercare segni di malattie. Mantenere un programma di pulizia e disinfezione regolare per prevenire la proliferazione di agenti patogeni.

Esempio Pratico: Ispezionare le galline ogni settimana per segni di malattie come diarrea, perdita di piume o letargia. Utilizzare disinfettanti specifici per il pollaio e pulire accuratamente tutte le superfici una volta al mese.

Educazione e Formazione

Essere informati sulle migliori pratiche per la gestione dei rifiuti e degli escrementi è fondamentale per mantenere un ambiente sicuro e salubre. La formazione continua aiuta gli allevatori a migliorare le loro tecniche e a rimanere aggiornati sulle ultime normative.

Tecnica Pratica: Partecipare a corsi di formazione e leggere materiali informativi sulle pratiche di gestione dei rifiuti. Condividere le conoscenze acquisite con altri allevatori e collaborare per migliorare le pratiche comuni.

Esempio Pratico: Iscriversi a workshop organizzati da associazioni avicole locali e partecipare a forum online dove si discutono le tecniche di gestione dei rifiuti. Creare un piano di gestione dei rifiuti personalizzato basato sulle conoscenze acquisite.

Adottare pratiche efficaci per la gestione dei rifiuti e degli escrementi è essenziale per garantire la salute delle galline ovaiole e la qualità delle uova prodotte. Seguendo le tecniche pratiche e gli esempi forniti in questo paragrafo, gli allevatori possono creare un ambiente pulito e sicuro, riducendo al minimo i rischi di malattie e migliorando il benessere complessivo del pollaio.

5. Monitoraggio e Controllo delle Malattie

Il monitoraggio e il controllo delle malattie sono aspetti cruciali nell'allevamento delle galline ovaiole. Un'attenta vigilanza sulla salute delle galline consente di individuare tempestivamente eventuali segni di malattia e di intervenire rapidamente per prevenire la diffusione di infezioni. In questo paragrafo, esploreremo le strategie e le tecniche pratiche per il monitoraggio e il controllo delle malattie nel pollaio, fornendo esempi concreti utili sia per allevatori principianti che avanzati.

Monitoraggio Quotidiano delle Galline

Il monitoraggio quotidiano delle galline è la prima linea di difesa contro le malattie. Osservare attentamente il comportamento e l'aspetto fisico delle galline permette di rilevare i primi segni di malessere.

Tecnica Pratica: Stabilire una routine giornaliera di osservazione, preferibilmente durante la somministrazione del cibo o della pulizia del pollaio. Prestare attenzione a cambiamenti nell'appetito, nella produzione di uova, nell'aspetto delle piume, e nel comportamento.

Esempio Pratico: Ogni mattina, mentre si distribuisce il mangime, osservare se tutte le galline si avvicinano al cibo con entusiasmo. Prendere nota di eventuali galline che sembrano apatiche, hanno piume arruffate o mostrano segni di diarrea. Annotare questi osservazioni in un registro sanitario per avere un quadro completo della situazione nel tempo.

Isolamento e Trattamento dei Casi Sospetti

Quando si rileva una gallina che potrebbe essere malata, è essenziale isolarla immediatamente per evitare che l'infezione si diffonda alle altre galline.

Tecnica Pratica: Allestire un'area di quarantena lontano dal pollaio principale. Monitorare la gallina isolata e consultare un veterinario avicolo per una diagnosi accurata e un trattamento appropriato.

Esempio Pratico: Se una gallina mostra segni di malattia, come starnuti, occhi gonfi o diarrea, spostarla immediatamente in una gabbia di isolamento. Tenere questa gabbia in un'area separata e osservare la gallina per 48 ore. Se i sintomi persistono, contattare un veterinario per eseguire test e prescrivere eventuali farmaci.

Programma di Vaccinazione

Le vaccinazioni sono una misura preventiva fondamentale per proteggere le galline da malattie comuni e gravi. Un programma di vaccinazione ben pianificato può ridurre significativamente il rischio di focolai di malattie nel pollaio.

Tecnica Pratica: Consultare un veterinario avicolo per sviluppare un calendario di vaccinazione specifico per il proprio allevamento. Assicurarsi che tutte le galline, comprese quelle nuove, siano vaccinate secondo le raccomandazioni.

Esempio Pratico: Adottare un calendario di vaccinazione che includa vaccinazioni obbligatorie come quelle per la malattia di Newcastle e la bronchite infettiva. Somministrare i vaccini secondo il programma e tenere un registro dettagliato delle vaccinazioni effettuate, includendo la data, il tipo di vaccino e il numero di galline vaccinate.

Controllo dei Parassiti

I parassiti esterni e interni possono causare malattie e compromettere la salute delle galline. È essenziale adottare misure preventive e trattamenti regolari per mantenere il pollaio libero da parassiti.

Tecnica Pratica: Utilizzare trattamenti antiparassitari regolari e mantenere l'ambiente del pollaio pulito e asciutto per ridurre l'infestazione da parassiti.

Esempio Pratico: Trattare le galline con antiparassitari naturali o chimici ogni due mesi, a seconda delle raccomandazioni del veterinario. Pulire e disinfettare il pollaio settimanalmente, prestando particolare attenzione agli angoli e ai nidi dove i parassiti tendono ad annidarsi. Controllare regolarmente le galline per segni di infestazione come prurito e perdita di piume.

Igiene Personale e Attrezzature

Mantenere un alto livello di igiene personale e delle attrezzature è fondamentale per prevenire la trasmissione di malattie nel pollaio. Gli allevatori devono adottare pratiche igieniche rigorose ogni volta che interagiscono con le galline o il pollaio.

Tecnica Pratica: Lavarsi le mani prima e dopo aver manipolato le galline, indossare abbigliamento e calzature dedicate al pollaio e disinfettare regolarmente le attrezzature.

Esempio Pratico: Utilizzare guanti monouso e una tuta protettiva quando si pulisce il pollaio. Disinfettare le attrezzature come mangiatoie, abbeveratoi e utensili con una soluzione di candeggina diluita ogni settimana. Mantenere un paio di stivali dedicati esclusivamente per l'uso nel pollaio e pulirli dopo ogni visita.

Formazione Continua e Aggiornamenti

Rimanere aggiornati sulle ultime informazioni e tecniche di controllo delle malattie è fondamentale per mantenere un allevamento sano. Partecipare a corsi di formazione e leggere materiale informativo può aiutare gli allevatori a migliorare le loro pratiche.

Tecnica Pratica: Iscriversi a corsi di formazione organizzati da enti avicoli e leggere pubblicazioni specializzate sulle malattie delle galline ovaiole.

Esempio Pratico: Partecipare a seminari annuali sull'allevamento avicolo organizzati da associazioni locali. Iscriversi a riviste specializzate e gruppi di discussione online per scambiare esperienze e conoscere le ultime scoperte nel campo della salute avicola.

Cooperazione con Veterinari Specializzati

Collaborare strettamente con un veterinario avicolo può fare la differenza nella gestione della salute delle galline. Un veterinario può fornire consulenza esperta, diagnosi precise e piani di trattamento efficaci.

Tecnica Pratica: Stabilire una relazione di fiducia con un veterinario avicolo locale e programmare visite regolari per monitorare la salute delle galline.

Esempio Pratico: Programmare visite semestrali del veterinario per un check-up completo delle galline. In caso di malattia, consultare immediatamente il veterinario e seguire scrupolosamente le sue indicazioni per il trattamento.

Adottare queste pratiche di monitoraggio e controllo delle malattie contribuirà a mantenere un ambiente sano e sicuro per le galline ovaiole, migliorando la qualità della vita degli animali e la produttività del pollaio. La prevenzione è sempre la migliore strategia, e con un'attenta vigilanza, è possibile ridurre significativamente il rischio di malattie e mantenere un allevamento fiorente.

6. Trattamenti e Vaccinazioni Obbligatorie

Mantenere la salute delle galline ovaiole richiede un'attenta pianificazione dei trattamenti e delle vaccinazioni. Questi interventi preventivi sono essenziali per proteggere le galline da malattie comuni e gravi, garantendo una produzione continua e sicura di uova. In questo paragrafo, esploreremo i principali trattamenti e le vaccinazioni obbligatorie, fornendo esempi pratici e tecniche utili per allevatori principianti e avanzati.

Vaccinazioni Fondamentali

Le vaccinazioni rappresentano una delle misure preventive più efficaci per proteggere le galline ovaiole da infezioni virali e batteriche. Ecco alcune delle vaccinazioni più importanti che ogni allevatore dovrebbe considerare:

1. **Vaccinazione contro la malattia di Newcastle:** Questa è una delle malattie più devastanti per le galline. Il vaccino può essere somministrato tramite acqua da bere, spray o iniezione.

    - **Esempio Pratico:** Preparare una soluzione vaccinale e aggiungerla all'acqua da bere delle galline seguendo le istruzioni del produttore. Assicurarsi che tutte le galline abbiano accesso all'acqua vaccinata.

2. **Vaccinazione contro la bronchite infettiva:** Questa malattia respiratoria può ridurre significativamente la produzione di uova. Il vaccino è generalmente somministrato tramite spray.

- **Esempio Pratico:** Utilizzare uno spruzzatore per nebulizzare il vaccino nelle gabbie delle galline. Fare attenzione a coprire uniformemente tutte le galline.

3. **Vaccinazione contro la malattia di Marek:** Questo vaccino è solitamente somministrato ai pulcini appena nati tramite iniezione.

    - **Esempio Pratico:** Collaborare con un veterinario avicolo per somministrare il vaccino ai pulcini entro le prime 24 ore di vita.

4. **Vaccinazione contro la salmonellosi:** Importante per la sicurezza alimentare, questo vaccino protegge le galline dalle infezioni da salmonella, che possono contaminare le uova.

    - **Esempio Pratico:** Somministrare il vaccino tramite iniezione o aggiungendolo all'acqua da bere, seguendo le linee guida del produttore e del veterinario.

Trattamenti Preventivi

Oltre alle vaccinazioni, ci sono vari trattamenti preventivi che possono aiutare a mantenere le galline in salute e a prevenire le malattie.

1. **Trattamenti antiparassitari:** I parassiti interni ed esterni possono causare gravi problemi di salute. Trattamenti regolari sono essenziali.

- **Esempio Pratico:** Utilizzare un antiparassitario in polvere o liquido, applicandolo direttamente sulle galline e nei loro nidi. Seguire un programma di trattamento ogni 6-8 settimane.

2. **Supplementi vitaminici e minerali:** Questi aiutano a rafforzare il sistema immunitario delle galline, rendendole meno suscettibili alle malattie.

   - **Esempio Pratico:** Aggiungere integratori vitaminici all'acqua o al mangime delle galline, soprattutto durante i periodi di stress, muta o cambiamenti climatici.

3. **Antibiotici profilattici:** In alcuni casi, può essere necessario somministrare antibiotici per prevenire infezioni batteriche, specialmente dopo operazioni o in caso di ferite.

   - **Esempio Pratico:** Seguire le raccomandazioni del veterinario per la somministrazione di antibiotici, assicurandosi di rispettare i periodi di sospensione per evitare residui nelle uova.

Pianificazione e Registro dei Trattamenti

Mantenere un registro dettagliato delle vaccinazioni e dei trattamenti somministrati è fondamentale per una gestione efficace dell'allevamento. Questo aiuta a monitorare la salute delle galline e a rispettare le normative vigenti.

Tecnica Pratica: Creare un registro cartaceo o digitale dove annotare ogni trattamento e vaccinazione, includendo la data, il tipo di vaccino o trattamento, il dosaggio e il numero di galline trattate.

Esempio Pratico: Utilizzare un foglio di calcolo per tenere traccia dei trattamenti. Ogni settimana, aggiornare il registro con le nuove informazioni e rivedere i dati per assicurarsi che tutte le galline ricevano le cure necessarie.

Collaborazione con un Veterinario

L'assistenza di un veterinario avicolo è indispensabile per sviluppare un piano sanitario completo e personalizzato per il proprio allevamento.

Tecnica Pratica: Stabilire una relazione di lavoro con un veterinario esperto in avicoltura, pianificando visite regolari e consultazioni per discutere di prevenzione e trattamento delle malattie.

Esempio Pratico: Programmare una visita trimestrale del veterinario per esaminare le galline e aggiornare il piano di vaccinazione e trattamento. Durante la visita, discutere eventuali problemi di salute osservati e chiedere consigli su nuove pratiche o prodotti disponibili.

Considerazioni Etiche e Normative

Rispettare le normative locali e nazionali riguardanti il trattamento e la vaccinazione delle galline è fondamentale per evitare sanzioni e garantire il benessere degli animali.

Tecnica Pratica: Informarsi sulle leggi e regolamenti locali che disciplinano l'allevamento di galline ovaiole e assicurarsi che tutte le pratiche siano conformi.

Esempio Pratico: Partecipare a seminari e workshop organizzati da enti agricoli locali per rimanere aggiornati sulle nuove normative e migliori pratiche nell'allevamento avicolo.

Adottare un approccio proattivo e informato sui trattamenti e le vaccinazioni obbligatorie aiuta a mantenere un ambiente sano e sicuro per le galline, migliorando la qualità della produzione di uova e il benessere generale degli animali.

7. Ispezioni e Certificazioni Sanitarie

Mantenere elevati standard igienico-sanitari nel proprio allevamento di galline ovaiole è essenziale non solo per la salute degli animali ma anche per la sicurezza alimentare. Le ispezioni e le certificazioni sanitarie svolgono un ruolo cruciale in questo processo. In questo paragrafo, esploreremo l'importanza delle ispezioni sanitarie, come prepararsi per esse, e le certificazioni che possono essere ottenute per garantire la qualità e la sicurezza del proprio allevamento.

Importanza delle Ispezioni Sanitarie

Le ispezioni sanitarie sono controlli ufficiali effettuati da autorità competenti per verificare che l'allevamento rispetti le norme igienico-sanitarie vigenti. Questi controlli sono fondamentali per prevenire la diffusione di malattie tra le galline e garantire che le uova prodotte siano sicure per il consumo umano.

Esempio Pratico: Un allevamento che non rispetta le norme sanitarie può essere soggetto a sanzioni, fino alla chiusura forzata. Le ispezioni regolari aiutano a identificare e correggere eventuali problemi prima che diventino gravi.

Prepararsi per le Ispezioni

Prepararsi per un'ispezione sanitaria richiede una serie di misure preventive e organizzative. Ecco alcuni passi fondamentali per assicurarsi che l'allevamento sia sempre pronto per un'ispezione:

1. **Documentazione:** Mantenere registri accurati di tutti i trattamenti sanitari, vaccinazioni, e controlli effettuati. Questi documenti devono essere facilmente accessibili e aggiornati.

    - **Tecnica Pratica:** Utilizzare un sistema di gestione digitale per registrare e archiviare tutte le informazioni sanitarie, facilitando l'accesso e la revisione durante le ispezioni.

2. **Pulizia e Manutenzione:** Assicurarsi che tutte le aree dell'allevamento siano pulite e ben mantenute. Questo include la rimozione regolare dei rifiuti, la disinfezione degli spazi e la manutenzione delle strutture.

    - **Tecnica Pratica:** Implementare un calendario di pulizia settimanale e mensile, con compiti specifici assegnati a ciascun membro del personale.

3. **Formazione del Personale:** Tutti i lavoratori devono essere formati sulle procedure igienico-sanitarie e su come rispondere durante un'ispezione.

    - **Tecnica Pratica:** Organizzare sessioni di formazione periodiche per aggiornare il personale sulle nuove normative e migliori pratiche igieniche.

Certificazioni Sanitarie

Ottenere certificazioni sanitarie è un modo efficace per dimostrare che l'allevamento rispetta elevati standard di qualità e sicurezza. Queste certificazioni possono migliorare la reputazione dell'allevamento e facilitare l'accesso a mercati più esigenti.

1. **Certificazione HACCP (Hazard Analysis and Critical Control Points):** Questo sistema di gestione della sicurezza alimentare identifica, valuta e controlla i pericoli significativi per la sicurezza degli alimenti.

    - **Esempio Pratico:** Implementare un piano HACCP che includa l'analisi dei rischi e l'identificazione dei punti critici di controllo nell'allevamento, assicurando che tutte le procedure siano seguite rigorosamente.

2. **Certificazione ISO 22000:** Questa norma internazionale specifica i requisiti per un sistema di gestione della sicurezza alimentare, garantendo la sicurezza delle uova prodotte.

- **Esempio Pratico:** Adottare un sistema di gestione che copra tutte le fasi della produzione, dal mangime delle galline alla distribuzione delle uova, per ottenere la certificazione ISO 22000.

3. **Certificazioni Locali e Nazionali:** Ogni paese ha le proprie normative e certificazioni specifiche per l'allevamento di galline ovaiole. Rispettare queste normative è fondamentale per operare legalmente.

   - **Esempio Pratico:** Collaborare con le autorità locali per comprendere e rispettare tutte le normative specifiche, ottenendo le certificazioni necessarie per il proprio allevamento.

Procedure Durante le Ispezioni

Durante un'ispezione sanitaria, è importante seguire alcune procedure per facilitare il lavoro degli ispettori e dimostrare la conformità alle normative:

1. **Accoglienza degli Ispettori:** Ricevere gli ispettori in modo professionale e collaborativo. Fornire loro tutte le informazioni richieste e rispondere prontamente alle domande.

   - **Tecnica Pratica:** Designare un responsabile per le ispezioni che conosca tutte le procedure dell'allevamento e possa accompagnare gli ispettori durante la visita.

2. **Tour dell'Allevamento:** Mostrare agli ispettori tutte le aree dell'allevamento, evidenziando le misure igieniche adottate e spiegando le procedure seguite.

- **Tecnica Pratica:** Prevedere un percorso di visita che includa le aree principali, come il pollaio, l'area di razzolamento, i magazzini e le zone di trattamento sanitario.

3. **Revisione dei Documenti:** Fornire agli ispettori accesso ai registri sanitari, alle certificazioni e a tutta la documentazione relativa ai trattamenti e alle vaccinazioni.

   - **Tecnica Pratica:** Mantenere un archivio ben organizzato e aggiornato, facilitando la consultazione dei documenti durante l'ispezione.

Vantaggi delle Certificazioni

Ottenere certificazioni sanitarie offre numerosi vantaggi, tra cui:

1. **Credibilità e Affidabilità:** Le certificazioni dimostrano che l'allevamento rispetta standard elevati, aumentando la fiducia dei consumatori e dei partner commerciali.

   - **Esempio Pratico:** Utilizzare le certificazioni nelle campagne di marketing per promuovere la qualità e la sicurezza delle uova prodotte.

2. **Accesso a Nuovi Mercati:** Alcuni mercati richiedono certificazioni specifiche per l'importazione di prodotti avicoli. Essere certificati apre nuove opportunità commerciali.

- **Esempio Pratico:** Esplorare mercati internazionali che richiedono certificazioni come HACCP o ISO 22000, espandendo il raggio d'azione commerciale dell'allevamento.

3. **Riduzione dei Rischi Sanitari:** Seguire le procedure richieste per ottenere e mantenere le certificazioni contribuisce a ridurre i rischi di malattie e contaminazioni nell'allevamento.

    - **Esempio Pratico:** Implementare regolarmente audit interni per verificare la conformità alle norme sanitarie e apportare miglioramenti continui.

Conclusioni

Le ispezioni e le certificazioni sanitarie sono elementi chiave per garantire un allevamento di galline ovaiole sicuro e di alta qualità. Prepararsi adeguatamente per le ispezioni, mantenere registri accurati e ottenere certificazioni riconosciute non solo migliora la salute delle galline e la qualità delle uova, ma offre anche vantaggi competitivi significativi. Adottare un approccio proattivo e informato in queste aree è essenziale per il successo a lungo termine dell'allevamento.

8. Norme per la Bio-Sicurezza e la Prevenzione delle Contaminazioni

La bio-sicurezza è un insieme di pratiche e misure adottate per prevenire l'introduzione e la diffusione di agenti patogeni nell'allevamento di galline ovaiole. Mantenere un alto livello di bio-sicurezza è essenziale per proteggere la salute degli animali e garantire la sicurezza alimentare. In questo paragrafo, esploreremo le norme fondamentali per la bio-sicurezza e le tecniche pratiche per prevenire le contaminazioni, fornendo un manuale utile per principianti e utenti avanzati.

Importanza della Bio-Sicurezza

La bio-sicurezza è cruciale per evitare epidemie che potrebbero devastare un allevamento. Patogeni come virus, batteri e parassiti possono entrare nell'allevamento attraverso vari mezzi, tra cui nuovi animali, visitatori, attrezzature contaminate e persino tramite il vento. Implementare rigorose misure di bio-sicurezza riduce significativamente il rischio di contaminazioni e protegge l'investimento dell'allevatore.

Esempio Pratico: Durante un'epidemia di influenza aviaria, gli allevamenti che adottano rigide misure di bio-sicurezza hanno una probabilità molto più bassa di essere colpiti rispetto a quelli che non lo fanno.

Procedure di Isolamento e Quarantena

Isolare i nuovi arrivi e praticare la quarantena sono strategie chiave per prevenire l'introduzione di malattie. Tutti i nuovi animali dovrebbero essere tenuti separati dal resto del gregge per un periodo di tempo adeguato, solitamente tra le due e le quattro settimane.

1. **Isolamento dei Nuovi Arrivi:** Tenere i nuovi arrivi in un'area separata permette di monitorarli per eventuali segni di malattia prima di introdurli nel gregge principale.

   - **Tecnica Pratica:** Allestire un'area di quarantena lontana dal pollaio principale, dotata di tutte le necessità come cibo, acqua e riparo, e mantenere un registro delle condizioni di salute dei nuovi animali.

2. **Monitoraggio della Salute:** Durante il periodo di quarantena, osservare attentamente i nuovi arrivi per sintomi di malattia.

   - **Tecnica Pratica:** Effettuare controlli giornalieri, annotando qualsiasi comportamento anomalo o segni di malattia, e consultare un veterinario se necessario.

Controllo dei Visitatori e delle Attrezzature

I visitatori e le attrezzature possono essere vettori di agenti patogeni. Limitare l'accesso all'allevamento e assicurarsi che tutte le attrezzature siano pulite e disinfettate riduce il rischio di contaminazione.

1. **Controllo dei Visitatori:** Limitare il numero di visitatori e stabilire protocolli rigidi per chi entra nell'allevamento.

- **Tecnica Pratica:** Richiedere ai visitatori di indossare abbigliamento protettivo e di disinfettare le mani e le scarpe prima di entrare nelle aree dove sono presenti gli animali.

2. **Disinfezione delle Attrezzature:** Tutte le attrezzature utilizzate nell'allevamento devono essere pulite e disinfettate regolarmente.

    - **Tecnica Pratica:** Creare una stazione di disinfezione vicino all'entrata del pollaio, dove le attrezzature possono essere pulite e disinfettate prima dell'uso.

Pulizia e Disinfezione degli Ambienti

Una pulizia e disinfezione regolari degli ambienti sono essenziali per mantenere un livello elevato di bio-sicurezza. Questo include la pulizia dei pollai, delle aree di razzolamento e delle attrezzature.

1. **Pulizia Regolare:** Rimuovere lo sporco e i rifiuti dalle aree del pollaio e dell'area di razzolamento.

    - **Tecnica Pratica:** Stabilire un programma di pulizia giornaliero e settimanale che includa la rimozione di escrementi, la pulizia dei pavimenti e delle superfici, e la sostituzione della lettiera sporca.

2. **Disinfezione:** Utilizzare prodotti disinfettanti efficaci per eliminare i patogeni dalle superfici e dalle attrezzature.

- **Tecnica Pratica:** Dopo la pulizia, applicare un disinfettante approvato su tutte le superfici e le attrezzature, seguendo le istruzioni del produttore per il tempo di contatto e la diluizione.

Controllo delle Malattie

La prevenzione delle malattie passa anche attraverso la sorveglianza continua e l'adozione di misure preventive.

1. **Sorveglianza Sanitaria:** Monitorare regolarmente la salute delle galline per individuare tempestivamente eventuali segni di malattia.

    - **Tecnica Pratica:** Effettuare controlli sanitari settimanali, annotando qualsiasi cambiamento nel comportamento, nell'aspetto fisico o nella produzione di uova.

2. **Misure Preventive:** Applicare trattamenti preventivi come vaccini e antiparassitari per proteggere le galline dalle malattie comuni.

    - **Tecnica Pratica:** Seguire un programma di vaccinazione raccomandato dal veterinario e applicare trattamenti antiparassitari regolari per mantenere le galline sane.

Formazione e Consapevolezza

Formare il personale e promuovere la consapevolezza della bio-sicurezza sono aspetti cruciali per il successo delle misure di prevenzione.

1. **Formazione del Personale:** Assicurarsi che tutto il personale sia adeguatamente formato sulle pratiche di bio-sicurezza e sulle procedure di emergenza.

    - **Tecnica Pratica:** Organizzare sessioni di formazione periodiche che includano esercitazioni pratiche e aggiornamenti sulle ultime normative e migliori pratiche.

2. **Consapevolezza e Responsabilità:** Promuovere una cultura della bio-sicurezza in cui tutti i membri dell'allevamento comprendano l'importanza delle misure adottate e si sentano responsabili del loro rispetto.

    - **Tecnica Pratica:** Affiggere poster informativi e linee guida visibili in tutto l'allevamento per ricordare al personale e ai visitatori le pratiche di bio-sicurezza.

Conclusioni

Implementare e mantenere rigide norme di bio-sicurezza è essenziale per prevenire la diffusione di malattie nell'allevamento di galline ovaiole. Dall'isolamento dei nuovi arrivi al controllo dei visitatori, dalla pulizia regolare alla formazione del personale, ogni dettaglio contribuisce a proteggere la salute delle galline e garantire la qualità delle uova prodotte. Adottare un approccio proattivo e sistematico alla bio-sicurezza è una delle migliori strategie per gestire un allevamento di successo e sostenibile.

9. Regolamentazioni per il Benessere Animale

Il benessere delle galline ovaiole è una preoccupazione crescente sia per i consumatori sia per le autorità regolatorie. Garantire che le galline siano allevate in condizioni adeguate non solo risponde a esigenze etiche, ma contribuisce anche a migliorare la qualità delle uova prodotte. In questo paragrafo, esploreremo le principali regolamentazioni per il benessere animale, fornendo esempi pratici e tecniche per assicurare che il vostro allevamento rispetti gli standard richiesti.

Normative Europee e Internazionali

In Europa, il benessere delle galline ovaiole è regolamentato da diverse direttive e regolamenti. La Direttiva 1999/74/CE del Consiglio, ad esempio, stabilisce le norme minime per la protezione delle galline ovaiole. Queste normative coprono vari aspetti, tra cui lo spazio minimo disponibile per ogni gallina, la struttura delle gabbie e le condizioni ambientali.

Esempio Pratico: Secondo la normativa europea, le gabbie convenzionali per galline ovaiole devono offrire almeno 750 cm^2 di superficie per gallina. Le gabbie arricchite devono includere un nido, una lettiera, posatoi e dispositivi per accorciare gli artigli.

Requisiti di Spazio e Arricchimento Ambientale

Il benessere delle galline ovaiole dipende in gran parte dall'ambiente in cui vivono. Le regolamentazioni richiedono che le galline abbiano accesso a sufficiente spazio per muoversi, arricchimenti per stimolare il comportamento naturale e strutture adeguate per nidificare e razzolare.

1. **Spazio Minimo:** Le galline devono avere abbastanza spazio per esprimere comportamenti naturali come razzolare, fare bagni di polvere e distendere le ali.

   - **Tecnica Pratica:** Progettare i pollai in modo che ogni gallina abbia almeno 4-5 metri quadrati di spazio nel recinto esterno e seguire le normative specifiche per lo spazio interno.

2. **Arricchimento Ambientale:** Fornire arricchimenti come balle di paglia, sabbia per i bagni di polvere, e aree di razzolamento è essenziale per prevenire lo stress e comportamenti aggressivi.

   - **Tecnica Pratica:** Installare nidi, posatoi e aree di razzolamento naturali all'interno del pollaio, assicurandosi che siano distribuiti uniformemente per evitare sovraffollamento.

Alimentazione e Idratazione Adeguate

Le regolamentazioni impongono che le galline ovaiole abbiano accesso continuo a cibo e acqua di qualità, in quantità sufficienti per soddisfare le loro esigenze nutrizionali.

1. **Cibo:** L'alimentazione deve essere equilibrata e adatta alla fase di vita delle galline, contenendo tutti i nutrienti essenziali.

   - **Tecnica Pratica:** Utilizzare mangimi commerciali specifici per galline ovaiole, integrati con granaglie, verdure fresche e proteine, seguendo le indicazioni di un veterinario o di un nutrizionista avicolo.

2. **Acqua:** Le galline devono avere accesso continuo a acqua pulita e fresca.

    - **Tecnica Pratica:** Installare sistemi di abbeveraggio automatici che garantiscono un flusso costante di acqua pulita e controllare regolarmente per evitare contaminazioni.

Cure Veterinarie e Monitoraggio della Salute

Le regolamentazioni per il benessere animale includono l'obbligo di fornire cure veterinarie adeguate e regolari monitoraggi della salute delle galline.

1. **Cure Veterinarie:** È necessario avere un piano sanitario che includa visite veterinarie periodiche e trattamenti preventivi.

    - **Tecnica Pratica:** Stabilire un rapporto continuativo con un veterinario avicolo che possa effettuare controlli regolari e fornire assistenza in caso di malattie.

2. **Monitoraggio della Salute:** Le galline devono essere monitorate quotidianamente per segni di malattia o disagio.

    - **Tecnica Pratica:** Tenere un registro dettagliato delle condizioni di salute delle galline, includendo osservazioni quotidiane e risultati delle visite veterinarie.

Procedure di Macellazione Etica

Quando arriva il momento di macellare le galline, le regolamentazioni impongono che il processo sia eseguito in modo umano e con il minimo stress possibile per gli animali.

1. **Procedure di Macellazione:** La macellazione deve essere eseguita seguendo metodi che garantiscano la perdita di coscienza rapida e indolore degli animali.

    - **Tecnica Pratica:** Utilizzare tecniche di stordimento approvate, come il gas o l'elettronarcosi, seguite da una rapida esecuzione del taglio.

2. **Certificazioni:** In molti paesi, le strutture di macellazione devono essere certificate e conformi alle normative sanitarie e di benessere animale.

    - **Tecnica Pratica:** Collaborare con macelli certificati che seguono le migliori pratiche per il trattamento etico degli animali.

Educazione e Formazione

Formare il personale sull'importanza del benessere animale e sulle migliori pratiche da adottare è essenziale per garantire che le normative siano rispettate.

1. **Formazione Continua:** Offrire corsi di formazione regolari al personale per aggiornarsi sulle nuove normative e tecniche di gestione del benessere animale.

- **Tecnica Pratica:** Organizzare workshop e sessioni di addestramento con esperti del settore, includendo dimostrazioni pratiche e discussioni sui casi studio.

2. **Consapevolezza e Responsabilità:** Promuovere una cultura aziendale che valorizzi il benessere animale e incoraggi il personale a segnalare problemi o suggerire miglioramenti.

    - **Tecnica Pratica:** Implementare programmi di riconoscimento per i dipendenti che dimostrano un impegno eccezionale nel mantenere alti standard di benessere animale.

Conclusioni

Le regolamentazioni per il benessere animale sono fondamentali per garantire che le galline ovaiole vivano in condizioni adeguate e siano trattate con rispetto e cura. Dalle normative europee sui requisiti di spazio, alle pratiche di arricchimento ambientale, alimentazione, cure veterinarie, procedure di macellazione etica, e formazione del personale, ogni aspetto contribuisce a creare un ambiente sano e produttivo. Adottare queste pratiche non solo migliora il benessere degli animali ma aumenta anche la qualità e la sicurezza delle uova prodotte, rendendo l'allevamento sostenibile e rispettoso delle normative vigenti.

10. Sanzioni e Conseguenze per la Non Conformità

L'allevamento di galline ovaiole non è solo una questione di passione e competenza, ma anche di responsabilità legale e etica. Il rispetto delle norme igienico-sanitarie e delle regolamentazioni sul benessere animale è cruciale non solo per garantire la salute e il benessere delle galline, ma anche per evitare sanzioni e conseguenze legali che possono derivare dalla non conformità. In questo paragrafo, esploreremo le sanzioni e le conseguenze associate alla violazione delle normative, fornendo dettagli pratici su come evitare problematiche legali e gestire eventuali ispezioni e procedimenti.

Tipologie di Sanzioni

Le sanzioni per la non conformità alle normative sull'allevamento delle galline ovaiole possono variare in gravità a seconda della natura e della frequenza delle violazioni. Le principali tipologie di sanzioni includono:

1. **Sanzioni Economiche:** Le multe sono una delle conseguenze più comuni per la non conformità. Gli importi delle sanzioni possono variare notevolmente a seconda della gravità della violazione e delle leggi locali. Le multe possono essere imposte per violazioni riguardanti spazi insufficienti per le galline, mancanza di adeguati arricchimenti ambientali, o per non rispettare le norme di sicurezza alimentare.

    - **Esempio Pratico:** In Italia, le multe per le violazioni delle normative sul benessere animale possono variare da alcune centinaia a diverse migliaia di euro, a seconda della gravità e dell'ammontare delle infrazioni.

2. **Sospensione dell'Attività:** In casi di violazioni gravi o persistenti, le autorità possono sospendere temporaneamente l'attività di allevamento. Questa misura è adottata per garantire che il problema venga risolto prima che la produzione riprenda.

   - **Esempio Pratico:** Se un allevatore viene trovato non conforme alle normative igieniche che mettono a rischio la salute pubblica, le autorità possono ordinare la sospensione dell'attività fino a quando non vengono adottate le misure correttive necessarie.

3. **Revoca della Licenza:** La revoca della licenza di allevamento è una misura drastica riservata ai casi di non conformità estremamente gravi o ripetute. La revoca impedisce all'allevatore di continuare l'attività e può avere impatti significativi sulla propria attività e reputazione.

   - **Esempio Pratico:** La revoca della licenza può avvenire se un allevatore non rispetta continuamente le normative sul benessere animale, nonostante le ispezioni e le avvertenze precedenti.

4. **Procedimenti Legali:** In casi di grave negligenza o violazione delle leggi, possono essere avviati procedimenti legali contro l'allevatore. Questo può comportare ulteriori sanzioni, comprese sanzioni pecuniarie, danni morali e, in alcuni casi, sanzioni penali.

- **Esempio Pratico:** Se si scopre che un allevatore ha deliberatamente violato le normative per ridurre i costi operativi, le autorità possono intraprendere azioni legali che potrebbero comportare pene pecuniarie e altre conseguenze legali.

Procedure di Controllo e Ispezione

Le ispezioni regolari sono fondamentali per garantire che le normative vengano rispettate. Le autorità competenti, come le Agenzie per la Sicurezza Alimentare o le Autorità Sanitarie Locali, effettuano controlli periodici e inaspettati per monitorare il rispetto delle norme.

1. **Ispezioni Regolari:** Gli allevatori devono aspettarsi ispezioni programmate da parte delle autorità sanitarie. Durante queste ispezioni, i funzionari controllano il rispetto delle normative igienico-sanitarie, delle norme sul benessere animale e delle procedure di sicurezza alimentare.

    - **Tecnica Pratica:** Tenere un registro dettagliato di tutte le pratiche igieniche, manutentive e sanitarie del pollaio. Questo non solo aiuta a mantenere la conformità, ma serve anche come prova in caso di ispezioni.

2. **Ispezioni Straordinarie:** Oltre alle ispezioni regolari, le autorità possono effettuare controlli straordinari in risposta a segnalazioni di violazioni o sospetti di non conformità.

- **Tecnica Pratica:** Essere preparati per ispezioni straordinarie mantenendo alti standard di pulizia e conformità. Assicurarsi che tutte le pratiche siano documentate e che i dipendenti siano addestrati a rispondere adeguatamente agli ispettori.

3. **Risposta alle Infrazioni:** In caso di infrazioni riscontrate durante un'ispezione, le autorità emettono avvisi di violazione e stabiliscono scadenze per correggere le non conformità. È fondamentale rispondere prontamente e implementare le modifiche richieste.

    - **Tecnica Pratica:** Stabilire un piano di azione per affrontare rapidamente qualsiasi problema identificato durante le ispezioni, inclusa la revisione e l'adeguamento delle pratiche operative.

Prevenzione delle Sanzioni

Per evitare sanzioni e conseguenze negative, è cruciale adottare misure preventive e mantenere una conformità costante alle normative.

1. **Formazione e Aggiornamento:** Assicurarsi che tutto il personale sia adeguatamente formato e aggiornato sulle normative in vigore. La formazione continua aiuta a prevenire errori e violazioni accidentali.

    - **Tecnica Pratica:** Organizzare sessioni di formazione regolari e aggiornamenti normativi per il personale e mantenere la documentazione formativa.

2. **Manutenzione e Controlli Interni:** Effettuare controlli e manutenzioni interne regolari per identificare e correggere potenziali problemi prima delle ispezioni ufficiali.

    - **Tecnica Pratica:** Implementare un programma di audit interno che verifichi la conformità alle normative e affronti tempestivamente eventuali aree problematiche.

3. **Comunicazione con le Autorità:** Stabilire una comunicazione aperta e proattiva con le autorità competenti. Segnalare eventuali problemi o dubbi può aiutare a risolvere le questioni prima che diventino gravi.

    - **Tecnica Pratica:** Partecipare a riunioni o seminari organizzati dalle autorità sanitarie per rimanere informati sulle ultime modifiche normative e discutere di eventuali problematiche.

Conclusioni

La non conformità alle normative riguardanti l'allevamento delle galline ovaiole può comportare gravi conseguenze legali e finanziarie. Dalla possibilità di multe e sospensioni fino alla revoca della licenza e azioni legali, è essenziale che gli allevatori comprendano le sanzioni potenziali e adottino misure preventive per mantenere la conformità. Investire nella formazione, nella manutenzione e nella comunicazione con le autorità non solo aiuta a evitare sanzioni, ma contribuisce anche a garantire un ambiente di allevamento sano e rispettoso delle normative, migliorando così la qualità del prodotto e la sostenibilità dell'attività.

IV. Scelta delle Razze di Galline Ovaiole

1. Le Razze Migliori per la Produzione di Uova

Quando si decide di allevare galline ovaiole, la scelta della razza è un passo cruciale per ottenere una produzione di uova ottimale. Ogni razza ha caratteristiche specifiche in termini di quantità, dimensione, colore e qualità delle uova. Di seguito, esamineremo alcune delle razze più apprezzate per la loro capacità produttiva, fornendo esempi pratici e tecniche per massimizzare il rendimento delle uova nel tuo pollaio domestico.

Leghorn

La Leghorn è una delle razze più prolifiche, famosa per la sua eccezionale produzione di uova bianche di medie dimensioni. Originaria dell'Italia, questa razza è molto popolare tra gli allevatori commerciali e domestici. Una singola gallina Leghorn può deporre fino a 300 uova all'anno, rendendola una scelta eccellente per chi cerca alta produttività. Per massimizzare la produzione, è importante fornire alle Leghorn un'alimentazione ricca di proteine e calcio, oltre a garantire un'illuminazione adeguata durante i mesi invernali, poiché la luce influisce sulla loro capacità di deporre uova.

Rhode Island Red

Le Rhode Island Red sono apprezzate per la loro robustezza e adattabilità, oltre alla capacità di produrre grandi quantità di uova marroni. Questa razza americana è perfetta sia per principianti che per allevatori esperti, grazie alla loro resistenza alle malattie e alla facilità di gestione. In condizioni ottimali, una Rhode Island Red può deporre circa 250-300 uova all'anno. Per garantire una produzione continua, è utile fornire loro spazi di razzolamento ampi e variati, oltre a una dieta bilanciata che includa grani integrali, verdure e integratori di vitamine.

Sussex

Le Sussex sono galline versatili e prolifiche, note per la loro produzione di uova di grandi dimensioni e di colore crema. Questa razza è molto amichevole e adatta alla convivenza con altre galline, rendendola una scelta ideale per pollai domestici. Le Sussex possono deporre fino a 250 uova all'anno, e per mantenere la loro produttività, è fondamentale garantire un ambiente pulito e ben ventilato, nonché un'alimentazione ricca di nutrienti essenziali. È anche consigliabile integrare la loro dieta con gusci d'ostrica per migliorare la qualità del guscio delle uova.

Australorp

Originaria dell'Australia, l'Australorp è una razza che eccelle nella produzione di uova marroni di grandi dimensioni. Con una media di 250-300 uova all'anno, l'Australorp è anche conosciuta per il suo temperamento docile e la sua resistenza. Questa razza prospera in una varietà di climi, rendendola adatta a diverse condizioni ambientali. Per massimizzare la loro produzione di uova, assicurati che abbiano accesso a un'ampia area di razzolamento e fornisci una dieta equilibrata che includa proteine animali, come la farina di pesce, per supportare la produzione di uova.

Plymouth Rock

La Plymouth Rock, o Barred Rock, è una razza americana molto popolare per la produzione domestica di uova. Questa razza produce uova marroni di dimensioni medie e ha una media di 200-280 uova all'anno. Le Plymouth Rock sono note per la loro robustezza e capacità di adattarsi a vari climi, rendendole una scelta eccellente per diversi ambienti. Per garantire una produzione continua, è importante fornire loro un ambiente sereno e privo di stress, oltre a un'alimentazione varia e nutriente che includa cereali, verdure fresche e integratori minerali.

La scelta della razza giusta per la produzione di uova è fondamentale per un allevamento di successo. Con una corretta gestione, alimentazione e ambiente, le galline di queste razze possono garantire un'abbondante fornitura di uova fresche per tutto l'anno, rendendo il tuo pollaio domestico un progetto fruttuoso e gratificante.

2. Razze Autoctone Italiane: Caratteristiche e Vantaggi

Le razze autoctone italiane rappresentano un patrimonio genetico unico e prezioso, che non solo valorizza le tradizioni locali ma offre anche vantaggi specifici per l'allevamento domestico. Queste razze sono ben adattate alle condizioni climatiche e ambientali italiane, rendendole spesso più resistenti e facili da gestire. Di seguito, analizzeremo alcune delle principali razze autoctone italiane, descrivendone le caratteristiche peculiari e i vantaggi che offrono agli allevatori.

Livornese

La Livornese, conosciuta anche come Leghorn, è forse la più famosa tra le razze italiane, nota per la sua eccezionale produttività. Le galline Livornesi sono rinomate per la loro capacità di deporre un elevato numero di uova bianche, con una media che può superare le 280-300 uova all'anno. Oltre alla produttività, le Livornesi sono apprezzate per la loro resistenza e adattabilità. Possono essere allevate sia in spazi aperti che in sistemi più confinati, e si adattano bene a diverse condizioni climatiche. Per ottimizzare la produzione, è consigliabile fornire loro un'alimentazione equilibrata ricca di calcio e proteine, e mantenere una buona ventilazione nel pollaio.

Ancona

L'Ancona è una razza antica, originaria della regione Marche. Queste galline sono conosciute per le loro piume nere macchiate di bianco, una caratteristica distintiva che le rende anche esteticamente apprezzabili. Le Ancona sono ottime produttrici di uova bianche, con una media annuale di circa 200-220 uova. Un vantaggio significativo di questa razza è la loro robustezza e resistenza alle malattie, oltre alla capacità di adattarsi bene a climi variabili. Le Ancona sono attive e ottime razzolatrici, per cui è importante fornire loro ampi spazi per muoversi e cercare cibo.

Polverara

La Polverara è una razza autoctona del Veneto, riconoscibile per il suo aspetto elegante e il ciuffo di piume sulla testa. Sebbene non sia tra le razze più prolifiche, con una media di circa 150-180 uova all'anno, le uova della Polverara sono di alta qualità e molto apprezzate per il loro gusto. Le galline Polverara sono anche molto resistenti e adattabili, ideali per chi cerca una razza rustica che richiede meno cure intensive. La loro dieta dovrebbe includere una buona varietà di cereali, verdure fresche e integratori vitaminici per garantire la salute e la produttività.

Valdarno

Originaria della Toscana, la Valdarno è una razza dal piumaggio nero brillante e caratterizzata da una buona produttività di uova bianche. Le galline Valdarno possono deporre fino a 200-220 uova all'anno e sono apprezzate per la loro carne, oltre che per le uova. Questa razza è robusta e ben adattata ai climi temperati e caldi, tipici dell'Italia centrale. Le Valdarno beneficiano di un'alimentazione varia che includa grani, legumi e integrazioni di calcio, essenziale per mantenere la qualità del guscio delle uova.

Siciliana

La Siciliana, come suggerisce il nome, proviene dalla Sicilia ed è facilmente riconoscibile per il suo caratteristico pettine a corallo. Questa razza è eccellente nella produzione di uova bianche, con una media di 180-200 uova all'anno. Le galline Siciliane sono molto resistenti al caldo e alle condizioni aride, rendendole ideali per le regioni meridionali. Sono attive e necessitano di spazi ampi per razzolare e cercare cibo. Una dieta ricca di grani e proteine aiuterà a mantenere la loro salute e produttività.

Le razze autoctone italiane offrono numerosi vantaggi per l'allevamento domestico, grazie alla loro adattabilità, resistenza e produttività. Scegliere una di queste razze non solo garantisce una produzione costante di uova di alta qualità, ma contribuisce anche alla conservazione di un patrimonio genetico prezioso e alla valorizzazione delle tradizioni locali.

3. Razze Resistenti al Clima Freddo e Caldo

Nell'allevamento delle galline ovaiole, la scelta della razza gioca un ruolo cruciale, specialmente in relazione alla resistenza alle condizioni climatiche. Alcune razze si adattano meglio ai climi freddi, mentre altre prosperano in ambienti caldi. Conoscere queste caratteristiche può fare la differenza tra un allevamento di successo e uno con problemi di salute e produttività. Di seguito, esploreremo le principali razze di galline ovaiole adatte ai climi freddi e caldi, fornendo dettagli su come prendersi cura di loro per massimizzare la produzione di uova e mantenere il benessere degli animali.

Razze Resistenti al Clima Freddo

Plymouth Rock

La Plymouth Rock è una razza americana conosciuta per la sua robustezza e capacità di prosperare in climi freddi. Queste galline sono caratterizzate da un piumaggio fitto e isolante, che le protegge dalle basse temperature. La loro produttività è elevata, con una media di 200-220 uova marroni all'anno. Per ottimizzare la loro salute durante l'inverno, è importante fornire un pollaio ben isolato e privo di correnti d'aria, oltre a una dieta ricca di energia, includendo mais e grani interi.

Orpington

Le Orpington sono originarie del Regno Unito e sono particolarmente adatte ai climi freddi grazie al loro piumaggio spesso e soffice. Sono ottime produttrici di uova, con una media di 180-200 uova all'anno. Le Orpington sono anche note per il loro temperamento docile, che le rende facili da gestire. Durante l'inverno, è essenziale monitorare attentamente la ventilazione del pollaio per evitare l'umidità e fornire lettiere profonde di paglia per mantenere il calore.

Rhode Island Red

La Rhode Island Red è una razza americana famosa per la sua resilienza e adattabilità ai climi freddi. Queste galline producono circa 250-300 uova marroni all'anno e sono estremamente robuste. Hanno un piumaggio denso che le protegge dalle temperature rigide. È consigliabile fornire un'integrazione di vitamine e minerali durante l'inverno per sostenere il loro sistema immunitario, oltre a garantire l'accesso a acqua non ghiacciata.

Razze Resistenti al Clima Caldo

Leghorn

Le Leghorn, originarie dell'Italia, sono ben note per la loro capacità di adattarsi ai climi caldi. Hanno un piumaggio leggero e sono ottime produttrici di uova bianche, con una media di 280-300 uova all'anno. Per allevare Leghorn in climi caldi, è fondamentale garantire un'adeguata ombra e ventilazione nel pollaio, oltre a fornire abbondante acqua fresca e accesso a aree ventilate durante le ore più calde della giornata.

Ancona

Anche le Ancona, originarie dell'Italia, sono ben adattate ai climi caldi. Sono note per la loro vivacità e produttività, con una media di 200-220 uova bianche all'anno. Le Ancona sono ottime razzolatrici e richiedono spazio per muoversi e cercare cibo. Nei climi caldi, è essenziale assicurare aree ombreggiate e ventilazione adeguata, oltre a una dieta bilanciata per mantenere l'idratazione e l'energia.

Minorca

La Minorca è una razza spagnola che tollera bene il caldo grazie al suo piumaggio leggero e alla capacità di mantenere la calma sotto stress termico. Producono circa 200-220 uova bianche all'anno. Per allevare con successo le Minorca in climi caldi, è importante fornire accesso costante ad acqua fresca e ombra, oltre a monitorare le condizioni del pollaio per evitare il surriscaldamento.

Gestione delle Galline in Climi Estremi

Indipendentemente dalla razza scelta, ci sono alcune pratiche comuni che possono aiutare a gestire le galline in climi estremi:

- **Isolamento e Ventilazione:** Nei climi freddi, un pollaio ben isolato e privo di correnti d'aria è essenziale. Nei climi caldi, la ventilazione diventa cruciale per prevenire il surriscaldamento.

- **Alimentazione:** In inverno, l'alimentazione dovrebbe essere ricca di energia, mentre in estate, è importante garantire un'adeguata idratazione e minerali per prevenire lo stress da calore.

- **Idratazione:** In climi caldi, l'acqua fresca deve essere sempre disponibile e accessibile.

- **Monitoraggio della Salute:** Controlli regolari per segni di stress termico, congelamento o surriscaldamento aiutano a intervenire tempestivamente e mantenere la salute delle galline.

Conoscere le caratteristiche delle diverse razze e le loro esigenze climatiche permette agli allevatori di creare un ambiente ottimale per la produzione di uova e il benessere degli animali.

4. Razze a Bassa Manutenzione per Principianti

Quando si inizia l'allevamento delle galline ovaiole, la scelta di razze a bassa manutenzione può fare la differenza tra un'esperienza positiva e una frustrante. Le razze a bassa manutenzione sono quelle che richiedono meno interventi quotidiani, sono più resistenti alle malattie e si adattano meglio a diversi ambienti. Questo le rende ideali per i principianti, che possono così concentrarsi sull'apprendimento delle basi senza essere sopraffatti dalla complessità della gestione. Di seguito, esamineremo alcune delle razze più indicate per chi è alle prime armi, con dettagli sulle loro caratteristiche, vantaggi e consigli pratici per l'allevamento.

Plymouth Rock

La Plymouth Rock è una delle razze più consigliate per i principianti. Conosciute per la loro robustezza e adattabilità, queste galline sono facili da gestire e molto resistenti. Producono circa 200-220 uova marroni all'anno e hanno un temperamento calmo e amichevole. La loro tolleranza a diverse condizioni climatiche le rende ideali per chi non ha ancora molta esperienza nell'adattare l'ambiente del pollaio. Inoltre, la Plymouth Rock è nota per la sua capacità di razzolare e cercare cibo autonomamente, riducendo così il bisogno di integrazioni alimentari costanti.

Sussex

Le galline Sussex sono un'altra eccellente scelta per i principianti. Originarie del Regno Unito, queste galline sono molto resistenti e possono adattarsi bene sia ai climi caldi che freddi. Sono note per la loro elevata produttività, con una media di 250-280 uova marroni all'anno. Le Sussex hanno un temperamento docile e socievole, il che le rende facili da gestire e adatte anche a chi ha bambini. Per mantenere queste galline in salute, è sufficiente fornire un ambiente pulito, cibo di buona qualità e acqua fresca. La loro capacità di razzolare le rende anche ottime per il controllo dei parassiti nel giardino.

Australorp

L'Australorp è una razza australiana famosa per la sua produzione di uova e la sua facilità di gestione. Con una media di 250-300 uova marroni all'anno, queste galline sono estremamente produttive. L'Australorp è conosciuta per il suo temperamento calmo e la sua resistenza alle malattie, il che la rende ideale per i principianti. La loro capacità di adattarsi a diversi climi, unita alla loro natura docile, fa sì che richiedano meno attenzioni specifiche rispetto ad altre razze più delicate. Un ambiente ben ventilato e una dieta bilanciata sono sufficienti per mantenere queste galline in ottima salute.

Rhode Island Red

La Rhode Island Red è una delle razze più popolari tra gli allevatori di galline ovaiole, grazie alla sua robustezza e alla facilità di gestione. Queste galline sono eccellenti produttrici di uova, con una media di 250-300 uova marroni all'anno. Sono molto resistenti alle malattie e si adattano bene a diversi ambienti, il che le rende perfette per i principianti. Le Rhode Island Red hanno un temperamento vigoroso ma amichevole, e richiedono poche attenzioni particolari. È sufficiente un pollaio pulito e ben strutturato, cibo di qualità e acqua fresca per mantenerle produttive e sane.

Barnevelder

La Barnevelder è una razza olandese che combina bellezza e facilità di gestione. Queste galline sono note per il loro carattere calmo e la loro resistenza, rendendole adatte ai principianti. Producono circa 180-200 uova marroni scuro all'anno e sono abbastanza tolleranti sia ai climi freddi che caldi. Le Barnevelder non richiedono cure particolari e sono ottime razzolatrici, il che riduce il bisogno di alimentazione supplementare. Un ambiente pulito e ben ventilato, insieme a una dieta equilibrata, è tutto ciò che serve per mantenere queste galline in salute.

Consigli Pratici per l'Allevamento di Razze a Bassa Manutenzione

1. **Ambiente Pulito:** Mantenere il pollaio pulito è fondamentale per prevenire malattie. Pulire regolarmente e cambiare la lettiera frequentemente.

2. **Alimentazione di Qualità:** Fornire un'alimentazione bilanciata e ricca di nutrienti, adattata alla stagione e alle esigenze specifiche della razza.

3. **Acqua Fresca:** Assicurarsi che le galline abbiano sempre accesso a acqua fresca e pulita, soprattutto durante i mesi caldi.

4. **Monitoraggio della Salute:** Controllare regolarmente le galline per segni di malattia o stress. Intervenire tempestivamente se si notano problemi.

5. **Ventilazione Adeguata:** Garantire una buona ventilazione nel pollaio per evitare accumuli di umidità e migliorare la qualità dell'aria.

6. **Protezione dai Predatori:** Assicurarsi che il pollaio sia ben protetto da predatori con recinzioni sicure e chiusure adeguate.

Le razze a bassa manutenzione rappresentano un'ottima scelta per chi si avvicina per la prima volta all'allevamento delle galline ovaiole. La loro robustezza, produttività e facilità di gestione permettono di acquisire esperienza senza eccessive complicazioni, rendendo l'allevamento un'attività gratificante e di successo.

5. Razze con Elevata Produttività di Uova

Per chi desidera massimizzare la produzione di uova, la scelta della razza giusta è fondamentale. Alcune razze di galline ovaiole sono state selezionate e allevate specificamente per la loro capacità di deporre un numero elevato di uova ogni anno. Queste razze, pur richiedendo alcune attenzioni particolari per mantenere la loro alta produttività, offrono enormi vantaggi per gli allevatori sia principianti che avanzati. Di seguito, esploreremo le caratteristiche di alcune delle razze più produttive, fornendo consigli pratici su come gestirle per ottenere i migliori risultati.

Leghorn

La Leghorn è probabilmente la razza più conosciuta per la sua straordinaria capacità di produrre uova. Originaria dell'Italia, questa razza è famosa per deporre una media di 280-320 uova bianche all'anno. Le Leghorn sono galline molto attive e resistenti, ma richiedono un'alimentazione di alta qualità e un ambiente ben ventilato per mantenere il loro alto tasso di produzione. A differenza di altre razze, non sono particolarmente inclini alla cova, il che significa che continuano a deporre uova senza interruzioni significative.

Rhode Island Red

La Rhode Island Red è una razza americana nota per la sua robustezza e la capacità di adattarsi a diversi ambienti. Oltre a essere facile da gestire, questa razza depone una media di 250-300 uova marroni all'anno. La Rhode Island Red è particolarmente apprezzata per la sua resistenza alle malattie e per il suo temperamento calmo, che la rende adatta sia per grandi allevamenti che per piccoli pollai domestici. Un'alimentazione bilanciata e un ambiente pulito sono essenziali per mantenere alti livelli di produttività.

Sussex

Le galline Sussex sono un'altra eccellente opzione per chi cerca una produzione elevata di uova. Queste galline depongono circa 250-280 uova marroni all'anno e sono molto adattabili a diverse condizioni climatiche. La Sussex è conosciuta per il suo temperamento docile e la facilità di gestione, il che la rende ideale per gli allevatori principianti. Per massimizzare la produzione, è importante fornire loro un'adeguata alimentazione ricca di proteine e minerali essenziali.

Golden Comet

La Golden Comet è un ibrido creato specificamente per la produzione di uova. Queste galline sono capaci di deporre una straordinaria quantità di uova, spesso raggiungendo le 300-320 uova marroni all'anno. La Golden Comet è apprezzata per la sua facilità di gestione e la rapida crescita, rendendola una scelta popolare tra gli allevatori commerciali. Tuttavia, per mantenere questo livello di produttività, è cruciale fornire loro una dieta equilibrata e monitorare regolarmente la loro salute.

Australorp

L'Australorp è una razza australiana che ha guadagnato fama mondiale per la sua eccezionale produttività. Queste galline possono deporre fino a 250-300 uova marroni all'anno, rendendole una delle razze più produttive disponibili. L'Australorp è anche conosciuta per il suo temperamento calmo e la resistenza alle malattie, il che la rende una scelta eccellente per gli allevatori di tutti i livelli. Fornire loro un ambiente confortevole e un'alimentazione di alta qualità è fondamentale per mantenere la loro produttività al massimo.

Consigli Pratici per l'Allevamento di Razze ad Alta Produttività

1. **Alimentazione di Alta Qualità:** Fornire una dieta ricca di proteine e nutrienti essenziali è cruciale per mantenere alti livelli di produzione di uova. Integratori di calcio possono aiutare a rafforzare i gusci delle uova.

2. **Gestione della Luce:** Le galline ovaiole richiedono circa 14-16 ore di luce al giorno per mantenere una produzione costante di uova. Durante i mesi invernali, l'uso di luci artificiali può essere necessario.

3. **Monitoraggio della Salute:** Le galline ad alta produttività sono spesso più suscettibili a stress e malattie. Controllare regolarmente la loro salute e intervenire tempestivamente in caso di problemi è essenziale.

4. **Ambiente Pulito e Sicuro:** Un ambiente pulito e ben ventilato aiuta a prevenire malattie e stress, contribuendo a mantenere la produttività elevata.

5. **Spazio Adeguato:** Assicurarsi che le galline abbiano abbastanza spazio per muoversi e razzolare è importante per il loro benessere generale e per prevenire comportamenti aggressivi.

Le razze ad alta produttività di uova offrono enormi vantaggi agli allevatori, ma richiedono anche una gestione attenta e diligente. Con le giuste cure e attenzioni, queste galline possono fornire un flusso costante di uova fresche, contribuendo significativamente al successo del vostro allevamento.

6. Razze Ornamentali che Producono Uova

Le razze ornamentali di galline ovaiole non solo aggiungono bellezza e fascino al vostro pollaio, ma offrono anche una buona produzione di uova. Queste razze sono ideali per chi desidera combinare l'aspetto estetico con la funzionalità, mantenendo un ambiente accattivante e produttivo. Di seguito, esploreremo alcune delle razze ornamentali più apprezzate, le loro caratteristiche distintive e consigli pratici per l'allevamento, rendendo questo paragrafo un manuale utile sia per principianti che per allevatori esperti.

Pollo di Moroseta

La Moroseta è una delle razze ornamentali più conosciute e amate, grazie al suo piumaggio soffice e setoso che ricorda il pelo di un coniglio. Oltre al loro aspetto unico, queste galline depongono circa 100-120 uova all'anno. Le uova della Moroseta sono di colore crema e di dimensioni medie. Questa razza è particolarmente docile e amichevole, il che la rende una scelta eccellente per i pollai domestici e per chi ha bambini. Per allevare le Moroseta con successo, è importante fornire loro un ambiente pulito e asciutto, poiché le loro piume possono trattenere l'umidità.

Pollo Sebright

Il Sebright è una razza nana ornamentale famosa per il suo piumaggio dorato o argentato bordato di nero. Sebbene siano più piccole rispetto ad altre razze ovaiole, le galline Sebright depongono circa 50-80 uova bianche all'anno. Questa razza è vivace e attiva, richiedendo spazio adeguato per muoversi e razzolare. Un altro aspetto importante nell'allevamento dei Sebright è la protezione contro i predatori, data la loro dimensione ridotta e la natura curiosa.

Pollo Padovana

La Padovana è una razza italiana ornamentale con una cresta prominente e un piumaggio variegato. Queste galline depongono circa 120-150 uova bianche o crema all'anno. La Padovana è nota per il suo temperamento curioso e socievole, ma può essere più sensibile alle intemperie a causa della cresta voluminosa che potrebbe trattenere l'umidità. È fondamentale mantenere il loro ambiente pulito e asciutto per prevenire infezioni e problemi di salute.

Pollo Olandese ciuffato

Con il suo caratteristico ciuffo di piume sulla testa, il Pollo Olandese ciuffato è una razza ornamentale molto apprezzata. Queste galline producono circa 100-140 uova bianche all'anno. Il loro temperamento calmo e docile le rende ideali per i giardini domestici. Tuttavia, il loro ciuffo può limitare la visibilità, quindi è importante monitorarle attentamente per prevenire comportamenti aggressivi e assicurarsi che abbiano accesso facile al cibo e all'acqua.

Pollo Houdan

Originario della Francia, l'Houdan è una razza ornamentale con una doppia cresta e cinque dita per piede, caratteristica unica tra le galline. Le galline Houdan depongono circa 150-180 uova bianche o crema all'anno. Sono note per il loro temperamento amichevole e adattabile, rendendole adatte a vari tipi di ambienti. Per mantenere le Houdan in salute, è importante garantire loro una dieta equilibrata e un ambiente sicuro, poiché le loro caratteristiche fisiche uniche possono renderle più vulnerabili a determinate condizioni.

Consigli Pratici per l'Allevamento di Razze Ornamentali

1. **Ambiente Pulito e Asciutto:** Le razze ornamentali, in particolare quelle con piumaggi elaborati, necessitano di un ambiente pulito e asciutto per prevenire infezioni e problemi di salute.

2. **Protezione Adeguata:** Molte razze ornamentali sono di dimensioni ridotte e possono essere più vulnerabili ai predatori. Assicurarsi che il pollaio e l'area di razzolamento siano ben protetti.

3. **Alimentazione Bilanciata:** Fornire una dieta equilibrata e integratori vitaminici può aiutare a mantenere la salute e la produttività delle galline ornamentali.

4. **Monitoraggio della Salute:** Le razze con caratteristiche fisiche particolari, come le creste voluminose o i ciuffi, possono richiedere cure aggiuntive per prevenire problemi specifici legati alla loro conformazione.

5. **Spazio Adeguato per Razzolare:** Anche se sono ornamentali, queste galline necessitano di spazio per muoversi e razzolare, il che contribuisce al loro benessere generale.

Le razze ornamentali che producono uova offrono un equilibrio perfetto tra estetica e funzionalità, rendendo il pollaio non solo produttivo ma anche visivamente accattivante. Con le giuste cure e attenzioni, queste galline possono essere una splendida aggiunta a qualsiasi allevamento, fornendo uova fresche e un tocco di eleganza.

7. Confronto tra Razze: Le Migliori Scelte per il Pollaio Domestico

Quando si tratta di scegliere le migliori razze di galline ovaiole per il pollaio domestico, è fondamentale considerare vari fattori come la produttività delle uova, la resistenza alle malattie, il temperamento e l'adattabilità al clima locale. Questo paragrafo offre un confronto dettagliato tra alcune delle razze più popolari, fornendo indicazioni pratiche per selezionare le galline che meglio si adattano alle esigenze di principianti e allevatori esperti.

Rhode Island Red

Produttività delle uova: Le Rhode Island Red sono conosciute per la loro alta produttività, con una media di 250-300 uova marroni all'anno.

Resistenza: Queste galline sono estremamente resistenti e adatte a diverse condizioni climatiche, sia calde che fredde.

Temperamento: Sono galline attive e abbastanza docili, ideali sia per principianti che per allevatori esperti.

Consiglio pratico: Assicurarsi che abbiano abbastanza spazio per razzolare, poiché sono molto attive e beneficiano di ampi spazi aperti.

Leghorn Bianca

Produttività delle uova: Le Leghorn sono tra le galline più produttive, depongono circa 280-320 uova bianche all'anno.

Resistenza: Sono molto adattabili e resistenti alle malattie, ma possono essere più sensibili al freddo.

Temperamento: Sono galline vivaci e indipendenti, richiedono un ambiente stimolante.

Consiglio pratico: È importante fornire loro un pollaio ben isolato durante l'inverno per proteggerle dalle basse temperature.

Australorp

Produttività delle uova: Le Australorp sono ottime produttrici di uova, con una media di 250-280 uova marroni all'anno.

Resistenza: Queste galline sono molto resistenti e adatte a vari climi, inclusi quelli freddi.

Temperamento: Sono galline tranquille e facili da gestire, ideali per chi inizia l'allevamento.

Consiglio pratico: Offrire un'area di razzolamento protetta può aiutare a mantenere le Australorp sane e attive.

Sussex

Produttività delle uova: Le Sussex producono circa 250-270 uova crema o marroni all'anno.

Resistenza: Sono galline robuste, adatte a vari climi e resistenti alle malattie.

Temperamento: Sono molto socievoli e curiose, facili da addestrare e adatte ai bambini.

Consiglio pratico: Fornire un mix di mangimi di alta qualità e spazio per razzolare favorisce il loro benessere.

Plymouth Rock

Produttività delle uova: Le Plymouth Rock depongono circa 200-250 uova marroni all'anno.

Resistenza: Sono galline molto resistenti e adatte a climi freddi.

Temperamento: Sono docili e amichevoli, ottime per ambienti domestici.

Consiglio pratico: Assicurarsi di offrire loro un pollaio spazioso e pulito per prevenire stress e malattie.

Confronto Pratico tra le Razze

1. **Produttività:** Se l'obiettivo principale è la produzione di uova, le Leghorn e le Rhode Island Red sono scelte eccellenti grazie alla loro alta produttività.

2. **Resistenza:** Per chi vive in climi freddi, le Australorp e le Plymouth Rock sono raccomandate per la loro resistenza al freddo.

3. **Temperamento:** Le Sussex e le Plymouth Rock sono ideali per famiglie con bambini, grazie al loro temperamento docile e socievole.

4. **Manutenzione:** Le razze come le Rhode Island Red e le Australorp sono relativamente a bassa manutenzione, ideali per principianti che cercano galline robuste e facili da gestire.

Esempi Pratici di Selezione delle Razze

- **Scenario 1:** Una famiglia con bambini piccoli in un clima temperato potrebbe scegliere le Sussex per la loro natura amichevole e adattabilità.
- **Scenario 2:** Un allevatore in un'area fredda che desidera una produzione elevata potrebbe optare per le Australorp, combinando produttività e resistenza al freddo.
- **Scenario 3:** Un principiante che cerca galline facili da gestire e adatte a un clima vario potrebbe iniziare con le Rhode Island Red, note per la loro robustezza e alta produttività.

Conclusione

Scegliere le razze di galline ovaiole più adatte al proprio pollaio domestico richiede una valutazione attenta di vari fattori, inclusi produttività, resistenza, temperamento e esigenze specifiche dell'allevatore. Con le giuste informazioni e una pianificazione adeguata, è possibile creare un pollaio prospero e produttivo, che soddisfi le necessità di principianti e allevatori esperti.

8. Razze di Galline per Uova Colorate

Le uova colorate non solo aggiungono un tocco di bellezza al cesto delle uova, ma sono anche un segno di varietà genetica e salute nel pollaio. Diversi allevatori scelgono razze specifiche proprio per la varietà di colori delle uova che producono. In questo paragrafo, esploreremo le razze di galline ovaiole conosciute per le loro uova colorate, fornendo dettagli sulle loro caratteristiche, produttività e consigli pratici per la loro gestione.

Araucana

Colore delle uova: Blu.

Caratteristiche: Originaria del Cile, l'Araucana è famosa per le sue uova di un blu intenso. Questa caratteristica unica è dovuta a un gene specifico che non si trova in altre razze.

Produttività: Le Araucana depongono circa 150-180 uova all'anno, un numero leggermente inferiore rispetto ad altre razze ad alta produttività.

Temperamento: Sono galline attive e curiose, ma possono essere un po' riservate rispetto ad altre razze.

Consiglio pratico: Le Araucana necessitano di un ambiente stimolante e spazio per razzolare. È importante fornire loro un ambiente sicuro e protetto per prevenire stress.

Ameraucana

Colore delle uova: Blu.

Caratteristiche: Discendente dell'Araucana, l'Ameraucana è stata sviluppata negli Stati Uniti per migliorare la produttività delle uova blu, mantenendo il colore distintivo.

Produttività: Depongono circa 200-250 uova all'anno, rendendole più produttive delle Araucana.

Temperamento: Sono docili e facili da gestire, ideali per famiglie e principianti.

Consiglio pratico: Le Ameraucana sono resistenti al freddo, ma richiedono un pollaio ben ventilato per prevenire problemi respiratori.

Marans

Colore delle uova: Marrone scuro.

Caratteristiche: Le Marans sono conosciute per le loro uova di colore cioccolato scuro, una delle tonalità più intense tra le uova di gallina.

Produttività: Producono circa 150-200 uova all'anno.

Temperamento: Sono galline tranquille e socievoli, facili da gestire e adatte a pollai misti.

Consiglio pratico: Assicurarsi che le Marans abbiano accesso a una dieta ricca di calcio per mantenere la robustezza del guscio delle loro uova.

Olive Egger

Colore delle uova: Verde oliva.

Caratteristiche: Gli Olive Egger sono ibridi creati incrociando razze che producono uova blu con quelle che producono uova marroni, ottenendo così uova di un verde unico.

Produttività: Depongono circa 200-250 uova all'anno, rendendole una scelta produttiva per uova colorate.

Temperamento: Variano a seconda delle razze genitrici, ma in genere sono docili e facili da gestire.

Consiglio pratico: Fornire una dieta equilibrata e un ambiente stimolante per mantenere la salute e la produttività degli Olive Egger.

Easter Egger

Colore delle uova: Varie, dal blu al verde al rosa.

Caratteristiche: Gli Easter Egger sono un gruppo eterogeneo di galline che possono produrre uova di vari colori. Non sono una razza riconosciuta, ma sono apprezzate per la loro diversità genetica.

Produttività: Producono circa 200-250 uova all'anno.

Temperamento: Sono generalmente amichevoli e socievoli, adatte a pollai familiari.

Consiglio pratico: L'alimentazione equilibrata e un ambiente pulito sono essenziali per mantenere la salute delle Easter Egger.

Confronto Pratico tra le Razze di Galline per Uova Colorate

1. **Produttività:** Per chi cerca alta produttività e uova colorate, le Ameraucana e gli Olive Egger sono ottime scelte.

2. **Diversità dei colori:** Gli Easter Egger offrono la più ampia gamma di colori delle uova, ideale per chi desidera varietà.

3. **Colore unico:** Le Marans sono imbattibili per le uova di colore cioccolato scuro, mentre le Araucana sono perfette per uova blu intense.

4. **Adattabilità:** Le razze come le Ameraucana e le Easter Egger sono note per la loro resistenza e adattabilità a vari climi.

Esempi Pratici di Selezione delle Razze per Uova Colorate

- **Scenario 1:** Un allevatore in cerca di varietà nel colore delle uova potrebbe optare per un mix di Easter Egger, Olive Egger e Marans.

- **Scenario 2:** Un principiante con un interesse per le uova blu potrebbe scegliere Araucana o Ameraucana per la loro produttività e temperamento.

- **Scenario 3:** Una famiglia che desidera un mix di colori e una buona produttività potrebbe combinare Easter Egger e Olive Egger nel proprio pollaio.

Conclusione

Le razze di galline ovaiole per uova colorate non solo aggiungono un elemento estetico al pollaio, ma offrono anche diversità genetica e una produzione consistente. Scegliere la razza giusta dipende dalle esigenze specifiche dell'allevatore, dalle condizioni climatiche e dall'obiettivo di produzione delle uova. Con una selezione oculata e una gestione adeguata, è possibile godere di un cesto di uova dai colori vivaci e variati, arricchendo l'esperienza dell'allevamento domestico.

9. Razze di Galline per Piccoli Spazi: Soluzioni Urbane

Allevare galline ovaiole in ambienti urbani sta diventando sempre più popolare. Molti appassionati di urban farming vogliono godere dei benefici delle uova fresche senza disporre di ampi spazi. Fortunatamente, ci sono razze di galline che si adattano perfettamente ai piccoli spazi, mantenendo alta la produttività e garantendo un ambiente confortevole per gli animali. Questo paragrafo esplorerà alcune delle migliori razze di galline per piccoli spazi, fornendo dettagli pratici su come gestirle efficacemente in un contesto urbano.

Bantam

Caratteristiche: Le galline Bantam sono una versione in miniatura delle razze standard, generalmente di un terzo o metà delle dimensioni. Esistono vari tipi di Bantam, come la Bantam Cochinchina e la Bantam Sebright.

Produttività: Nonostante le loro dimensioni ridotte, le Bantam sono buone produttrici di uova, anche se le uova sono più piccole. Possono deporre circa 150-200 uova all'anno.

Temperamento: Sono generalmente docili e amichevoli, ideali per piccoli spazi e per essere tenute come animali domestici.

Consiglio pratico: Le Bantam necessitano di meno spazio per razzolare e un pollaio più compatto. Assicurarsi che il pollaio sia ben protetto dai predatori, dato che le Bantam sono più vulnerabili a causa delle loro dimensioni ridotte.

Serama

Caratteristiche: Originaria della Malesia, la Serama è la razza di galline più piccola al mondo. Il loro peso varia da 250 a 500 grammi.

Produttività: Sebbene le loro uova siano molto piccole, le Serama sono produttive e possono deporre fino a 200 uova all'anno.

Temperamento: Sono estremamente docili, affettuose e si adattano bene alla vita in spazi ristretti.

Consiglio pratico: La loro dimensione ridotta rende necessario un pollaio sicuro e ben isolato. Fornire loro giocattoli e oggetti per stimolare la loro curiosità e mantenerle attive.

Plymouth Rock Nano

Caratteristiche: La versione nano della Plymouth Rock conserva tutte le qualità della razza standard ma in una taglia più compatta.

Produttività: Queste galline possono deporre circa 200-250 uova all'anno, rendendole una scelta eccellente per la produzione di uova in spazi urbani.

Temperamento: Sono conosciute per essere tranquille, amichevoli e facili da gestire.

Consiglio pratico: Un piccolo cortile o giardino è sufficiente per questa razza. Assicurarsi di fornire un'adeguata ventilazione e protezione dai predatori.

Leghorn Nano

Caratteristiche: La Leghorn Nano è una versione in miniatura della popolare Leghorn, famosa per la sua alta produttività di uova.

Produttività: Anche in versione nano, le Leghorn mantengono una notevole produzione di uova, con una media di 200-250 uova all'anno.

Temperamento: Sono attive e curiose, ma possono essere un po' più indipendenti rispetto ad altre razze.

Consiglio pratico: Hanno bisogno di spazio per razzolare, quindi un piccolo giardino urbano è ideale. Assicurarsi di fornire arricchimenti ambientali per prevenire la noia.

Esempi Pratici di Gestione delle Galline in Ambienti Urbani

- **Scenario 1:** Un allevatore urbano con un piccolo cortile può optare per un mix di Bantam Cochinchina e Serama. Entrambe le razze sono compatte e amichevoli, ideali per essere tenute come animali domestici oltre che per la produzione di uova.

- **Scenario 2:** In un balcone spazioso, un allevatore può tenere una coppia di Leghorn Nano, garantendo una produzione costante di uova senza richiedere molto spazio.

- **Scenario 3:** Un piccolo giardino può ospitare un piccolo gruppo di Plymouth Rock Nano, che forniranno un buon numero di uova e aggiungeranno un elemento decorativo e vivace all'ambiente.

Consigli Generali per la Gestione delle Galline in Piccoli Spazi

1. **Spazio Adeguato:** Anche se le razze nano occupano meno spazio, è essenziale garantire che abbiano sufficiente spazio per muoversi e razzolare. Un'area di almeno 1 metro quadrato per gallina è consigliata.

2. **Pulizia e Manutenzione:** In spazi ridotti, l'igiene è cruciale. Pulire regolarmente il pollaio e cambiare la lettiera per prevenire malattie e cattivi odori.

3. **Ventilazione e Illuminazione:** Un'adeguata ventilazione previene problemi respiratori. Assicurarsi che il pollaio sia ben ventilato ma protetto da correnti d'aria. Fornire anche una fonte di luce naturale o artificiale per mantenere la produzione di uova.

4. **Protezione dai Predatori:** In ambienti urbani, i predatori possono includere gatti, ratti e persino uccelli rapaci. Utilizzare reti e chiusure sicure per proteggere le galline.

Conclusione

Le galline per piccoli spazi offrono una soluzione pratica e piacevole per gli appassionati di urban farming. Scegliere le razze giuste, come le Bantam, Serama, Plymouth Rock Nano e Leghorn Nano, permette di godere dei benefici delle uova fresche anche in ambienti urbani. Con una gestione attenta e dedicata, è possibile mantenere le galline felici e produttive, contribuendo allo stesso tempo alla sostenibilità e al piacere di avere animali da cortile in città.

10. Razze Miste per un Pollaio Diversificato

La creazione di un pollaio diversificato con razze miste di galline ovaiole offre numerosi vantaggi, tra cui la varietà nella produzione di uova, la robustezza generale e un ambiente più dinamico e interessante per gli animali. Un pollaio ben progettato con razze diverse non solo arricchisce l'aspetto estetico ma migliora anche la salute e il benessere delle galline. Questo paragrafo esplorerà le migliori combinazioni di razze di galline, i benefici di una scelta mista e le considerazioni pratiche per gestirle efficacemente.

1. Combinazione di Razze per Produzione e Aspetto

Esempio di Combinazione:

- **Leghorn + Rhode Island Red**
    - **Leghorn:** Famosa per la sua alta produttività di uova, la Leghorn è una gallina vivace e resistente che depone circa 250-300 uova all'anno. È anche molto adattabile a diverse condizioni climatiche.
    - **Rhode Island Red:** Questa razza è conosciuta per la sua robustezza e longevità. Produce circa 200-250 uova all'anno ed è meno incline a malattie rispetto ad altre razze. Il suo aspetto rustico e il piumaggio marrone scuro aggiungono varietà visiva al pollaio.

Benefici:

- **Produttività:** La Leghorn garantisce una produzione di uova elevata mentre la Rhode Island Red aggiunge stabilità e resistenza.

- **Varietà Visiva:** La differenza di piumaggio tra le due razze contribuisce a un pollaio visivamente interessante.

Consiglio pratico: Assicurarsi che il pollaio abbia spazio sufficiente e che le galline abbiano accesso a diverse aree per evitare conflitti territoriali.

2. Combinazione per Diversità e Resilienza

Esempio di Combinazione:

- **Australorp + Sussex**

    - **Australorp:** Questa razza è altamente apprezzata per la sua capacità di adattamento e produzione costante di uova. Le Australorp possono deporre fino a 250 uova all'anno e sono note per la loro docilità e facilità di gestione.

    - **Sussex:** La Sussex è una gallina versatile con una buona produttività di uova e una natura tranquilla. Può deporre circa 250 uova all'anno e si adatta bene ai cambiamenti climatici.

Benefici:

- **Adattamento e Resilienza:** Entrambe le razze sono adattabili e resistenti, ideali per varie condizioni climatiche e per una gestione più semplice.

- **Diversità di Caratteristiche:** La diversità nelle caratteristiche fisiche e comportamentali delle due razze arricchisce l'ambiente del pollaio.

Consiglio pratico: Monitorare attentamente le dinamiche sociali tra le razze diverse e fornire spazio sufficiente per razzolare e riposare.

3. Combinazione per Uova Colorate e Varietà

Esempio di Combinazione:

- **Araucana + Plymouth Rock**

    - **Araucana:** Conosciuta per le sue uova colorate, che vanno dal verde all'azzurro, l'Araucana è anche una gallina rustica e resistente. Produce circa 200 uova all'anno.

    - **Plymouth Rock:** Questa razza non solo è bella grazie al suo piumaggio a strisce, ma è anche un'ottima produttrice di uova bianche, con una produzione di circa 200-250 uova all'anno.

Benefici:

- **Varietà di Uova:** La combinazione di uova colorate e bianche aggiunge un tocco decorativo e interessante alla raccolta delle uova.

- **Aspetto Estetico:** La bellezza del piumaggio e la variabilità delle uova arricchiscono l'aspetto complessivo del pollaio.

Consiglio pratico: Fornire un'area di deposizione tranquilla e ben curata per facilitare la deposizione regolare delle uova.

4. Combinazione per Bassa Manutenzione e Facilità di Gestione

Esempio di Combinazione:

- **Cuckoo Marans + Barnevelder**

    - **Cuckoo Marans:** Questa razza è conosciuta per la sua capacità di produrre uova marroni scure e per la sua facilità di gestione. Produce circa 150-200 uova all'anno.

    - **Barnevelder:** Il Barnevelder è una gallina tranquilla con piumaggio decorativo e una buona produttività di uova marroni, circa 180-200 uova all'anno.

Benefici:

- **Manutenzione Ridotta:** Entrambe le razze sono facili da gestire e richiedono poca manutenzione.
- **Uova di Alta Qualità:** Ottima produzione di uova di qualità senza esigenze particolarmente elevate.

Consiglio pratico: Optare per un programma di pulizia regolare e fornire cibo di alta qualità per mantenere le galline in salute e produttive.

Considerazioni Pratiche per un Pollaio Diversificato

1. **Spazio Adeguato:** Assicurarsi che il pollaio e l'area di razzolamento siano sufficientemente spaziosi per accogliere le esigenze di tutte le razze. Le galline devono avere spazio per muoversi senza competere eccessivamente per risorse come cibo e nidi.
2. **Monitoraggio delle Dinamiche Sociali:** Le razze diverse possono avere personalità e comportamenti diversi. Monitorare le interazioni per prevenire conflitti e garantire un ambiente armonioso.
3. **Alimentazione e Cura:** Fornire una dieta equilibrata che soddisfi le esigenze di tutte le razze e garantire che tutte le galline abbiano accesso a cibo e acqua in modo equo.

4. **Protezione e Sicurezza:** Implementare misure di sicurezza adeguate per proteggere tutte le razze da predatori e condizioni ambientali avverse. Utilizzare reti, chiusure sicure e assicurarsi che il pollaio sia ben mantenuto.

5. **Arricchimento Ambientale:** Fornire strutture per il gioco e l'arricchimento per stimolare l'attività fisica e mentale delle galline. Questo è particolarmente importante in un pollaio diversificato per prevenire la noia e il comportamento aggressivo.

Conclusione

Un pollaio diversificato con razze miste può offrire una produzione di uova varia e soddisfacente, insieme a una ricca esperienza visiva e interattiva. Scegliere razze che si completano a vicenda in termini di produttività, temperamento e aspetto aiuterà a creare un ambiente equilibrato e prospero per le galline. Con una gestione attenta e una pianificazione accurata, un pollaio diversificato può diventare una risorsa preziosa e gratificante per ogni appassionato di allevamento di galline.

V. Acquisto e Trasporto delle Galline

1. Scegliere Fornitori Affidabili per l'Acquisto di Galline

Quando si decide di acquistare galline ovaiole, la scelta di fornitori affidabili è cruciale per garantire la salute e il benessere degli animali e per assicurare un avvio positivo al proprio allevamento. Questo paragrafo esplora come identificare e selezionare fornitori che offrano galline di alta qualità, fornendo dettagli pratici e suggerimenti essenziali per evitare problematiche future.

1. Ricerca di Fornitori Rinomati

Il primo passo nella scelta di un fornitore affidabile è condurre una ricerca approfondita. Esplora allevamenti e fornitori con una reputazione consolidata nel settore. Rivolgiti a associazioni di allevatori locali o nazionali, che spesso possono fornire raccomandazioni su fornitori affidabili e certificati. Verifica anche le recensioni e i feedback online da parte di altri allevatori, che possono offrire preziose informazioni sulle esperienze avute con determinati fornitori.

2. Verifica delle Certificazioni e delle Licenze

Assicurati che il fornitore scelto possieda le certificazioni e le licenze necessarie per l'allevamento e la vendita di galline. Queste certificazioni dimostrano che il fornitore rispetta le normative sanitarie e di benessere animale stabilite dalle autorità competenti. Le certificazioni potrebbero includere, ad esempio, certificazioni di salute aviare e licenze di vendita di animali. La mancanza di queste certificazioni può indicare problematiche potenziali e compromettere la qualità delle galline acquistate.

3. Visita dell'Allevamento

Se possibile, effettua una visita diretta presso l'allevamento del fornitore. Questa visita ti permette di osservare le condizioni in cui le galline sono allevate e di valutare il livello di igiene e cura che viene loro dedicato. Verifica che le strutture siano pulite, ben mantenute e conformi agli standard di benessere animale. Controlla anche la salute delle galline: animali vivaci e ben nutriti sono un segnale positivo della qualità dell'allevamento.

4. Richiesta di Documentazione Sanitaria

Chiedi di visionare la documentazione sanitaria delle galline, che dovrebbe includere certificati di vaccinazione e rapporti di controllo delle malattie. Un fornitore affidabile sarà in grado di fornire documentazione dettagliata riguardante la salute degli animali e le misure preventive adottate. Questa documentazione è essenziale per assicurarti che le galline siano esenti da malattie e pronte per il trasferimento senza rischi di contagio.

5. Confronto tra Diverse Offerte

Non fermarti al primo fornitore che trovi. Confronta diverse opzioni per valutare la qualità, i prezzi e le condizioni offerte. Un fornitore che offre prezzi molto bassi potrebbe farlo a scapito della qualità e della salute delle galline. Considera anche il servizio clienti e la disponibilità a rispondere alle tue domande e preoccupazioni. Un fornitore trasparente e disponibile sarà più propenso a offrirti un'esperienza di acquisto positiva.

6. Contratti e Garanzie

Infine, esamina attentamente qualsiasi contratto o garanzia offerta dal fornitore. Un buon fornitore dovrebbe fornire garanzie riguardanti la salute e la qualità delle galline vendute. Assicurati di comprendere i termini del contratto, inclusi eventuali diritti di restituzione o sostituzione in caso di problemi riscontrati dopo l'acquisto. Un fornitore serio e professionale sarà pronto a stabilire chiari accordi di garanzia e a fornire assistenza in caso di necessità.

Scegliere fornitori affidabili per l'acquisto di galline ovaiole è una decisione che influenzerà direttamente il successo del tuo allevamento. Seguendo questi suggerimenti e facendo una ricerca accurata, puoi assicurarti di acquistare animali sani e di alta qualità, pronti a produrre uova eccellenti e a contribuire al successo del tuo progetto.

2. Controllo della Salute e del Benessere delle Galline Prima dell'Acquisto

Il controllo della salute e del benessere delle galline prima dell'acquisto è un passo cruciale per garantire che gli animali che porterai nel tuo pollaio siano in ottima forma fisica e privi di malattie. Questo processo non solo aiuta a prevenire l'introduzione di malattie nel tuo allevamento, ma anche a garantire che le galline siano produttive e durature. In questo paragrafo, esploreremo in dettaglio le pratiche e le tecniche per eseguire un controllo completo prima dell'acquisto delle galline ovaiole.

1. Esame Visivo delle Galline

Un'ispezione visiva approfondita è il primo passo per valutare la salute delle galline. Osserva attentamente ogni animale per individuare segni di malattie o di cattive condizioni fisiche. Le galline dovrebbero avere piumaggio lucido e ben curato; piume opache o mancanti possono indicare problemi di salute come parassiti esterni o carenze nutrizionali. Controlla anche l'aspetto degli occhi, delle zampe e del becco. Gli occhi devono essere chiari e brillanti, senza secrezioni o infiammazioni. Le zampe devono essere prive di gonfiori, escoriazioni o infezioni, e il becco deve apparire sano e ben formato, senza crepe o decolorazioni.

2. Controllo dei Sintomi di Malattie Comuni

Familiarizzati con i sintomi delle malattie comuni delle galline per poterli identificare. Alcuni segnali preoccupanti includono starnuti, tosse, e difficoltà respiratorie, che possono indicare infezioni respiratorie come la bronchite infettiva. Verifica la presenza di diarrea, che può essere sintomo di infezioni intestinali o parassiti. Controlla anche il comportamento generale delle galline: animali letargici o che mostrano segni di debolezza potrebbero essere malati. Chiedi al fornitore di informazioni sulla storia sanitaria e sui trattamenti ricevuti dalle galline.

3. Richiesta di Certificati di Salute

Assicurati di richiedere e verificare i certificati di salute forniti dal venditore. Questi certificati devono attestare che le galline sono state sottoposte a controlli sanitari recenti e che sono risultate libere da malattie infettive. Verifica che i certificati siano emessi da veterinari o autorità sanitarie riconosciute e che siano aggiornati. Questo documento è essenziale per garantire che le galline siano state esaminate e che la loro salute sia stata certificata, riducendo il rischio di introdurre malattie nel tuo allevamento.

4. Valutazione delle Condizioni di Allevamento

Le condizioni in cui le galline sono allevate hanno un impatto significativo sulla loro salute e benessere. Visita l'allevamento per osservare le condizioni generali. L'ambiente deve essere pulito, ben ventilato e privo di odori sgradevoli, che possono indicare scarsa igiene. Verifica che le galline abbiano accesso a cibo e acqua freschi e che le strutture siano adeguate per il numero di animali ospitati. La presenza di escrementi accumulati o di condizioni di sovraffollamento può indicare una gestione inadeguata e aumentare il rischio di malattie.

5. Controllo delle Pratiche di Nutrizione e Cura

La nutrizione e la cura quotidiana delle galline sono cruciali per la loro salute generale. Informati sulle pratiche alimentari adottate dall'allevatore e assicurati che le galline ricevano una dieta equilibrata, ricca di nutrienti essenziali. Chiedi informazioni sui tipi di mangimi utilizzati e sulla frequenza dei cambiamenti di acqua e cibo. Un'alimentazione adeguata è fondamentale per garantire che le galline siano in buona salute e produttive.

6. Discussione con il Fornitore

Parla con il fornitore per ottenere informazioni dettagliate sullo stato di salute e sulla storia sanitaria delle galline. Un fornitore affidabile e trasparente sarà in grado di rispondere a tutte le tue domande e fornirti documentazione completa riguardante la salute degli animali. Chiedi anche se ci sono stati recenti problemi di salute all'interno dell'allevamento e se sono state adottate misure preventive per proteggere le galline.

7. Test Diagnostici e Profilattici

Se hai dubbi sulla salute delle galline, considera di richiedere test diagnostici ulteriori prima dell'acquisto. Alcuni fornitori offrono test profilattici per garantire che le galline siano libere da malattie specifiche. Questi test possono includere esami per parassiti interni ed esterni, analisi del sangue per infezioni virali o batteriche, e controlli per malattie trasmissibili. Anche se potrebbe comportare un costo aggiuntivo, questo investimento può garantire un acquisto sicuro e ridurre i rischi associati.

8. Ispezione della Documentazione Vaccinale

Verifica che le galline abbiano ricevuto tutte le vaccinazioni necessarie secondo il programma sanitario standard. La documentazione vaccinale deve indicare le vaccinazioni effettuate e le date corrispondenti. Assicurati che le vaccinazioni siano state somministrate in tempo utile e che siano state seguite le linee guida del produttore per mantenere le galline protette da malattie comuni.

In sintesi, un attento controllo della salute e del benessere delle galline prima dell'acquisto è fondamentale per garantire il successo del tuo allevamento. Attraverso un'ispezione dettagliata, la verifica dei documenti e una comunicazione chiara con il fornitore, puoi assicurarti di introdurre nel tuo pollaio animali sani e ben curati.

3. Documentazione Necessaria per l'Acquisto di Galline

Acquistare galline ovaiole richiede la gestione e la verifica di una serie di documenti essenziali per garantire che gli animali siano sani, legali e ben documentati. La documentazione non solo facilita il processo di acquisto, ma è anche fondamentale per il rispetto delle normative sanitarie e per la buona gestione dell'allevamento. In questo paragrafo, esamineremo dettagliatamente i vari tipi di documentazione necessaria e come ottenere e gestire correttamente questi documenti.

1. Certificato di Salute

Il certificato di salute è uno dei documenti più importanti richiesti per l'acquisto di galline. Questo certificato, rilasciato da un veterinario ufficiale, conferma che gli animali sono stati sottoposti a un controllo sanitario e che sono liberi da malattie infettive e parassiti. Deve includere informazioni dettagliate come la data dell'esame, i risultati dei test effettuati e la firma del veterinario. È essenziale richiedere questo documento prima dell'acquisto e conservarlo come prova della buona salute degli animali. Assicurati che il certificato sia recente e aggiornato, preferibilmente emesso nelle due settimane precedenti l'acquisto.

2. Documentazione Vaccinale

La documentazione vaccinale è cruciale per garantire che le galline abbiano ricevuto tutte le vaccinazioni necessarie. Questa documentazione dovrebbe includere un registro delle vaccinazioni effettuate, con date e tipi di vaccini somministrati. I vaccini comuni per le galline includono quelli contro la bronchite infettiva, la malattia di Marek e la salmonellosi. Verifica che il registro vaccinale sia completo e che le vaccinazioni siano state effettuate secondo le raccomandazioni veterinarie. Questo documento aiuta a prevenire l'insorgenza di malattie nel tuo allevamento e contribuisce a mantenere un alto livello di benessere animale.

3. Certificato di Provenienza

Il certificato di provenienza è un documento che attesta la storia e l'origine delle galline. Deve includere dettagli come il nome dell'allevamento o del venditore, la località di origine e la data di nascita degli animali. Questo certificato è importante per garantire che le galline non provengano da fonti sospette o infette e per tracciare la loro origine in caso di future problematiche sanitarie. La verifica di questo documento aiuta a garantire la qualità e la sicurezza degli animali acquistati.

4. Documentazione per l'Importazione

Se stai acquistando galline da un altro paese, sarà necessario ottenere e presentare documenti specifici per l'importazione. Questi possono includere permessi di importazione, certificati sanitari internazionali e prove di conformità alle normative locali e internazionali. È importante consultare le autorità sanitarie locali e le normative doganali per assicurarti di avere tutti i documenti necessari e di seguire le procedure corrette per evitare ritardi o problemi legali.

5. Registrazione e Identificazione

In alcuni casi, potrebbe essere necessario registrare le galline presso le autorità competenti. Questo processo può includere la registrazione dell'allevamento e l'identificazione degli animali tramite anelli o microchip. La registrazione aiuta a monitorare la salute e il benessere degli animali e può essere utile per la gestione delle malattie o per la tracciabilità delle origini. Verifica le normative locali per conoscere le procedure specifiche e assicurati di completare tutte le registrazioni richieste.

6. Contratti di Acquisto

Il contratto di acquisto è un documento importante che formalizza l'accordo tra te e il venditore. Deve includere dettagli come il numero e il tipo di galline acquistate, il prezzo concordato, le condizioni di pagamento e le garanzie offerte. Un contratto ben redatto aiuta a prevenire malintesi e conflitti, garantendo che entrambe le parti comprendano e accettino i termini dell'acquisto. Assicurati di leggere attentamente il contratto e di conservare una copia firmata per eventuali riferimenti futuri.

7. Garanzie e Politiche di Reso

Verifica le garanzie offerte dal venditore e le politiche di reso in caso di problemi con le galline acquistate. Alcuni fornitori possono offrire garanzie per la salute degli animali o per eventuali difetti riscontrati dopo l'acquisto. Comprendere queste politiche ti offre una protezione aggiuntiva e assicura che puoi richiedere assistenza o un rimborso se necessario. Documenta tutte le comunicazioni riguardanti le garanzie e le politiche di reso e conserva copie di tutte le corrispondenze.

8. Registrazione dei Trasportatori

Se le galline vengono trasportate da un altro luogo, è importante avere la registrazione dei trasportatori. Questo documento conferma che il trasportatore è autorizzato e che le condizioni di trasporto rispettano le normative sanitarie. Assicurati che il trasportatore utilizzi mezzi adeguati e che le galline siano trattate con cura durante il viaggio per ridurre lo stress e il rischio di malattie.

9. Documentazione Fiscale

Infine, assicurati di ottenere e conservare tutta la documentazione fiscale relativa all'acquisto, come le fatture o le ricevute. Questi documenti sono necessari per la registrazione contabile e possono essere utili in caso di ispezioni fiscali o per eventuali richieste di rimborso. Conserva le fatture in un luogo sicuro e accessibile per eventuali controlli futuri.

In sintesi, una gestione accurata della documentazione è essenziale per garantire un acquisto sicuro e conforme delle galline ovaiole. Attraverso la verifica dei certificati di salute e vaccinali, la gestione della documentazione per l'importazione e la registrazione, e la stipula di contratti chiari, puoi assicurarti che il tuo allevamento inizi con una base solida e ben documentata.

4. Acquistare Galline da Allevamenti Certificati e Riconosciuti

Quando si acquista galline ovaiole, uno degli aspetti più cruciali da considerare è la scelta di allevamenti certificati e riconosciuti. L'acquisto da strutture che soddisfano standard elevati di qualità e benessere animale non solo assicura che gli animali siano sani e produttivi, ma contribuisce anche a garantire la conformità alle normative sanitarie e alla legalità. Questo paragrafo fornisce una guida dettagliata su come identificare e scegliere allevamenti certificati, e perché è importante farlo.

1. Verifica delle Certificazioni e delle Licenze

La prima e più fondamentale fase è verificare che l'allevamento possieda tutte le certificazioni e licenze richieste dalle autorità locali e nazionali. Queste certificazioni dimostrano che l'allevamento rispetta gli standard di benessere animale e le normative sanitarie. Le certificazioni comuni includono quelle relative alla qualità del prodotto, al controllo delle malattie e alla tracciabilità degli animali. Ad esempio, in molti paesi, un allevamento può essere certificato come "Bio" o "Organico" se segue specifici protocolli riguardanti l'alimentazione e il trattamento degli animali. Richiedi una copia delle certificazioni e verifica la loro validità con le autorità competenti.

2. Reputazione e Storico dell'Allevamento

La reputazione di un allevamento è spesso indicativa della qualità dei suoi animali e del servizio offerto. Ricerca online recensioni, feedback di altri acquirenti e testimonianze su forum di allevatori o gruppi di discussione. Una reputazione positiva suggerisce che l'allevamento è ben gestito e che gli animali sono ben curati. Verifica da quanto tempo l'allevamento è attivo e se ha avuto segnalazioni di problemi sanitari o di gestione. Un allevamento con un lungo storico e feedback positivi è generalmente più affidabile.

3. Visita dell'Allevamento

Se possibile, visita personalmente l'allevamento prima di effettuare l'acquisto. Una visita ti consente di osservare direttamente le condizioni in cui vivono le galline, la pulizia degli spazi e le pratiche di gestione quotidiana. Durante la visita, presta attenzione a:

- **Condizioni di Vita:** Gli spazi devono essere puliti, ben ventilati e privi di odori sgradevoli. Le galline devono avere accesso a acqua pulita e cibo adeguato.

- **Benessere Animale:** Le galline devono apparire attive e in buona salute. Controlla l'assenza di segni di malattie o parassiti.

- **Strutture di Allevamento:** Verifica che le strutture siano sicure, ben mantenute e conformi agli standard di benessere animale.

4. Procedura di Acquisto e Garanzie

Chiedi informazioni dettagliate sulle procedure di acquisto e sulle garanzie offerte dall'allevamento. Un allevamento certificato e professionale dovrebbe fornire garanzie riguardo la salute e la qualità delle galline. Assicurati che il contratto di acquisto includa:

- **Certificati di Salute e Vaccinazione:** Come discusso nel paragrafo precedente, questi documenti sono essenziali per garantire la buona salute degli animali.

- **Politiche di Rimborso e Sostituzione:** Chiedi quali sono le politiche in caso di problemi con gli animali dopo l'acquisto, come malattie o mortalità precoce.

5. Documentazione e Tracciabilità

Un allevamento certificato dovrebbe fornire tutta la documentazione necessaria e garantire la tracciabilità degli animali. La tracciabilità è importante per monitorare la salute e il benessere degli animali nel tempo e per risolvere eventuali problemi che potrebbero sorgere. Assicurati che l'allevamento sia disposto a fornire informazioni dettagliate sull'origine e sullo stato di salute delle galline.

6. Normative e Regolamenti Locali

Verifica che l'allevamento rispetti tutte le normative e i regolamenti locali relativi all'allevamento di pollame. Le normative possono variare da paese a paese e possono riguardare aspetti come la densità di popolazione, le condizioni di stabulazione e la gestione dei rifiuti. Assicurati che l'allevamento segua le regolazioni applicabili nella tua area.

7. Servizio Clienti e Supporto

Un allevamento affidabile offrirà un buon servizio clienti e supporto post-acquisto. Questo può includere consulenze sul benessere degli animali, consigli sull'alimentazione e risposte a domande dopo l'acquisto. Verifica la disponibilità e la qualità del supporto offerto, in modo da poter contare su assistenza in caso di necessità.

8. Controllo di Qualità

Chiedi se l'allevamento segue procedure di controllo di qualità e gestione delle malattie. Gli allevamenti certificati di solito implementano pratiche rigorose per mantenere elevati standard di qualità e salute. Verifica che siano in atto programmi di monitoraggio regolari e che esistano protocolli per affrontare eventuali problemi sanitari.

9. Condizioni di Trasporto

Verifica che l'allevamento adotti procedure adeguate per il trasporto delle galline. Le galline devono essere trasportate in modo sicuro e umano per ridurre lo stress e il rischio di malattie. Assicurati che l'allevamento utilizzi trasportatori adeguati e che il trasporto avvenga nel rispetto delle normative sanitarie.

10. Costi e Contratti

Infine, confronta i costi e i termini contrattuali offerti dagli allevamenti certificati. I costi possono variare in base alla qualità e al tipo di galline, ma è fondamentale che i termini siano chiari e trasparenti. Assicurati che il prezzo includa tutti i costi associati e che il contratto copra tutte le garanzie e le condizioni concordate.

In sintesi, acquistare galline da allevamenti certificati e riconosciuti è una scelta cruciale per garantire la qualità e la salute degli animali. Attraverso una verifica accurata delle certificazioni, una visita personale, e la comprensione delle garanzie e delle politiche di acquisto, puoi assicurarti di fare una scelta informata e sicura.

5. Valutazione delle Condizioni di Trasporto per Galline

Il trasporto delle galline è una fase critica del processo di acquisto che può influenzare significativamente la loro salute e benessere. Per garantire che le galline arrivino al tuo pollaio in condizioni ottimali, è essenziale valutare attentamente le condizioni di trasporto offerte dall'allevamento e adottare misure per monitorare e migliorare questo aspetto. Questo paragrafo fornisce una guida completa su come valutare e garantire le migliori condizioni di trasporto per le galline, assicurando che il loro trasferimento avvenga nel rispetto delle normative e dei requisiti di benessere animale.

1. Conformità alle Normative di Trasporto

Il trasporto di animali, comprese le galline, deve rispettare normative specifiche che regolano la sicurezza e il benessere durante il trasferimento. Verifica che l'allevamento e il trasportatore siano conformi alle normative locali e internazionali, che possono includere:

- **Regolamenti di Benessere Animale:** Assicurati che il trasporto rispetti le norme sul benessere animale, che stabiliscono limiti di tempo di trasporto, condizioni di viaggio e gestione degli animali.

- **Normative Sanitarie:** Le normative possono includere requisiti per la pulizia e la disinfezione dei veicoli di trasporto, al fine di prevenire la diffusione di malattie.

2. Tipo e Condizioni dei Trasportatori

I trasportatori utilizzati per il trasferimento delle galline devono essere adeguati e progettati specificamente per il pollame. Considera i seguenti aspetti quando valuti le condizioni dei trasportatori:

- **Materiale e Design:** I trasportatori devono essere realizzati con materiali resistenti e facili da pulire. Il design deve consentire una ventilazione adeguata e ridurre al minimo il rischio di stress e infortuni.

- **Ventilazione:** I trasportatori devono essere ben ventilati per garantire un flusso d'aria sufficiente. La ventilazione è cruciale per prevenire il surriscaldamento e l'accumulo di ammoniaca.

- **Sicurezza e Comfort:** I trasportatori devono essere progettati per evitare che le galline si feriscano durante il trasporto. Devono essere dotati di pavimentazione antiscivolo e spazi adeguati per il movimento.

3. Monitoraggio e Controllo della Temperatura

Durante il trasporto, è fondamentale mantenere condizioni di temperatura ottimali per le galline. Temperature estreme, sia fredde che calde, possono causare stress e malattie. Adotta le seguenti pratiche per monitorare e controllare la temperatura:

- **Controllo della Temperatura:** Assicurati che il trasportatore abbia sistemi di monitoraggio della temperatura e, se possibile, di regolazione. I termometri e gli strumenti di rilevamento devono essere verificati regolarmente.

- **Misure di Adattamento:** Se le condizioni meteorologiche sono estreme, il trasportatore deve adottare misure per adattarsi, come ventilatori per il caldo o riscaldatori per il freddo.

4. Durata e Pianificazione del Trasporto

La durata del trasporto influisce direttamente sul benessere delle galline. Pianifica il trasporto per ridurre al minimo i tempi di viaggio e assicurati che:

- **Tempo di Trasporto:** Il tempo di trasporto dovrebbe essere il più breve possibile per ridurre lo stress e il rischio di malattie. Evita trasporti prolungati e, se necessario, pianifica soste brevi per il riposo.

- **Pianificazione e Tempistica:** Organizza il trasporto in modo da evitare le ore più calde o fredde della giornata e scegli percorsi che minimizzino il rischio di ritardi o disagi.

5. Preparazione e Carico delle Galline

La preparazione e il carico delle galline devono essere gestiti con attenzione per garantire il loro benessere. Segui questi passaggi per assicurare un carico sicuro e confortevole:

- **Preparazione degli Animali:** Prima del trasporto, assicurati che le galline siano in buona salute e che non presentino segni di malattie. Le galline devono essere alimentate e idratate prima del carico.

- **Tecniche di Carico:** Carica le galline nel trasportatore con cura per evitare stress e infortuni. Usa metodi di cattura delicati e evita movimenti bruschi. Il carico deve essere effettuato in modo da non sovraccaricare il trasportatore.

6. Ispezione del Trasportatore

Prima del caricamento, ispeziona il trasportatore per assicurarti che soddisfi tutti i requisiti di sicurezza e benessere:

- **Pulizia e Manutenzione:** Il trasportatore deve essere pulito e disinfettato prima dell'uso. Verifica che non ci siano segni di danni o usura che possano compromettere la sicurezza.

- **Struttura e Equipaggiamento:** Assicurati che tutte le attrezzature, come porte e sistemi di ventilazione, siano in buone condizioni di funzionamento.

7. Documentazione del Trasporto

Mantieni una documentazione dettagliata relativa al trasporto delle galline:

- **Documenti di Trasporto:** Richiedi e conserva tutti i documenti relativi al trasporto, inclusi certificati di salute e dichiarazioni del trasportatore.

- **Registro delle Condizioni:** Annota le condizioni del trasporto, come la temperatura e la durata del viaggio, per monitorare eventuali problemi e migliorare le pratiche future.

8. Gestione Post-Arrivo

Dopo l'arrivo delle galline, è importante monitorare il loro stato di salute e benessere:

- **Controllo Immediato:** Verifica lo stato delle galline subito dopo l'arrivo. Assicurati che non presentino segni di stress o malessere e forniscile con cibo e acqua freschi.

- **Adattamento:** Consenti alle galline di acclimatarsi al nuovo ambiente in modo graduale per ridurre il rischio di shock e malattie.

9. Feedback e Miglioramenti

Raccogli feedback sulla procedura di trasporto per identificare aree di miglioramento:

- **Raccolta di Feedback:** Chiedi opinioni al trasportatore e ad altri allevatori per valutare l'efficacia delle pratiche di trasporto.

- **Implementazione di Miglioramenti:** Utilizza il feedback per apportare miglioramenti alle pratiche di trasporto, assicurandoti che le condizioni future siano ottimali.

10. Aspetti Economici e Logistici

Considera anche gli aspetti economici e logistici del trasporto:

- **Costi di Trasporto:** Analizza i costi associati al trasporto e verifica che siano giustificabili in relazione alla qualità del servizio.

- **Organizzazione Logistica:** Assicurati che la pianificazione e l'organizzazione del trasporto siano efficienti e ben coordinate per evitare disagi e problemi.

In sintesi, una valutazione attenta delle condizioni di trasporto è essenziale per garantire che le galline arrivino al tuo pollaio in salute e benessere. Attraverso il rispetto delle normative, l'uso di trasportatori adeguati, e una pianificazione accurata, puoi minimizzare lo stress e i rischi associati al trasporto e assicurarti che le tue galline inizino la loro nuova vita in modo positivo.

6. Preparazione del Trasporto delle Galline: Casi e Contenitori

La preparazione del trasporto delle galline è una fase cruciale che richiede attenzione ai dettagli per garantire la sicurezza e il benessere degli animali durante il viaggio verso il nuovo pollaio. L'uso di contenitori e casi adeguati è essenziale per minimizzare lo stress e prevenire danni fisici. In questo paragrafo, esploreremo i tipi di casi e contenitori più adatti, le pratiche di preparazione e le tecniche per assicurare che le galline siano trasportate in condizioni ottimali.

1. Tipologie di Contenitori per il Trasporto

La scelta dei contenitori giusti è fondamentale per il benessere delle galline durante il trasporto. Ecco i principali tipi di contenitori e i loro vantaggi:

- **Casi in Plastica Rigida:** Questi contenitori sono ampiamente utilizzati grazie alla loro robustezza e facilità di pulizia. Sono progettati per garantire una ventilazione adeguata e proteggere le galline da urti e vibrazioni. I casi in plastica rigida spesso hanno pareti perforate o griglie che favoriscono una buona circolazione dell'aria, essenziale per prevenire il surriscaldamento.

- **Contenitori in Legno:** Sebbene meno comuni, i contenitori in legno possono essere utilizzati per il trasporto di galline se progettati correttamente. Devono essere ben ventilati e trattati per evitare l'assorbimento di umidità e l'accumulo di batteri. Questi contenitori devono essere dotati di una pavimentazione sicura e facile da pulire.

- **Contenitori Temporanei in Cartone:** Utilizzati principalmente per trasporti brevi o per la vendita, i contenitori in cartone devono essere robusti e dotati di fori per la ventilazione. Non sono ideali per trasporti prolungati o in condizioni climatiche estreme, ma possono essere utili per piccole spedizioni.

2. Ventilazione e Comfort all'Interno dei Contenitori

Una ventilazione adeguata è cruciale per mantenere le galline fresche e prevenire lo stress durante il trasporto. Ecco come garantire una ventilazione efficace:

- **Fori di Ventilazione:** I contenitori devono avere fori o griglie sufficienti sui lati e sul tetto per garantire un flusso d'aria continuo. La dimensione e la disposizione dei fori devono essere progettate per evitare il passaggio di correnti d'aria fredde o calde che potrebbero influenzare negativamente la temperatura interna.

- **Spazio Sufficiente:** Ogni gallina deve avere spazio sufficiente per muoversi senza sentirsi eccessivamente costretta. Un contenitore troppo piccolo può causare stress e lesioni. Calcola lo spazio necessario in base alle dimensioni delle galline e assicurati che il contenitore sia abbastanza grande per ospitarle comodamente.

- **Pavimentazione:** La pavimentazione all'interno del contenitore deve essere antiscivolo e facile da pulire. Utilizza materiali come paglia o trucioli di legno per assorbire eventuali escrementi e mantenere l'ambiente asciutto e pulito. Evita materiali che possono causare abrasioni o malessere alle galline.

3. Preparazione e Carico delle Galline

Il processo di preparazione e carico deve essere gestito con attenzione per evitare lo stress e le lesioni:

- **Preparazione Pre-trasporto:** Prima di caricare le galline, assicurati che siano in buona salute e che non mostrino segni di malattia. Fornisci cibo e acqua freschi per mantenere le galline idratate e ben nutrite.

- **Tecniche di Carico:** Utilizza tecniche di carico delicato per ridurre lo stress sugli animali. Evita movimenti bruschi e maneggia le galline con attenzione. Carica le galline nel contenitore in modo ordinato, evitando di sovraccaricare il contenitore o di mescolare gruppi di galline provenienti da fonti diverse.

- **Controllo del Carico:** Dopo il carico, verifica che tutte le galline siano sistemate correttamente e che il contenitore sia sicuro e stabile. Assicurati che non ci siano aperture attraverso cui le galline possano uscire o mettersi in pericolo.

4. Misure di Sicurezza Durante il Trasporto

Durante il trasporto, è essenziale adottare misure di sicurezza per garantire il benessere delle galline:

- **Monitoraggio del Trasporto:** Se possibile, monitora le condizioni interne del trasportatore durante il viaggio. Verifica la temperatura e l'umidità per assicurarti che rimangano entro limiti sicuri.

- **Fermate e Controlli:** Pianifica fermate regolari per controllare lo stato delle galline e garantire che il trasportatore sia in buone condizioni. Questi controlli possono aiutare a identificare e risolvere rapidamente eventuali problemi.

- **Emergenze e Pianificazione:** Prepara un piano per gestire emergenze o imprevisti durante il trasporto. Questo può includere misure per far fronte a condizioni meteorologiche estreme o problemi meccanici con il trasportatore.

5. Post-Arrivo: Sistemazione e Monitoraggio

Una volta arrivate a destinazione, è importante gestire le galline con attenzione per aiutarle a acclimatarsi al nuovo ambiente:

- **Ispezione Immediata:** Controlla lo stato delle galline non appena arrivano. Cerca segni di stress, lesioni o malattie e fornisci assistenza immediata se necessario.

- **Acclimatazione Graduale:** Permetti alle galline di adattarsi gradualmente al nuovo ambiente. Introducile lentamente nel pollaio e assicurati che abbiano accesso a cibo, acqua e un ambiente confortevole.

- **Monitoraggio Continuo:** Nei giorni successivi, continua a monitorare la salute e il benessere delle galline. Verifica che si stiano adattando bene e che non ci siano problemi derivanti dal trasporto.

In sintesi, la preparazione adeguata del trasporto delle galline è essenziale per garantire la loro sicurezza e benessere. Utilizzando contenitori appropriati e seguendo pratiche di carico e trasporto attente, puoi assicurarti che le galline arrivino al tuo pollaio in ottime condizioni, pronte per iniziare la loro nuova vita.

7. Procedure di Imballaggio e Carico per il Trasporto delle Galline

Il corretto imballaggio e carico delle galline è fondamentale per garantire che il trasporto avvenga senza problemi e che gli animali arrivino a destinazione in condizioni ottimali. Questo processo richiede attenzione ai dettagli per assicurare la sicurezza, il comfort e la salute delle galline durante tutto il viaggio. In questo paragrafo, esploreremo le procedure dettagliate per l'imballaggio e il carico delle galline, inclusi i preparativi necessari, le tecniche da utilizzare e le considerazioni importanti per il successo di questa fase cruciale.

1. Preparazione Preliminare degli Animali

Prima di procedere con l'imballaggio e il carico, è essenziale preparare adeguatamente le galline. Questo include:

- **Verifica della Salute:** Assicurati che tutte le galline siano in buone condizioni di salute. Controlla che non mostrino segni di malattie o parassiti e che siano completamente vaccinate. La salute delle galline è prioritaria, poiché animali malati possono diffondere malattie e creare problemi durante il trasporto.

- **Ispezione dell'Ambiente:** Verifica che l'ambiente da cui provengono le galline sia pulito e sicuro. Rimuovi eventuali fonti di stress e fornisci cibo e acqua freschi fino al momento del trasporto per mantenere le galline in buone condizioni.

- **Preparazione delle Galline:** Prima di imballare, sposta le galline in un'area tranquilla per ridurre lo stress. Se possibile, accorcia le penne delle galline per evitare che si impiglino o si feriscano durante il trasporto.

2. Selezione e Preparazione dei Contenitori

La scelta dei contenitori giusti è cruciale per il benessere delle galline. Ecco come selezionarli e prepararli:

- **Tipo di Contenitore:** Scegli contenitori progettati specificamente per il trasporto di animali. I contenitori devono essere robusti, ventilati e facili da pulire. Evita contenitori che non offrano una ventilazione adeguata o che possano danneggiarsi facilmente.

- **Preparazione dei Contenitori:** Prima di caricare le galline, pulisci e disinfetta i contenitori. Assicurati che non ci siano detriti o materiali contaminanti all'interno. Aggiungi una base di materiale assorbente, come paglia o trucioli di legno, per assorbire l'umidità e fornire un ambiente confortevole.

- **Ventilazione:** Controlla che i contenitori abbiano fori di ventilazione sufficienti per garantire un flusso d'aria continuo. La ventilazione aiuta a mantenere una temperatura adeguata e a prevenire il surriscaldamento o l'accumulo di ammoniaca.

3. Tecniche di Imballaggio

Il processo di imballaggio deve essere gestito con attenzione per evitare lo stress e le lesioni:

- **Imballaggio Ordinato:** Inserisci le galline nel contenitore con calma e ordine. Evita di sovraffollare i contenitori e assicurati che ogni gallina abbia spazio sufficiente per muoversi. Le galline dovrebbero essere disposte in modo da minimizzare il rischio di lesioni o stress.

- **Manipolazione:** Maneggia le galline con delicatezza per ridurre lo stress. Utilizza tecniche di sollevamento corrette, come afferrare le galline dalle zampe o sostenere il corpo, per evitare movimenti bruschi o lesioni.

- **Sicurezza dei Contenitori:** Assicurati che i contenitori siano ben chiusi e sicuri. Utilizza cinghie o nastri per fissare i coperchi e prevenire aperture accidentali. Controlla che le galline non possano spingersi fuori o fuggire durante il trasporto.

4. Carico dei Contenitori sul Mezzo di Trasporto

Una volta preparati i contenitori, è il momento di caricarli sul mezzo di trasporto. Ecco come farlo correttamente:

- **Organizzazione del Carico:** Carica i contenitori sul mezzo di trasporto in modo ordinato e sicuro. Posiziona i contenitori in un'area stabile e assicurati che non ci siano movimenti eccessivi durante il viaggio.

- **Protezione Durante il Trasporto:** Se il viaggio è lungo, utilizza cuscinetti o imbottiture per proteggere i contenitori da urti o vibrazioni. Questo aiuta a mantenere le galline al sicuro e a ridurre lo stress durante il trasporto.

- **Condizioni del Mezzo di Trasporto:** Verifica che il mezzo di trasporto sia in buone condizioni, ben ventilato e adatto alle esigenze delle galline. Assicurati che la temperatura e l'umidità siano controllate e mantieni il veicolo pulito e privo di odori sgradevoli.

5. Monitoraggio e Controllo Durante il Trasporto

Durante il trasporto, è importante monitorare le condizioni delle galline e del mezzo di trasporto:

- **Monitoraggio delle Condizioni:** Se possibile, controlla regolarmente le condizioni del trasportatore e dei contenitori. Verifica che le galline stiano bene e che non ci siano segni di stress o disidratazione.

- **Fermate Programmate:** Pianifica fermate regolari per controllare il carico e assicurarti che tutto proceda senza problemi. Utilizza queste fermate per effettuare eventuali aggiustamenti e per fornire assistenza se necessario.

- **Gestione delle Emergenze:** Prepara un piano per affrontare eventuali emergenze, come malfunzionamenti del veicolo o condizioni meteorologiche estreme. Questo piano dovrebbe includere misure per garantire il benessere delle galline e per gestire la situazione in modo efficace.

6. Arrivo a Destinazione e Scarico

Una volta arrivato a destinazione, gestisci il processo di scarico con attenzione:

- **Scarico Delicato:** Scarica i contenitori con delicatezza e calma. Evita movimenti bruschi che potrebbero causare stress o lesioni alle galline. Assicurati che l'area di scarico sia pulita e pronta per accogliere le galline.

- **Ispezione Post-trasporto:** Dopo il trasporto, controlla le galline per assicurarti che siano in buone condizioni. Cerca segni di stress, lesioni o malattie e fornisci assistenza immediata se necessario.

- **Adattamento al Nuovo Ambiente:** Permetti alle galline di acclimatarsi al nuovo ambiente gradualmente. Fornisci cibo, acqua e un rifugio sicuro per aiutare le galline a adattarsi senza stress.

In conclusione, le procedure di imballaggio e carico sono essenziali per garantire un trasporto sicuro e confortevole delle galline. Utilizzando contenitori adeguati, adottando tecniche di carico corrette e monitorando attentamente il viaggio, puoi assicurarti che le galline arrivino a destinazione in ottime condizioni e pronte per iniziare la loro nuova vita nel pollaio.

8. Gestione del Trasporto: Tempistiche e Condizioni Ottimali

La gestione del trasporto delle galline ovaiole richiede una pianificazione meticolosa per garantire che gli animali arrivino a destinazione nelle migliori condizioni possibili. La durata e le condizioni del viaggio sono fattori critici che influenzano il benessere delle galline. In questo paragrafo, esploreremo come ottimizzare le tempistiche e le condizioni durante il trasporto, fornendo indicazioni dettagliate per i principianti e suggerimenti avanzati per gli allevatori esperti.

1. Pianificazione delle Tempistiche

La pianificazione delle tempistiche è essenziale per ridurre al minimo lo stress e garantire un trasporto sicuro:

- **Programmazione del Trasporto:** Organizza il trasporto in modo da ridurre al minimo il tempo di viaggio. Pianifica il viaggio in base alla durata stimata e cerca di evitare orari di punta o condizioni meteorologiche estreme. Se possibile, scegli periodi della giornata con temperature più miti, come la mattina presto o la sera.

- **Durata del Viaggio:** Cerca di limitare la durata del viaggio a meno di 6-8 ore per evitare stress e disidratazione. Se il viaggio deve durare più a lungo, pianifica delle soste per controllare lo stato delle galline, fornire acqua e permettere un breve periodo di riposo.

- **Tempistiche di Carico e Scarico:** Programma il carico e lo scarico con precisione. Assicurati che il personale sia pronto e che tutte le attrezzature necessarie siano disponibili. Riduci al minimo i tempi di inattività durante queste fasi per evitare ulteriore stress alle galline.

2. Condizioni Ottimali di Trasporto

Garantire condizioni ottimali durante il trasporto è cruciale per il benessere delle galline:

- **Controllo della Temperatura:** Mantieni la temperatura all'interno del mezzo di trasporto tra 10 e 20 gradi Celsius, evitando temperature estreme che possano causare stress. Utilizza ventilatori o condizionatori se necessario per regolare la temperatura e prevenire il surriscaldamento o l'ipotermia.

- **Ventilazione:** Assicurati che il mezzo di trasporto sia ben ventilato. I fori di ventilazione devono essere sufficienti per garantire un flusso d'aria continuo, riducendo l'accumulo di calore e umidità all'interno del veicolo. Verifica che la ventilazione sia uniforme e che non ci siano zone con aria stagnante.

- **Umidità e Ventilazione:** Mantieni l'umidità a un livello controllato. Evita l'accumulo di umidità all'interno del contenitore, che può portare a malattie respiratorie e disagio per le galline. Usa materiali assorbenti come trucioli di legno o paglia per gestire l'umidità.

3. Monitoraggio e Gestione Durante il Viaggio

Il monitoraggio durante il viaggio è essenziale per garantire la sicurezza delle galline:

- **Controllo Regolare:** Se il trasporto dura più di un paio d'ore, effettua controlli regolari. Verifica lo stato delle galline, controlla i contenitori per eventuali segni di danni o problemi e assicurati che l'ambiente all'interno del mezzo rimanga stabile.

- **Gestione dello Stress:** Riduci al minimo le fonti di stress durante il viaggio. Parla con calma al personale e agli animali, evita movimenti bruschi e fornisci un ambiente tranquillo. Considera l'uso di prodotti anti-stress, come spray calmanti o feromoni, se necessario.

- **Procedure di Emergenza:** Prepara un piano di emergenza per affrontare imprevisti come malfunzionamenti del veicolo o condizioni meteorologiche avverse. Assicurati di avere a disposizione contatti per servizi di emergenza veterinaria e assistenza stradale.

4. Considerazioni Specifiche per Viaggi Lunghi

Per viaggi particolarmente lunghi, considera ulteriori precauzioni per il benessere delle galline:

- **Soste Programmate:** Pianifica soste periodiche per il riposo e il controllo delle galline. Durante queste fermate, fornisci acqua fresca e verifica che le galline non mostrino segni di stress o disidratazione. Se possibile, consenti loro di riposare in un ambiente tranquillo.

- **Contenitori Aggiuntivi:** Per viaggi lunghi, utilizza contenitori aggiuntivi per garantire un'equa distribuzione del carico e per facilitare le soste e le ispezioni. Questo aiuta a evitare sovraffollamento e assicura che ogni gallina abbia spazio sufficiente.

- **Documentazione e Autorizzazioni:** Assicurati di avere tutta la documentazione necessaria per il viaggio, incluse le autorizzazioni per il trasporto di animali e le certificazioni sanitarie. Questi documenti possono essere richiesti durante il percorso e devono essere facilmente accessibili.

5. Arrivo a Destinazione

Una volta arrivati a destinazione, gestisci il processo di scarico con attenzione:

- **Scarico Delicato:** Scarica i contenitori con calma e precisione, evitando movimenti bruschi che potrebbero stressare ulteriormente le galline. Assicurati che l'area di scarico sia pronta e sicura per accogliere le galline.

- **Ispezione Post-trasporto:** Dopo l'arrivo, verifica lo stato delle galline e dei contenitori. Controlla che non ci siano segni di stress o lesioni e fornisci assistenza immediata se necessario.

- **Adattamento al Nuovo Ambiente:** Permetti alle galline di acclimatarsi al nuovo ambiente in modo graduale. Offri cibo, acqua e un rifugio sicuro per aiutare le galline a ambientarsi senza ulteriori stress.

In conclusione, una gestione attenta delle tempistiche e delle condizioni di trasporto è fondamentale per garantire un viaggio sicuro e confortevole per le galline ovaiole. Seguendo queste linee guida dettagliate e adottando precauzioni appropriate, puoi assicurarti che le galline arrivino a destinazione in ottime condizioni e pronte a iniziare la loro nuova vita.

9. Come Ridurre lo Stress Durante il Trasporto delle Galline

Il trasporto delle galline ovaiole è un processo che può essere estremamente stressante per gli animali, e la gestione dello stress è cruciale per garantire il loro benessere e la loro salute. Ridurre lo stress durante il trasporto non solo aiuta a mantenere le galline in buone condizioni fisiche e psicologiche, ma contribuisce anche a migliorare la loro produttività e longevità. In questo paragrafo, esploreremo metodi pratici e tecniche per minimizzare lo stress, fornendo indicazioni dettagliate per allevatori di tutti i livelli di esperienza.

1. Preparazione e Ambientamento

a. Abituare le Galline al Trasporto

Prima di intraprendere un viaggio lungo, è utile abituare gradualmente le galline al trasporto. Inizia con brevi viaggi di prova, aumentando progressivamente la durata del trasporto. Questo processo di acclimatazione aiuta a ridurre l'ansia e a preparare le galline ai viaggi più lunghi. Durante queste sessioni di prova, osserva il comportamento delle galline e fai attenzione ai segni di stress, come il battere delle ali o il rumore eccessivo.

b. Creazione di un Ambiente Familiare

Per minimizzare lo stress, cerca di creare un ambiente il più possibile familiare per le galline. Inserisci nel trasportatore alcuni elementi che potrebbero rassicurare le galline, come pezzi di paglia o trucioli provenienti dal loro pollaio abituale. Questo aiuta a mantenere un certo grado di familiarità e comfort durante il viaggio.

2. Gestione Ambientale Durante il Trasporto

a. Controllo della Temperatura e dell'Umidità

Una gestione adeguata della temperatura e dell'umidità all'interno del mezzo di trasporto è fondamentale. La temperatura ideale per il trasporto delle galline dovrebbe essere mantenuta tra i 10 e i 20 gradi Celsius. Utilizza ventilatori o sistemi di climatizzazione per mantenere una temperatura costante e prevenire surriscaldamenti o ipotermie. Inoltre, assicurati che l'umidità sia controllata, evitando accumuli che potrebbero portare a disagi respiratori.

b. Ventilazione Adeguata

Garantire una ventilazione adeguata è essenziale per il benessere delle galline durante il viaggio. I contenitori devono avere fori di ventilazione sufficienti per permettere un flusso d'aria continuo. Questo non solo previene l'accumulo di calore e umidità, ma riduce anche il rischio di malattie respiratorie. Verifica periodicamente che la ventilazione rimanga efficace durante tutto il viaggio.

3. Tecniche di Manipolazione e Imballaggio

a. Utilizzo di Contenitori Adeguati

Scegli contenitori per il trasporto progettati specificamente per il benessere delle galline. I contenitori dovrebbero essere ben ventilati, con spazio sufficiente per consentire alle galline di muoversi comodamente. L'uso di contenitori di qualità aiuta a ridurre il rischio di stress e lesioni. Assicurati che i contenitori siano facili da maneggiare e che offrano un'adeguata protezione contro le vibrazioni e gli urti.

b. Evitare il Sovraffollamento

Il sovraffollamento può aumentare significativamente lo stress delle galline. Assicurati che ogni contenitore abbia spazio sufficiente per il numero di galline trasportate. Un buon rapporto tra spazio e numero di animali riduce la competizione per spazio e risorse, favorendo un ambiente più sereno.

4. Tecniche di Calma e Riduzione dello Stress

a. Uso di Feromoni e Prodotti Calmanti

L'uso di feromoni o di prodotti calmanti può contribuire a ridurre lo stress durante il trasporto. I feromoni, come quelli in spray o nei diffusori, possono avere un effetto tranquillizzante sugli animali, simulando una condizione di calma. I prodotti calmanti naturali, come alcune erbe o integratori, possono essere aggiunti all'acqua o al cibo delle galline per aiutare a mantenere la calma.

b. Minimizzare i Rumori e i Movimenti Bruschi

Durante il trasporto, cerca di minimizzare i rumori e i movimenti bruschi. Parla con calma e in modo rassicurante al personale che gestisce il trasporto, e assicurati che il veicolo sia guidato con delicatezza. Evita brusche accelerazioni o frenate, che possono spaventare le galline e aumentare il loro livello di stress.

5. Monitoraggio e Controllo Durante il Viaggio

a. Controlli Regolari e Manutenzione

Effettua controlli regolari durante il viaggio per monitorare lo stato delle galline. Verifica la temperatura, l'umidità e le condizioni generali dei contenitori. Controlla anche il comportamento delle galline e cerca segni di stress o disagio. Se noti problemi, effettua le regolazioni necessarie per migliorare il loro comfort.

b. Procedure di Emergenza

Prepara un piano di emergenza per gestire situazioni impreviste, come malfunzionamenti del veicolo o emergenze sanitarie. Assicurati di avere a disposizione un kit di pronto soccorso e di conoscere i contatti per i servizi veterinari di emergenza. Un piano di emergenza ben preparato aiuta a gestire eventuali problemi in modo rapido ed efficiente.

6. Arrivo e Ambientamento a Nuova Destinazione

a. Processo di Scarico Calmo e Delicato

Al momento dell'arrivo, gestisci lo scarico con calma e precisione. Riduci al minimo i movimenti bruschi e assicurati che le galline siano trasferite in un ambiente sicuro e tranquillo. Un processo di scarico tranquillo aiuta a ridurre ulteriormente lo stress e facilita una transizione più agevole al nuovo ambiente.

b. Ambiente di Accoglienza

Prepara l'area di accoglienza per le galline in anticipo. Fornisci cibo e acqua freschi e assicurati che il nuovo ambiente sia privo di stressori. Offri uno spazio tranquillo e sicuro dove le galline possano adattarsi al loro nuovo habitat senza ulteriori preoccupazioni.

In conclusione, ridurre lo stress durante il trasporto delle galline ovaiole richiede una combinazione di preparazione, gestione ambientale e tecniche calmanti. Seguendo queste linee guida dettagliate e adottando un approccio proattivo, puoi garantire un trasporto più sereno e sicuro per le galline, contribuendo al loro benessere generale e alla loro produttività futura.

10. Ispezione e Adattamento delle Galline al Nuovo Ambiente

Il processo di adattamento delle galline al nuovo ambiente è cruciale per garantire il loro benessere e la loro produttività. Una volta arrivate nella loro nuova casa, è essenziale eseguire una serie di passaggi per facilitare il loro acclimatamento e monitorare la loro salute. Questo paragrafo fornisce una guida dettagliata su come effettuare l'ispezione e gestire il periodo di adattamento in modo efficace, assicurandosi che le galline si adattino senza problemi e inizino a stabilirsi comodamente nel loro nuovo habitat.

1. Ispezione Immediata Post-Arrivo

a. Verifica della Condizione Fisica

Subito dopo l'arrivo, è fondamentale effettuare un'ispezione fisica dettagliata delle galline per assicurarsi che siano in buona salute. Controlla attentamente ogni animale per segni di stress, lesioni o malattie. Osserva la pelle e le piume per eventuali segni di parassiti o infezioni. Controlla anche le zampe per eventuali abrasioni o segni di difficoltà nel camminare. Se noti anomalie, isolale e contatta un veterinario per una valutazione più approfondita.

b. Controllo dell'Integrazione nel Gruppo

Se le galline sono state inserite in un gruppo preesistente, osserva le interazioni tra i nuovi arrivi e le galline già presenti. È normale che ci siano dei conflitti iniziali, ma è importante monitorare che non si trasformino in aggressioni gravi. Assicurati che ci siano abbastanza spazi di rifugio e risorse per ridurre la competizione e i conflitti tra gli animali.

2. Preparazione e Ottimizzazione del Nuovo Ambiente

a. Adeguamento del Pollaio

Prima dell'arrivo delle galline, assicurati che il pollaio sia stato preparato in modo adeguato. Verifica che il pollaio sia pulito, ben ventilato e privo di correnti d'aria. Assicurati che ci sia una quantità sufficiente di lettiera, come paglia o trucioli di legno, per fornire un ambiente confortevole e assorbente. Controlla che le aree di nidificazione siano pulite e pronte per l'uso, e che i sistemi di alimentazione e abbeveraggio siano funzionanti e facili da raggiungere.

b. Introduzione Graduale agli Spazi Esterni

Se le galline devono essere introdotte anche agli spazi esterni, come un giardino o un'area di pascolo, è consigliabile farlo gradualmente. Inizia permettendo loro di esplorare l'area esterna per brevi periodi e aumenta gradualmente la durata dell'esposizione. Questo aiuta le galline a familiarizzare con il nuovo ambiente senza sentirsi sopraffatte. Assicurati che l'area esterna sia sicura, priva di predatori e dotata di ripari.

3. Gestione dell'Alimentazione e dell'Acqua

a. Fornitura di Cibo e Acqua

Al momento dell'arrivo, assicurati che le galline abbiano accesso immediato a cibo e acqua freschi. Offri loro una dieta bilanciata e adeguata per la loro età e stato produttivo. Verifica che le mangiatoie e i beverini siano puliti e funzionanti. Inizialmente, è utile monitorare il consumo di cibo e acqua per accertarsi che tutte le galline stiano mangiando e bevendo a sufficienza.

b. Monitoraggio del Comportamento Alimentare

Osserva il comportamento alimentare delle galline. Se noti che alcune galline non mangiano o bevono correttamente, potrebbe essere un segno di stress o di adattamento difficile. In tal caso, verifica se ci sono problemi con la disposizione delle risorse alimentari o con la qualità del cibo e dell'acqua. Intervieni prontamente per risolvere eventuali problemi e assicurarti che tutte le galline abbiano accesso adeguato alle risorse.

4. Monitoraggio della Salute e del Benessere

a. Osservazione Costante

Dedica del tempo ogni giorno per osservare attentamente le galline e monitorare i loro comportamenti e la loro salute. Controlla se ci sono segni di malattie, come perdita di piume, cambiamenti nell'appetito o nel comportamento. Tieni nota di eventuali cambiamenti e comportamenti insoliti per rilevare tempestivamente qualsiasi problema.

b. Interventi Preventivi

Pianifica controlli veterinari regolari e mantieni aggiornato un programma di vaccinazione e di trattamento antiparassitario. Se le galline mostrano segni di malessere, non aspettare che il problema si aggravì; intervieni subito con il supporto di un veterinario specializzato. Un intervento precoce può prevenire la diffusione di malattie e garantire una rapida ripresa.

5. Adattamento e Abitudini

a. Stabilire Routine

Stabilire una routine giornaliera aiuta le galline ad adattarsi più rapidamente al loro nuovo ambiente. Mantieni orari regolari per l’alimentazione e le operazioni di cura, come la pulizia del pollaio. La coerenza nelle routine aiuta le galline a sentirsi più sicure e a ridurre lo stress.

b. Monitoraggio del Comportamento Sociale

Osserva il comportamento sociale delle galline per assicurarti che si integrino bene nel gruppo. Verifica che non ci siano segni di aggressione prolungata o isolamento eccessivo. Se necessario, crea più punti di alimentazione e di abbeveraggio per ridurre la competizione e promuovere un ambiente armonioso.

In sintesi, un'ispezione dettagliata e un adattamento ben gestito sono essenziali per garantire che le galline si acclimatisino senza problemi al loro nuovo ambiente. Seguendo questi passaggi, puoi assicurarti che il periodo di transizione sia il più fluido possibile, contribuendo al benessere generale delle galline e al loro successo a lungo termine nel nuovo habitat.

VI. Alimentazione e Nutrizione

1. Composizione Ideale della Dieta per Galline Ovaiole

La composizione ideale della dieta per galline ovaiole è cruciale per garantire non solo una produzione ottimale di uova, ma anche la salute generale e il benessere degli animali. Le galline ovaiole richiedono una dieta bilanciata che soddisfi le loro esigenze nutrizionali specifiche, che variano in base all'età, al peso e alla fase di produzione. Questo paragrafo esplorerà i principali componenti della dieta e le loro funzioni, fornendo indicazioni pratiche su come strutturare il pasto delle galline per ottenere risultati eccellenti.

Proteine

Le proteine sono fondamentali nella dieta delle galline ovaiole, poiché sono essenziali per la produzione di albumina e guscio dell'uovo, oltre che per il mantenimento della massa muscolare e della salute generale. Le galline ovaiole adulte necessitano di una dieta contenente circa il 16-18% di proteine. Le fonti di protcinc includono farinc di soia, farina di pcscc c di carnc, oltre a legumi e semi oleosi. Ad esempio, una dieta a base di mangime preconfezionato, spesso arricchita con farine proteiche, garantisce un adeguato apporto proteico. È importante monitorare l'assunzione di proteine poiché un eccesso può portare a problemi di salute come il fegato ingrossato o problemi renali.

Carboidrati

I carboidrati forniscono energia alle galline e sono essenziali per il metabolismo. La dieta dovrebbe includere circa il 50-55% di carboidrati, che possono derivare da cereali come mais, orzo, avena e grano. I cereali non solo forniscono energia, ma aiutano anche a migliorare la qualità dell'uovo e l'assorbimento dei nutrienti. Per una dieta equilibrata, si consiglia di integrare i cereali con sorgo o crusca di grano, che offrono ulteriori benefici nutrizionali e aiutano nella digestione.

Grassi

I grassi sono una fonte concentrata di energia e sono necessari per il buon funzionamento della pelle e del piumaggio. Una dieta per galline ovaiole dovrebbe contenere circa il 4-5% di grassi. Le fonti di grassi includono semi oleosi, come semi di girasole e di lino, e oli vegetali. I grassi aiutano anche nell'assorbimento delle vitamine liposolubili, come le vitamine A, D, E e K. È importante scegliere grassi di alta qualità per evitare problemi di digestione o carenze nutrizionali.

Minerali e Vitamine

Una dieta equilibrata deve includere minerali e vitamine essenziali per la salute delle galline e per una buona produzione di uova. Minerali come calcio, fosforo e sodio sono particolarmente importanti. Il calcio è essenziale per la formazione del guscio dell'uovo e dovrebbe essere fornito attraverso fonti come il guscio di ostrica macinato o il carbonato di calcio. Il fosforo aiuta nell'assorbimento del calcio e nella salute delle ossa. Inoltre, le vitamine A, D e E supportano la salute del sistema immunitario e la qualità dell'uovo. Le vitamine possono essere integrate nella dieta tramite mangimi fortificati o supplementi specifici.

Esempi di Miscele e Mangimi

Le miscele di mangimi preconfezionati sono progettate per soddisfare le esigenze nutrizionali delle galline ovaiole. Questi mangimi contengono una combinazione bilanciata di proteine, carboidrati, grassi, minerali e vitamine. È consigliabile scegliere un mangime di alta qualità che includa ingredienti naturali e minimamente lavorati. Per esempio, un mangime completo per galline ovaiole spesso contiene mais, soia, calcio e una miscela di vitamine e minerali. È utile consultare le etichette dei prodotti e seguire le raccomandazioni dei produttori per assicurarsi che il mangime scelto sia adatto alle specifiche esigenze delle proprie galline.

Conclusione

Un'alimentazione ben strutturata e bilanciata è essenziale per mantenere le galline ovaiole in salute e garantire una produzione di uova costante e di alta qualità. Monitorare regolarmente lo stato di salute e il comportamento delle galline può fornire indicazioni su eventuali carenze o eccessi nutrizionali, permettendo così di fare aggiustamenti necessari alla dieta. Con una dieta adeguata, è possibile ottenere il massimo dalle proprie galline ovaiole e assicurare un allevamento produttivo e sostenibile.

2. Tipi di Mangime: Granulato, Pellet e Altri

La scelta del tipo di mangime per le galline ovaiole è una decisione fondamentale per garantire una dieta equilibrata e una produzione ottimale di uova. Esistono diversi formati di mangime, ciascuno con le proprie caratteristiche e vantaggi. Questo paragrafo esplorerà i principali tipi di mangime, inclusi granulato, pellet e altri formati, e discuterà come ciascuno di essi possa influenzare la salute e la produttività delle galline.

Mangime in Granulato

Il mangime in granulato è composto da piccole particelle di alimenti pressati insieme, generalmente in forma di piccoli granuli o crocchette. Questo tipo di mangime è molto comune per le galline ovaiole e presenta numerosi vantaggi.

Vantaggi:

1. **Uniformità:** I granuli hanno una dimensione uniforme, che garantisce che tutte le galline ricevano una quantità consistente di nutrienti con ogni pasto.

2. **Minore Spreco:** La forma compatta riduce la dispersione del mangime e, di conseguenza, lo spreco.

3. **Facilità di Stoccaggio:** I granuli si conservano bene e occupano meno spazio rispetto ad alcuni altri tipi di mangime.

Considerazioni:

- **Adattamento:** Alcune galline potrebbero impiegare un po' di tempo per adattarsi ai granuli, soprattutto se sono state abituate a un formato diverso.

- **Consumo:** È importante monitorare che tutte le galline consumino il mangime in modo uniforme, poiché il granulato può essere più difficile da mangiare per alcune galline, specialmente se sono più giovani o più anziane.

Mangime in Pellet

Il mangime in pellet è formato da piccoli cilindri di cibo pressato che hanno una consistenza più solida rispetto ai granuli. I pellet sono progettati per fornire una dieta equilibrata e sono spesso utilizzati per le galline ovaiole per i loro numerosi benefici.

Vantaggi:

1. **Completezza:** I pellet sono spesso formulati per contenere tutti i nutrienti necessari in una singola porzione, riducendo la necessità di integrazioni aggiuntive.

2. **Digestibilità:** La forma e la consistenza dei pellet possono migliorare la digestione e ridurre i problemi gastrointestinali.

3. **Controllo del Dosaggio:** I pellet offrono un controllo preciso del dosaggio, assicurando che le galline ricevano la giusta quantità di nutrimento.

Considerazioni:

- **Rifiuti:** Alcune galline potrebbero essere più selettive e lasciare dei pellet non consumati, il che può causare rifiuti.

- **Costi:** I pellet possono essere più costosi rispetto ad altri tipi di mangime a causa del processo di produzione e compressione.

Mangime in Farina

Il mangime in farina è una forma di alimentazione meno comune ma comunque utilizzata in alcune situazioni. Questo tipo di mangime è costituito da una miscela di ingredienti macinati e non pressati.

Vantaggi:

1. **Versatilità:** La farina può essere facilmente mescolata con altri ingredienti o integrata in miscele casalinghe.
2. **Costo:** Spesso è meno costosa rispetto ai pellet e ai granuli, rendendola una scelta economica per alcune situazioni.

Considerazioni:

- **Spreco:** La farina può facilmente dispersa e quindi causare uno spreco maggiore.
- **Gestione:** Può essere più difficile da gestire in termini di distribuzione uniforme e può causare polvere.

Mangime Completo vs. Mangime Complementare

È essenziale distinguere tra mangime completo e mangime complementare. Il **mangime completo** fornisce tutti i nutrienti necessari in un'unica formula, mentre il **mangime complementare** deve essere integrato con altri alimenti per soddisfare le esigenze nutrizionali delle galline. Ad esempio, i mangimi completi spesso includono vitamine, minerali e altri integratori per garantire una dieta bilanciata.

Mangime Completo:

- **Composizione:** Contiene una miscela equilibrata di proteine, carboidrati, grassi, vitamine e minerali.
- **Utilizzo:** Ideale per l'uso quotidiano come unico tipo di mangime.

Mangime Complementare:

- **Composizione:** Potrebbe mancare di alcuni nutrienti essenziali e deve essere combinato con altre fonti di alimentazione.
- **Utilizzo:** Utilizzato per integrare la dieta con nutrienti specifici, come calcio o proteine extra.

Conclusione

La scelta del tipo di mangime dipende dalle esigenze specifiche delle galline ovaiole e dalle preferenze dell'allevatore. Ogni formato di mangime presenta vantaggi e svantaggi che devono essere considerati in relazione alla produzione di uova, alla salute delle galline e alla gestione complessiva del pollaio. Scegliere il tipo giusto di mangime e adattarlo alle condizioni specifiche dell'allevamento è cruciale per ottenere il massimo dalla produzione e mantenere le galline in salute.

3. Importanza delle Vitamine e Minerali nella Dieta

Le vitamine e i minerali sono componenti essenziali nella dieta delle galline ovaiole, svolgendo un ruolo cruciale nel mantenimento della loro salute generale e nella produzione di uova di alta qualità. Una dieta equilibrata, arricchita con questi nutrienti, non solo garantisce il benessere delle galline, ma influisce direttamente sulla loro capacità di deporre uova in quantità e qualità ottimale. Questo paragrafo esplorerà in dettaglio l'importanza di ciascuna vitamina e minerale, come influiscono sul benessere delle galline e come assicurarsi che il loro fabbisogno nutrizionale sia adeguatamente soddisfatto.

Vitamine Essenziali

1. **Vitamina A**

La vitamina A è fondamentale per la salute della pelle e delle mucose, nonché per la funzione visiva e la crescita. Essa gioca un ruolo importante nel mantenimento dell'integrità delle membrane mucose e della pelle, prevenendo le infezioni e promuovendo una buona salute degli organi riproduttivi. Una carenza di vitamina A può portare a problemi oculari, come la cecità notturna, e a un sistema immunitario indebolito, aumentando la suscettibilità alle malattie.

Fonti: Alimenti ricchi di beta-carotene, come le carote e le verdure a foglia verde, sono eccellenti fonti di vitamina A. Nei mangimi commerciali, la vitamina A viene spesso aggiunta in forma di integratori per garantire che le galline ricevano il giusto quantitativo.

2. **Vitamina D**

La vitamina D è essenziale per l'assorbimento del calcio e del fosforo, minerali cruciali per la formazione delle ossa e delle uova. Una carenza di vitamina D può causare deformità scheletriche e ridurre la qualità del guscio dell'uovo, portando a uova con gusci fragili. La vitamina D viene prodotta nella pelle delle galline attraverso l'esposizione alla luce solare, ma può anche essere integrata nel mangime.

Fonti: Esposizione alla luce solare diretta e mangimi arricchiti con vitamina D sono le principali fonti. In ambienti chiusi o durante i mesi invernali, potrebbe essere necessario un supplemento.

3. **Vitamina E**

La vitamina E è un potente antiossidante che protegge le cellule dallo stress ossidativo e favorisce una sana funzione riproduttiva. Essa gioca un ruolo cruciale nella prevenzione della degenerazione muscolare e nella protezione del sistema immunitario. La carenza di vitamina E può portare a problemi di fertilità e a debolezza muscolare.

Fonti: Semi, noci, e verdure a foglia verde sono ricchi di vitamina E. Anche in questo caso, la vitamina E è spesso inclusa nei mangimi per garantire un apporto sufficiente.

4. **Vitamina K**

La vitamina K è fondamentale per la coagulazione del sangue e per la salute delle ossa. Essa contribuisce alla sintesi di proteine coinvolte nella coagulazione e nel metabolismo del calcio. Una carenza di vitamina K può causare sanguinamenti e problemi nella formazione del guscio delle uova.

Fonti: Verdure a foglia verde e alcuni semi sono ottime fonti di vitamina K.

Minerali Essenziali

1. **Calcio**

Il calcio è essenziale per la formazione del guscio dell'uovo e per la salute delle ossa. Le galline ovaiole richiedono una quantità elevata di calcio per produrre gusci d'uovo robusti. Una carenza di calcio può portare a gusci sottili e fragili e aumentare il rischio di fratture ossee.

Fonti: Istruzioni per l'integrazione di calcio nei mangimi possono includere l'uso di farina di ossa, calcare, o altre fonti di calcio. È fondamentale monitorare l'assunzione di calcio per evitare sia carenze sia eccessi, che possono influire negativamente sulla salute delle galline.

2. **Fosforo**

Il fosforo lavora sinergicamente con il calcio per la formazione delle ossa e delle uova. È un componente chiave del sistema energetico della cellula e contribuisce alla salute generale e alla produzione di uova. La carenza di fosforo può compromettere la crescita e la qualità del guscio dell'uovo.

Fonti: Il fosforo è presente in molte fonti vegetali e animali. Nei mangimi commerciali, viene spesso aggiunto sotto forma di fosfati per garantire un adeguato apporto.

3. Sodio e Cloro

Il sodio e il cloro sono elettroliti essenziali per il bilancio idrico e l'equilibrio acido-base nel corpo delle galline. Essi sono cruciali per la funzione muscolare e nervosa e per la regolazione della pressione sanguigna. Un apporto insufficiente di questi minerali può portare a problemi di idratazione e squilibri elettrolitici.

Fonti: Il sodio e il cloro sono spesso aggiunti ai mangimi in forma di sale da cucina o sale minerale, e devono essere forniti in quantità appropriate.

Integrazione e Monitoraggio

Per garantire che le galline ricevano tutti i nutrienti necessari, è fondamentale scegliere un mangime di alta qualità che contenga una miscela bilanciata di vitamine e minerali. La consultazione con un nutrizionista avicolo o un veterinario può essere utile per monitorare i livelli nutrizionali e apportare modifiche alla dieta se necessario. Inoltre, l'osservazione dei segni clinici di carenze vitaminiche o minerali può aiutare a identificare e correggere eventuali problemi prima che diventino gravi.

Conclusione

L'adeguata integrazione di vitamine e minerali nella dieta delle galline ovaiole è essenziale per mantenere la loro salute, garantire una buona produzione di uova e prevenire carenze nutrizionali. Scegliere il giusto tipo di mangime e monitorare regolarmente l'assunzione di nutrienti sono passi cruciali per assicurare una dieta bilanciata e ottimale.

4. Sistemi di Alimentazione: Manuali e Automatici

L'alimentazione delle galline ovaiole è uno degli aspetti più cruciali dell'allevamento, influenzando direttamente la loro salute e produttività. La scelta del sistema di alimentazione può variare notevolmente a seconda delle dimensioni dell'allevamento, del budget disponibile e delle esigenze specifiche delle galline. I due principali tipi di sistemi di alimentazione sono manuali e automatici. Ognuno di questi presenta vantaggi e svantaggi che possono influenzare la tua decisione su quale sia il più adatto per il tuo pollaio.

Sistemi di Alimentazione Manuali

I sistemi di alimentazione manuali sono spesso scelti per piccoli allevamenti e per chi preferisce un controllo diretto sull'alimentazione delle proprie galline. Questo metodo è generalmente più economico e richiede meno investimenti iniziali, ma può comportare un maggiore impegno in termini di tempo e lavoro.

1. **Mangimi a Contenitore**

I mangimi a contenitore, come le mangiatoie a gravità, sono tra i sistemi manuali più semplici e utilizzati. Questi contenitori sono progettati per erogare il mangime in base alla domanda delle galline, riducendo gli sprechi e garantendo che le galline abbiano sempre accesso al cibo. Tuttavia, è essenziale controllare regolarmente questi contenitori per evitare che il mangime si sporchi o si deteriori, specialmente in condizioni di alta umidità.

2. **Cibo in Vassoio o Scodella**

Le scodelle e i vassoi sono un altro metodo manuale di alimentazione. Questi sono facili da riempire e pulire, ma possono richiedere un rifornimento frequente e possono essere soggetti a contaminazione da parte di escrementi e detriti. È fondamentale posizionarli in aree pulite e protette per mantenere il cibo igienico e fresco.

3. **Distribuzione Manuale del Cibo**

In alcuni piccoli allevamenti, il cibo viene distribuito manualmente direttamente sul terreno o in contenitori specifici. Questo metodo consente una grande flessibilità nella quantità di cibo fornita e può essere utile per monitorare direttamente l'assunzione di cibo. Tuttavia, è laborioso e può comportare un notevole dispendio di tempo.

Sistemi di Alimentazione Automatici

I sistemi di alimentazione automatici sono progettati per ridurre il tempo e l'impegno richiesti per l'alimentazione, offrendo una soluzione più efficiente e pratica, soprattutto in allevamenti di dimensioni medio-grandi o industriali.

1. **Mangimi a Nastro Trasportatore**

I mangimi a nastro trasportatore sono uno dei sistemi più avanzati e automatizzati. Questi sistemi utilizzano nastri per trasportare il mangime dalle aree di stoccaggio fino ai punti di alimentazione, dove il cibo viene distribuito uniformemente. Questo metodo è altamente efficace per garantire una distribuzione costante del mangime e ridurre gli sprechi. È particolarmente adatto per allevamenti con un gran numero di galline.

2. **Sistemi a Silos e Tube**

I silos e le tube sono utilizzati per immagazzinare grandi quantità di mangime e per distribuirlo automaticamente alle mangiatoie tramite un sistema di tubazioni. Questo metodo riduce la necessità di intervento manuale e assicura che il mangime sia sempre disponibile in quantità adeguata. La gestione e la manutenzione di questi sistemi richiedono un investimento iniziale significativo, ma possono essere molto vantaggiosi a lungo termine per la loro efficienza e affidabilità.

3. **Mangiatrici Automatiche con Sensori**

Le mangiatrici automatiche dotate di sensori regolano l'erogazione del cibo in base alla domanda delle galline. Questi sistemi avanzati possono essere programmati per fornire quantità precise di mangime e possono includere funzioni di monitoraggio per tenere traccia del consumo. Questo approccio riduce al minimo gli sprechi e assicura che ogni gallina riceva la giusta quantità di nutrimento.

Vantaggi e Svantaggi

Vantaggi dei Sistemi Manuali:

- Costi iniziali più bassi.
- Maggiore controllo diretto sull'alimentazione.
- Facile adattamento e modifica della dieta.

Svantaggi dei Sistemi Manuali:

- Richiedono più tempo e lavoro.
- Possibilità di contaminazione e sprechi maggiori.

Vantaggi dei Sistemi Automatici:

- Maggiore efficienza e riduzione del lavoro manuale.
- Distribuzione uniforme e precisa del cibo.

- Riduzione degli sprechi e miglioramento della gestione del mangime.

Svantaggi dei Sistemi Automatici:

- Investimento iniziale elevato.
- Maggiore complessità e necessità di manutenzione.

Conclusione

La scelta tra sistemi di alimentazione manuali e automatici dipende dalle specifiche esigenze del tuo allevamento, dal budget e dalle risorse disponibili. I sistemi manuali possono essere adeguati per piccoli allevamenti e per chi desidera un controllo diretto, mentre i sistemi automatici sono più adatti per allevamenti più grandi e per chi cerca una soluzione più efficiente e meno laboriosa. Considerare attentamente i vantaggi e gli svantaggi di ciascun sistema ti aiuterà a fare una scelta informata che ottimizzerà la salute e la produttività delle tue galline ovaiole.

5. Ruolo delle Proteine nella Produzione di Uova

Le proteine sono un elemento essenziale nella dieta delle galline ovaiole e giocano un ruolo cruciale nella loro salute generale e nella produzione di uova. Questi nutrienti complessi, costituiti da amminoacidi, sono fondamentali per il mantenimento della salute, la crescita e il corretto funzionamento degli organi delle galline, nonché per la produzione di uova di alta qualità. Comprendere l'importanza delle proteine e come ottimizzare il loro apporto può fare una significativa differenza nella produttività e nella qualità dell'ovoproduzione nel tuo allevamento.

Composizione delle Uova e Bisogno Proteico

Un uovo è composto da circa 11% di proteine, la maggior parte delle quali si trova nell'albume, mentre il tuorlo contiene anche grassi e una piccola quantità di proteine. La sintesi di queste proteine richiede una disponibilità adeguata di amminoacidi nella dieta delle galline. La proteina è fondamentale non solo per la formazione dell'albumina e del tuorlo, ma anche per la produzione di albumina nella biacca, la struttura interna dell'uovo, e per le membrane che rivestono il guscio. La carenza di proteine può portare a uova con gusci più sottili e fragili e a una riduzione della produzione complessiva.

Fonti di Proteine nella Dieta delle Galline

Le galline ovaiole possono ottenere proteine da diverse fonti alimentari. È cruciale scegliere mangimi che contengano fonti proteiche di alta qualità e facilmente digeribili per massimizzare l'efficacia nutrizionale.

1. **Farina di Soia**

    - **Composizione e Benefici:** La farina di soia è una delle principali fonti di proteine vegetali e contiene circa il 44-48% di proteine. È ricca di amminoacidi essenziali, come la lisina e la metionina, necessari per una buona produzione di uova. È anche relativamente economica e facilmente disponibile.

    - **Considerazioni:** Tuttavia, è importante trattarla adeguatamente per eliminare i fattori antinutrizionali, come gli inibitori della tripsina, che possono interferire con la digestione delle proteine.

2. **Farina di Pesce**

- **Composizione e Benefici:** La farina di pesce è una fonte proteica animale che contiene circa il 60-70% di proteine. È particolarmente ricca di amminoacidi essenziali e di vitamine del gruppo B. Contribuisce a migliorare la qualità del guscio dell'uovo e ad aumentare la resa produttiva.

- **Considerazioni:** È importante bilanciare l'uso della farina di pesce con altre fonti proteiche per evitare un eccessivo accumulo di minerali come il fosforo e l'azoto nel mangime.

3. **Farina di Lupino**

- **Composizione e Benefici:** La farina di lupino è una buona alternativa alla farina di soia e contiene circa il 30-40% di proteine. È una fonte ricca di amminoacidi essenziali, ma deve essere utilizzata in quantità moderate poiché può contenere sostanze antinutrizionali.

- **Considerazioni:** La farina di lupino può essere integrata con altre fonti proteiche per garantire un equilibrio ottimale di nutrienti.

4. **Sorgo e Mais**

- **Composizione e Benefici:** Sebbene il sorgo e il mais non siano ricchi di proteine rispetto alla soia o alla farina di pesce, sono utilizzati come fonti energetiche nei mangimi. Possono essere combinati con ingredienti più proteici per creare una dieta bilanciata.

- **Considerazioni:** È essenziale mantenere un rapporto bilanciato tra energia e proteine per evitare carenze nutrizionali.

Effetti di una Dieta Adeguata di Proteine sulla Produttività

Una dieta adeguatamente bilanciata in termini di proteine influenza direttamente la produttività delle galline ovaiole. Le galline alimentate con un corretto apporto proteico tendono a:

- **Aumentare la Frequenza della Deposizione:** Le galline ben nutrite con adeguate quantità di proteine producono più uova e possono mantenere un ritmo di deposizione regolare.

- **Migliorare la Qualità dell'Uovo:** Uova con gusci più spessi e albumina più consistente sono indicatori di una dieta proteica ben bilanciata.

- **Sostenere la Salute Generale:** Una buona alimentazione proteica contribuisce a mantenere il sistema immunitario forte, riducendo il rischio di malattie e migliorando il benessere complessivo delle galline.

Considerazioni per l'Allevatore

Per ottimizzare la produzione e la qualità delle uova, è essenziale:

- **Monitorare la Qualità del Mangime:** Assicurarsi che le fonti proteiche siano di alta qualità e privi di contaminanti.

- **Bilanciare la Dieta:** Combinare diverse fonti proteiche per ottenere un apporto bilanciato di amminoacidi e altri nutrienti essenziali.

- **Adattare la Dieta ai Cambiamenti:** Adeguare la dieta in base alle esigenze delle galline in crescita, in fase di deposizione e durante la muta.

In sintesi, una dieta ben formulata che include una quantità adeguata di proteine è essenziale per garantire una produzione di uova ottimale e mantenere la salute generale delle galline ovaiole. Monitorare attentamente l'apporto proteico e adattare la dieta alle esigenze specifiche delle galline contribuirà a ottenere risultati eccellenti nel tuo allevamento.

6. Gestione delle Quantità di Cibo: Come Calcolare le Dosature

La gestione accurata delle quantità di cibo è fondamentale per garantire la salute e la produttività delle galline ovaiole. La corretta dosatura del mangime non solo previene sprechi e costi eccessivi, ma assicura anche che ogni gallina riceva i nutrienti necessari per una crescita ottimale e una produzione costante di uova. Questo paragrafo fornirà una guida dettagliata su come calcolare e gestire le dosature del cibo per ottenere il massimo dai tuoi animali.

Calcolo del Fabbisogno Nutrizionale

Per determinare la quantità di cibo da somministrare, è essenziale calcolare il fabbisogno nutrizionale delle galline ovaiole. Questo fabbisogno varia in base all'età, al peso, al livello di produzione e alle condizioni ambientali. Le linee guida generali includono:

1. **Fabbisogno Energetico:**

   - **Galline in Produzione:** Una gallina in produzione ha un fabbisogno energetico che varia da 2700 a 3000 kcal per kg di mangime. Questo valore può aumentare con il clima freddo o con l'intensificazione della produzione di uova.

   - **Galline in Crescita:** Le galline giovani in fase di crescita richiedono circa 2900 kcal per kg di mangime fino a raggiungere l'età adulta.

2. **Fabbisogno Proteico:**

   - **Galline in Produzione:** Le galline ovaiole adulte necessitano di circa 16-18% di proteine nel loro mangime. Questo valore può variare leggermente in base alla qualità delle uova e al loro stato di salute.

   - **Galline in Crescita:** I pulcini e le galline giovani hanno bisogno di un apporto proteico più alto, generalmente intorno al 20-22%.

Misurazione e Somministrazione del Cibo

1. **Determinazione della Quantità Giornaliera:**

    - **Calcolo per Gallina:** Per una gallina ovaiole adulta, si stima che il fabbisogno giornaliero sia di circa 110-130 grammi di mangime per gallina. Questo valore può variare a seconda dell'attività fisica, del peso e delle condizioni ambientali.

    - **Calcolo Totale:** Moltiplica la quantità giornaliera per il numero totale di galline. Ad esempio, per 50 galline, la quantità totale di mangime giornaliera sarà compresa tra 5,5 e 6,5 kg.

2. **Utilizzo di Sistemi di Somministrazione:**

    - **Manuali:** I sistemi manuali, come i mangiatori a tramoggia, permettono di controllare direttamente la quantità di cibo somministrato e sono particolarmente utili in piccole strutture. Assicurati che i mangiatori siano regolabili e facili da pulire.

    - **Automatici:** I sistemi automatici possono gestire grandi volumi e ridurre il lavoro manuale. Questi includono mangiatori a nastro o a dischi rotanti. Imposta correttamente la frequenza e la quantità di distribuzione per garantire che tutte le galline abbiano accesso al cibo.

Monitoraggio e Adattamento delle Quantità

1. **Osservazione delle Galline:**

    - **Condizioni Fisiche:** Controlla regolarmente il peso e la condizione corporea delle galline. Se noti segni di sovrappeso o sottopeso, potrebbe essere necessario adattare le quantità di cibo somministrato.

    - **Produzione di Uova:** Una diminuzione nella produzione di uova può indicare una carenza di nutrienti o un eccesso di cibo. Regola la dieta in base ai risultati delle osservazioni.

2. **Adeguamento alle Condizioni Ambientali:**

    - **Clima:** In climi più freddi, le galline potrebbero richiedere un apporto energetico maggiore per mantenere la temperatura corporea. Aumenta la quantità di mangime se necessario.

    - **Età e Stadio di Produzione:** Adatta le dosi di cibo in base all'età delle galline e al loro stadio di produzione. Per esempio, le galline in fase di crescita richiedono più proteine rispetto a quelle adulte.

Esempio Pratico di Calcolo

Immagina di avere 30 galline ovaiole e che ogni gallina necessiti di 120 grammi di mangime al giorno. La quantità totale giornaliera di cibo necessaria sarà:

30 galline x 120 grammi = 3600 grammi

Che equivale a 3,6 kg di mangime al giorno. Se il tuo mangime è fornito in sacchi da 25 kg, dovrai calcolare il fabbisogno settimanale e assicurarti di avere una scorta adeguata.

Conclusione

Una gestione efficace delle quantità di cibo richiede una combinazione di calcolo preciso, monitoraggio regolare e adattamento alle esigenze delle galline. Utilizzando sistemi di somministrazione adeguati e osservando attentamente la salute e la produttività degli animali, è possibile ottimizzare la dieta per ottenere una produzione di uova di alta qualità e mantenere il benessere delle galline. Con queste pratiche, potrai garantire che le tue galline ovaiole ricevano il giusto equilibrio di nutrienti e supporto per una crescita e una produzione ottimali.

7. Cibo Fresco e Integrativo: Frutta, Verdura e Altri Supplementi

Per garantire una dieta completa e ben equilibrata alle galline ovaiole, l'inclusione di cibo fresco e integrativo come frutta, verdura e altri supplementi è essenziale. Questi alimenti non solo arricchiscono la dieta con nutrienti aggiuntivi, ma possono anche migliorare il benessere generale e la qualità delle uova. Questo paragrafo esplorerà come integrare efficacemente questi alimenti nella dieta delle galline, con focus su benefici, modalità di somministrazione e precauzioni.

Benefici del Cibo Fresco e Integrativo

1. **Arricchimento Nutrizionale:**

    - **Frutta e Verdura:** Questi alimenti sono ricchi di vitamine, minerali e antiossidanti che completano le necessità nutrizionali delle galline. Ad esempio, le carote sono una fonte eccellente di vitamina A, fondamentale per la salute della pelle e degli occhi delle galline. Le mele e le pere, invece, forniscono vitamine del gruppo B e fibre, contribuendo alla digestione.

    - **Erbe Aromatiche:** Erbe come il prezzemolo e il basilico offrono ulteriori benefici grazie ai loro composti antiossidanti e anti-infiammatori, migliorando la salute generale delle galline.

2. **Stimolazione e Benessere:**

    - **Varietà nella Dieta:** Offrire cibo fresco e vario stimola l'interesse naturale delle galline per il foraggiamento, prevenendo la noia e migliorando il loro benessere psicologico.

    - **Comportamenti Naturali:** Le galline che hanno accesso a frutta e verdura possono esprimere comportamenti naturali come il grattare e il beccare, che sono importanti per il loro sviluppo comportamentale e mentale.

3. **Miglioramento della Qualità delle Uova:**

- **Nutrienti Essenziali:** Alcuni integratori come le alghe marine possono aumentare il contenuto di minerali nelle uova, come calcio e iodio, migliorando la qualità del guscio e la nutrizione dell'uovo stesso.

Tipi di Cibo Fresco e Integrativo e Come Somministrarli

1. **Frutta:**

- **Tipi Consigliati:** Mele, pere, banane, fragole e angurie sono ottime scelte. Assicurati di rimuovere i semi, specialmente quelli delle mele e delle ciliegie, che possono essere tossici se ingeriti in grandi quantità.

- **Modalità di Somministrazione:** Taglia la frutta a pezzi piccoli e offri come spuntino o come parte di un pasto. La frutta dovrebbe costituire al massimo il 10% della dieta giornaliera per evitare squilibri nutrizionali.

2. **Verdura:**

- **Tipi Consigliati:** Carote, zucchine, broccoli, spinaci e cavoli sono altamente nutrienti e ben tollerati dalle galline. Questi alimenti offrono fibre e vitamine essenziali.

- **Modalità di Somministrazione:** Le verdure possono essere somministrate crude o leggermente cotte. Assicurati che siano ben lavate e tagliate in pezzi facilmente ingeribili.

3. **Erbe e Fiori Edibili:**

- **Tipi Consigliati:** Prezzemolo, basilico, menta e calendula sono erbe che possono essere incluse nella dieta. Offrono benefici aggiuntivi come proprietà anti-infiammatorie e digestive.

- **Modalità di Somministrazione:** Le erbe possono essere aggiunte al mangime o offerte come bouquet fresco nel pollaio. Questo incoraggia le galline a foraggiare e a integrare la loro dieta con nutrienti naturali.

4. **Altri Supplementi:**

- **Alghe Marine:** Ricche di minerali, le alghe possono essere mescolate con il mangime per fornire calcio e iodio extra.

- **Semi e Noci:** Semi di girasole e noci (in piccole quantità) possono essere somministrati per aumentare l'apporto di grassi sani e proteine.

Precauzioni e Linee Guida

1. **Quantità e Frequenza:**

   - **Evitare Eccessi:** Anche se il cibo fresco è benefico, non deve superare il 20% della dieta totale. Un eccesso può causare squilibri nutrizionali o problemi digestivi.

   - **Introduzione Graduale:** Introduci nuovi cibi lentamente e osserva le reazioni delle galline. Questo aiuta a prevenire disturbi gastrointestinali e consente di monitorare eventuali reazioni allergiche.

2. **Qualità e Sicurezza:**

   - **Pulizia:** Assicurati che tutti i cibi freschi siano ben lavati e privi di pesticidi. Le verdure e la frutta devono essere fresche e non devono presentare segni di deterioramento o muffa.

   - **Evita Alimenti Tossici:** Alcuni alimenti comuni come cipolle, avocado e patate crude possono essere tossici per le galline. Evita di somministrarli e tieni d'occhio i cibi che potrebbero essere pericolosi.

3. **Bilanciamento della Dieta:**

- **Integrazione Completa:** Anche se i cibi freschi sono ottimi integratori, assicurati che il mangime principale contenga tutti i nutrienti essenziali necessari per una dieta equilibrata.

Conclusione

Incorporare cibo fresco e integrativo come frutta, verdura e altri supplementi nella dieta delle galline ovaiole è un modo eccellente per migliorare il loro benessere e ottimizzare la produzione di uova. Offrendo una varietà di alimenti nutrienti e seguendo le linee guida per una somministrazione sicura e bilanciata, potrai assicurarti che le tue galline ricevano tutto il supporto nutrizionale di cui hanno bisogno per crescere forti e sane. Con una gestione attenta e informata, puoi migliorare significativamente la qualità della vita delle tue galline e la qualità delle uova che producono.

8. Controllo della Qualità e Conservazione del Mangime

La qualità e la conservazione del mangime sono fondamentali per garantire una dieta sana e bilanciata alle galline ovaiole. Un'alimentazione adeguata non solo influisce sulla salute e sul benessere degli animali, ma anche sulla qualità delle uova prodotte. Questo paragrafo esplorerà le pratiche migliori per garantire che il mangime rimanga nutrizionalmente valido e sicuro, fornendo dettagli su come controllare la qualità e conservare il mangime in modo ottimale.

Controllo della Qualità del Mangime

1. **Verifica dell'Integrità del Prodotto:**

- **Data di Scadenza:** Controlla sempre la data di scadenza del mangime prima dell'acquisto e dell'uso. Un mangime scaduto può perdere valore nutrizionale e potenzialmente sviluppare muffe o batteri nocivi.

- **Condizioni del Contenitore:** Assicurati che il contenitore del mangime sia intatto e sigillato. Contenitori danneggiati o aperti possono esporre il mangime all'umidità e all'aria, compromettendo la qualità.

2. **Ispezione Visiva e Sensoriale:**

- **Aspetto e Colore:** Controlla il mangime per eventuali cambiamenti nel colore e nella consistenza. Cambiamenti significativi possono indicare problemi come l'ossidazione o la contaminazione.

- **Odore:** Un mangime di alta qualità dovrebbe avere un odore fresco e gradevole. Odori sgradevoli o rancidi indicano deterioramento e dovrebbero portare al ritiro immediato del prodotto.

3. **Test di Contenuto Nutrizionale:**

- **Analisi di Laboratorio:** Periodicamente, è utile far analizzare il mangime da un laboratorio per verificare la presenza e la concentrazione di nutrienti essenziali come proteine, vitamine e minerali. Questo aiuta a garantire che le galline ricevano tutti i nutrienti necessari per una crescita e una produzione ottimali.

- **Etichetta e Specifiche:** Verifica le etichette dei prodotti per confermare che il mangime soddisfi le specifiche nutrizionali raccomandate per le galline ovaiole. Questo include il contenuto di proteine, calcio, fosforo e altri additivi necessari.

Conservazione del Mangime

1. **Ambiente di Conservazione:**

- **Temperatura:** Conserva il mangime in un luogo fresco e asciutto. Temperature elevate possono accelerare il deterioramento e l'ossidazione degli oli e dei grassi nel mangime.

- **Umidità:** Mantieni il mangime in un ambiente con bassa umidità. L'umidità eccessiva può favorire la crescita di muffe e funghi, che possono contaminare il mangime e rappresentare un rischio per la salute delle galline.

2. **Metodi di Conservazione:**

  - **Contenitori Ermetici:** Utilizza contenitori ermetici e a prova di umidità per conservare il mangime. Questi contenitori aiutano a mantenere il mangime fresco e proteggono contro l'intrusione di parassiti e umidità.

  - **Sistemi di Stoccaggio:** Per grandi quantità di mangime, considera l'uso di silos o serbatoi con sistemi di ventilazione per mantenere una buona circolazione dell'aria e prevenire la formazione di umidità.

3. **Gestione delle Scorte:**

  - **Rotazione delle Scorte:** Adotta un sistema di rotazione delle scorte, utilizzando prima il mangime più vecchio per garantire che venga consumato entro la data di scadenza. Questo aiuta a evitare sprechi e mantiene il mangime sempre fresco.

  - **Controllo Regolare:** Ispeziona regolarmente le scorte di mangime per assicurarti che non ci siano segni di deterioramento, infestazioni o contaminazioni. In caso di problemi, ritira immediatamente il mangime compromesso e sostituiscilo con prodotti freschi.

4. **Prevenzione della Contaminazione:**

- **Igiene e Pulizia:** Mantieni l'area di stoccaggio pulita e ben igienizzata. La pulizia regolare dei contenitori e dell'area di conservazione aiuta a prevenire la contaminazione da parassiti e batteri.
- **Protezione da Parassiti:** Proteggi il mangime da roditori e insetti utilizzando barriere fisiche e trattamenti appropriati. I parassiti possono contaminare il mangime e ridurne la qualità.

Conclusione

Il controllo della qualità e la corretta conservazione del mangime sono essenziali per garantire una dieta sana e sicura per le galline ovaiole. Attraverso la verifica regolare della qualità, la gestione attenta delle scorte e l'adozione di pratiche di conservazione efficaci, puoi assicurarti che le tue galline ricevano un nutrimento ottimale e che il mangime rimanga fresco e nutriente. Investire tempo e attenzione in queste pratiche non solo migliora la salute e la produttività delle galline, ma contribuisce anche a un allevamento sostenibile e di successo.

9. Identificazione e Correzione di Problemi Nutrizionali Comuni

Il corretto equilibrio nutrizionale è essenziale per la salute e la produttività delle galline ovaiole. Tuttavia, anche con le migliori intenzioni, possono sorgere problemi nutrizionali che influenzano la salute delle galline e la qualità delle uova. Questo paragrafo esplorerà i problemi nutrizionali più comuni, i segni indicativi di tali carenze o eccessi, e le strategie per correggerli. Forniremo anche esempi pratici e tecniche per monitorare e gestire la dieta delle galline in modo efficace.

Problemi Nutrizionali Comuni

1. **Carenza di Calcio:**

    - **Segni Indicativi:** Le carenze di calcio possono manifestarsi con gusci d'uovo sottili o fragili, che si rompono facilmente. Le galline possono mostrare segni di aggressività o stress mentre tentano di depositare uova.

    - **Correzione:** Aumenta il contenuto di calcio nella dieta aggiungendo gusci d'ostrica macinati o integratori di calcio. Assicurati che le galline abbiano accesso continuo a una fonte di calcio. Verifica la formulazione del mangime per garantire che contenga la quantità adeguata di calcio per le galline ovaiole.

2. **Carenza di Proteine:**

- **Segni Indicativi:** Una dieta povera di proteine può comportare una riduzione nella produzione di uova e una scarsa qualità delle uova. Le galline possono apparire spente e perdere piumaggio.

- **Correzione:** Incrementa la percentuale di proteine nella dieta con mangimi specifici per galline ovaiole o aggiungendo fonti proteiche come farina di pesce, soia o legumi. Assicurati che il mangime contenga almeno il 16-18% di proteine per supportare una produzione ottimale di uova.

3. **Eccesso di Fosforo:**

- **Segni Indicativi:** Un eccesso di fosforo può causare una carenza di calcio e problemi alle ossa, evidenti attraverso un'andatura zoppicante o deformità scheletriche.

- **Correzione:** Riduci la quantità di fosforo nella dieta equilibrando il mangime con fonti adeguate di calcio e altri minerali. Utilizza mangimi formulati per evitare l'eccesso di fosforo e consulta un nutrizionista avicolo per correggere l'equilibrio minerale.

4. **Carenza di Vitamina D:**

- **Segni Indicativi:** La carenza di vitamina D può causare deformità ossee e una scarsa mineralizzazione del guscio dell'uovo. Le galline possono apparire debilitate e mostrare segni di rachitismo.

- **Correzione:** Aumenta la fornitura di vitamina D con integratori o mangimi arricchiti. Esponi le galline alla luce solare naturale, se possibile, o utilizza lampade UVB per compensare la mancanza di luce solare.

5. **Eccesso di Grassi:**

- **Segni Indicativi:** Un'elevata assunzione di grassi può causare obesità, riduzione della produzione di uova e problemi di salute come il fegato grasso.

- **Correzione:** Riduci la percentuale di grassi nella dieta, optando per mangimi con un contenuto lipidico equilibrato. Assicurati che la dieta contenga un corretto rapporto tra grassi, proteine e carboidrati.

6. **Carenza di Fibre:**

- **Segni Indicativi:** Una dieta povera di fibre può portare a problemi digestivi come la costipazione e la produzione di feci dure. Le galline possono anche mostrare segni di disfunzione digestiva.

- **Correzione:** Aumenta la quantità di fibre nella dieta aggiungendo paglia, fieno o prodotti contenenti fibra come i semi di lino. Verifica che il mangime contenga una buona quantità di fibre per supportare una digestione sana.

7. **Problemi di Metabolismo Minerale:**

   - **Segni Indicativi:** Squilibri nei minerali possono manifestarsi come deperimento generale, ossa fragili o anomalie nella produzione di uova.

   - **Correzione:** Rivedi la formulazione del mangime per garantire un bilanciamento adeguato dei minerali come calcio, fosforo e magnesio. Usa integratori minerali se necessario e consulta un esperto per valutare e correggere la dieta.

Tecniche di Monitoraggio e Correzione

1. **Osservazione Quotidiana:**

   - **Controllo Visivo:** Esamina regolarmente le galline per segni di problemi nutrizionali, come cambiamenti nel piumaggio, comportamento, e produzione di uova.

   - **Registrazione dei Dati:** Tieni un diario delle produzioni e della salute per identificare modelli o cambiamenti che potrebbero indicare problemi nutrizionali.

2. **Test di Analisi:**

- **Campioni di Feci:** Analizza campioni di feci per rilevare problemi digestivi e malassorbimento. I laboratori possono fornire informazioni dettagliate sullo stato nutrizionale delle galline.

- **Esami del Sangue:** Utilizza test ematici per monitorare i livelli di nutrienti e minerali nel sangue delle galline, aiutando a identificare carenze o eccessi.

3. **Consultazione con Esperti:**

- **Nutrizionisti Avicoli:** Consulta specialisti in nutrizione avicola per personalizzare la dieta e risolvere problemi complessi. I nutrizionisti possono aiutarti a formulare un piano alimentare su misura per le esigenze specifiche delle tue galline.

4. **Aggiornamento delle Pratiche Nutrizionali:**

- **Formulazioni Personalizzate:** Modifica la dieta in base ai risultati dei test e delle osservazioni. Usa formulazioni di mangime adattate alle esigenze specifiche del tuo gruppo di galline.

Conclusione

L'identificazione e la correzione dei problemi nutrizionali sono cruciali per mantenere la salute e la produttività delle galline ovaiole. Con una combinazione di osservazione attenta, analisi regolari e interventi correttivi, puoi assicurarti che le galline ricevano una dieta equilibrata che supporti la loro salute e ottimizzi la produzione di uova. Investire tempo e risorse nella gestione nutrizionale non solo migliora il benessere degli animali, ma contribuisce anche alla qualità complessiva dell'allevamento.

10. Piani Alimentari per Diverse Fasi della Vita delle Galline

L'alimentazione delle galline ovaiole deve essere adattata alle diverse fasi della loro vita per garantire che ricevano i nutrienti appropriati per sostenere la loro salute e produttività. Ogni fase della vita di una gallina — dalla crescita alla produzione di uova, fino alla senescenza — richiede un piano alimentare specifico. Questo paragrafo esplorerà come progettare piani alimentari adeguati per ogni stadio della vita delle galline, fornendo esempi pratici e tecniche per ottimizzare la loro salute e produttività.

1. Dieta per Pulcini (0-8 Settimane)

Obiettivi Nutrizionali: I pulcini, nei primi otto settimane di vita, hanno bisogno di una dieta ricca di proteine e nutrienti per supportare una crescita rapida e uno sviluppo sano delle ossa e dei muscoli. In questa fase, è cruciale fornire una dieta che stimoli una crescita equilibrata e prepari il pulcino per la futura produzione di uova.

Composizione della Dieta:

- **Proteine:** Almeno il 20-24% di proteine nel mangime per favorire una crescita ottimale. Le fonti di proteine possono includere farina di pesce, soia e semi di girasole.

- **Calcio e Fosforo:** Livelli bilanciati di calcio e fosforo (1:1) sono essenziali per lo sviluppo scheletrico. Usa mangimi specifici per pulcini che contengano questi minerali in proporzioni adeguate.

- **Vitamine e Minerali:** Integratori di vitamine e minerali, inclusi vitamina A, D e E, devono essere inclusi per garantire un sano sviluppo del sistema immunitario e la funzione metabolica.

Esempio di Mangime: Un mangime per pulcini di alta qualità potrebbe contenere 22% di proteine, 1.2% di calcio, e 0.8% di fosforo. Fornisci il mangime in quantità libere durante il giorno per permettere ai pulcini di mangiare a volontà.

2. Dieta per Galline da Crescita (9-18 Settimane)

Obiettivi Nutrizionali: Durante la fase di crescita, le galline iniziano a sviluppare le loro capacità riproduttive e il loro metabolismo cambia. La dieta deve ora concentrarsi su un bilanciamento tra la crescita e la preparazione per la produzione di uova.

Composizione della Dieta:

- **Proteine:** Riduci gradualmente il contenuto proteico a circa il 16-18%. Le fonti proteiche includono mangimi con farine vegetali e animali.

- **Calcio:** Inizia a incrementare il contenuto di calcio al 1.0% per preparare le galline per la futura deposizione di uova. Aggiungi gusci d'ostrica macinati o calcare al mangime.

- **Fibre e Carboidrati:** Aumenta il contenuto di fibra per migliorare la digestione e prevenire problemi intestinali. Le fibre possono provenire da paglia, fieno e crusca di grano.

Esempio di Mangime: Un mangime per galline da crescita potrebbe contenere 17% di proteine, 1.0% di calcio e 0.7% di fosforo, con un'adeguata aggiunta di fibre.

3. Dieta per Galline in Produzione (18 Settimane e Oltre)

Obiettivi Nutrizionali: Una volta che le galline iniziano a deporre uova, la dieta deve essere ottimizzata per supportare la produzione di uova e mantenere la salute delle galline. Il bilanciamento dei nutrienti deve supportare sia la qualità dell'uovo che la salute generale.

Composizione della Dieta:

- **Proteine:** Mantieni un contenuto proteico del 16-18% per supportare la produzione di uova e la salute dei tessuti.

- **Calcio:** Incrementa il contenuto di calcio al 3-4% per garantire gusci d'uovo forti e prevenire problemi di ossa. Usa mangimi specifici per galline ovaiole o aggiungi integratori di calcio.

- **Vitamine e Minerali:** Fornisci un integratore multivitaminico e minerale per supportare la salute complessiva e la produzione di uova. Controlla in particolare i livelli di vitamina D e B12.

Esempio di Mangime: Un mangime per galline ovaiole potrebbe contenere 16-18% di proteine, 3.5% di calcio e 0.8% di fosforo, con aggiunta di vitamine e minerali essenziali.

4. Dieta per Galline in Senescenza (Oltre 72 Settimane)

Obiettivi Nutrizionali: Le galline anziane possono ridurre la produzione di uova e avere esigenze nutrizionali diverse rispetto alle galline giovani e produttive. La dieta deve essere adattata per mantenere la loro salute e qualità della vita.

Composizione della Dieta:

- **Proteine:** Riduci il contenuto proteico al 14-16%, sufficientemente per mantenere la massa muscolare e il benessere generale senza eccessi.

- **Calcio e Minerali:** Continua a fornire calcio, ma in quantità leggermente ridotte rispetto alle galline in produzione. Monitora i livelli di minerali per prevenire problemi di salute legati all'età.

- **Fibra e Carboidrati:** Aumenta il contenuto di fibre per facilitare la digestione e la mobilità. Usa mangimi ricchi di fibre e considera l'aggiunta di erbe fresche e verdure.

Esempio di Mangime: Un mangime per galline anziane potrebbe contenere 15% di proteine, 2.5% di calcio e 0.7% di fosforo, con un'adeguata quantità di fibre e integratori.

Tecniche di Monitoraggio e Adattamento

1. **Osservazione dei Segnali di Salute:** Monitorare regolarmente le galline per segni di problemi nutrizionali e adattare la dieta di conseguenza. Cambiamenti nella qualità delle uova, comportamento e condizione fisica possono indicare necessità di aggiustamenti.

2. **Aggiornamento delle Formulazioni di Mangime:** Rivedi e aggiorna le formulazioni di mangime in base all'età e alle condizioni di salute delle galline. Collabora con un nutrizionista avicolo per creare piani alimentari su misura.

3. **Test Regolari e Analisi:** Esegui test periodici per verificare la salute e la condizione delle galline. Gli esami del sangue e delle feci possono fornire indicazioni precise su eventuali carenze o eccessi nutrizionali.

Conclusione

Un piano alimentare ben progettato e adattato alle diverse fasi della vita delle galline è essenziale per garantire una salute ottimale e una produzione di uova di alta qualità. Investire tempo e risorse nella gestione nutrizionale delle galline non solo migliora la loro salute e benessere, ma ottimizza anche la produttività e la longevità dell'allevamento.

VII. Gestione del Pollaio: Pulizia e Manutenzione

1. Routine Quotidiana di Pulizia del Pollaio

La pulizia quotidiana del pollaio è fondamentale per mantenere un ambiente sano e ottimale per le galline ovaiole. Una routine ben strutturata non solo previene la diffusione di malattie e infestazioni, ma contribuisce anche al benessere generale degli animali e alla qualità delle uova prodotte. Di seguito vengono dettagliate le pratiche essenziali da seguire per garantire una pulizia efficace e regolare.

1. **Ispezione Iniziale:** Ogni giorno, all'inizio della giornata, è importante effettuare un'ispezione visiva del pollaio. Questo permette di identificare rapidamente eventuali problemi come escrementi accumulati, presenza di parassiti o danni strutturali. Durante questa ispezione, osservate il comportamento delle galline per rilevare segnali di stress o malessere.

2. **Rimozione dei Letti di Lettiera Sporchi:** Rimuovete quotidianamente i letti di lettiera sporchi e sostituite con materiale pulito. Utilizzate attrezzi come rastrelli o pale per raccogliere e smaltire i rifiuti accumulati. La lettiera può essere costituita da paglia, trucioli di legno o materiali simili, che devono essere cambiati regolarmente per evitare la formazione di ammassi umidi o maleodoranti.

3. Pulizia delle Superfici e dei Nidi: Pulite accuratamente le superfici del pollaio, inclusi i nidi e le aree di perlustrazione delle galline. Utilizzate spazzole, panni e detergenti adatti per rimuovere escrementi e sporco. I nidi devono essere ispezionati e ripuliti, e la lettiera al loro interno deve essere sostituita se necessario. Assicuratevi che tutti i materiali utilizzati siano privi di sostanze chimiche nocive e sicuri per gli animali.

4. Controllo e Rifornimento degli Alimenti e Abbeveraggi: Verificate quotidianamente le condizioni degli alimentatori e dei beverini. Pulite e riempite gli abbeveraggi con acqua fresca e cambiata regolarmente. Assicuratevi che il mangime sia conservato in modo sicuro e che non ci siano segni di contaminazione o umidità. Pulite anche gli alimentatori per rimuovere residui di cibo o sporcizia.

5. Ventilazione e Areazione: Controllate il sistema di ventilazione del pollaio per assicurare un'adeguata circolazione dell'aria. L'aria stagnante può favorire la proliferazione di muffe e batteri, rendendo l'ambiente malsano per le galline. Aprite le finestre o le porte per un breve periodo ogni giorno, se possibile, per migliorare la qualità dell'aria all'interno del pollaio.

6. Controllo della Temperatura e dell'Umidità: Monitorate quotidianamente la temperatura e l'umidità all'interno del pollaio. Le condizioni estreme possono influire sulla salute delle galline e sulla qualità delle uova. Utilizzate termometri e igrometri per mantenere i parametri entro intervalli ottimali. Regolate la ventilazione o l'isolamento in base alle necessità stagionali.

7. Smaltimento dei Rifiuti: Assicuratevi di smaltire i rifiuti organici e non organici in modo sicuro e conforme alle normative locali. I rifiuti del pollaio, inclusi escrementi e lettiera sporca, devono essere trattati o compostati in modo appropriato per evitare contaminazioni ambientali.

8. Controllo e Manutenzione degli Attrezzi di Pulizia: Infine, dopo ogni sessione di pulizia, lavate e disinfettate gli attrezzi utilizzati, come secchi, spazzole e pale. Riponeteli in un'area asciutta e pulita per garantire che siano pronti per l'uso successivo. La manutenzione adeguata degli attrezzi previene la proliferazione di batteri e garantisce un'efficace pulizia.

Implementare e mantenere una routine quotidiana di pulizia del pollaio non solo migliora l'ambiente delle galline ma contribuisce significativamente alla loro salute e alla qualità delle loro uova. Con il giusto approccio e attenzione ai dettagli, è possibile garantire un habitat ottimale per le vostre galline ovaiole.

2. Disinfezione e Sanitizzazione: Metodi e Frequenza

La disinfezione e sanitizzazione del pollaio sono elementi cruciali per mantenere un ambiente salubre e prevenire la diffusione di malattie tra le galline ovaiole. Questi processi aiutano a eliminare patogeni, batteri e altri microrganismi dannosi, garantendo un habitat igienico e sicuro per le vostre galline. È essenziale comprendere i metodi adeguati e la frequenza con cui devono essere applicati per ottenere risultati ottimali.

1. Metodi di Disinfezione:

a) Pulizia Preliminare: Prima di applicare qualsiasi prodotto disinfettante, è fondamentale effettuare una pulizia approfondita delle superfici e degli spazi all'interno del pollaio. Rimuovete tutti i letti di lettiera sporchi, residui di cibo e sporcizia accumulata. Utilizzate spazzole dure, scope e raschietti per pulire a fondo tutte le aree, inclusi angoli e fessure. La pulizia preliminare permette ai disinfettanti di essere più efficaci, poiché eliminano i detriti che possono ostacolare l'azione dei prodotti chimici.

b) Scelta del Disinfettante: Scegliete disinfettanti specificamente formulati per uso avicolo. I disinfettanti ad ampio spettro, come quelli a base di iodio o cloro, sono particolarmente efficaci contro una vasta gamma di patogeni. I disinfettanti a base di perossido di idrogeno o acido peracetico possono essere utilizzati per una pulizia profonda e la rimozione di batteri e virus. È importante leggere e seguire le istruzioni del produttore per assicurare una diluizione e applicazione corrette.

c) Applicazione del Disinfettante: Spruzzate il disinfettante su tutte le superfici del pollaio, inclusi pavimenti, pareti, nidi e alimentatori. Utilizzate un nebulizzatore per una copertura uniforme e assicuratevi di raggiungere anche le aree meno accessibili. Lasciate agire il disinfettante per il tempo indicato nelle istruzioni del prodotto, che può variare da pochi minuti a diverse ore, per garantire l'eliminazione completa dei patogeni.

d) Risciacquo e Asciugatura: Dopo il tempo di contatto indicato, risciacquate le superfici con acqua pulita per rimuovere residui di disinfettante, se necessario. Asciugate accuratamente con panni puliti o lasciate asciugare all'aria per prevenire la formazione di umidità, che può favorire la crescita di muffe e batteri.

2. Frequenza della Disinfezione:

a) Disinfezione Ordinaria: Per mantenere un ambiente salubre, eseguite una disinfezione completa del pollaio almeno una volta al mese. Questa pratica è particolarmente importante durante i periodi di alta umidità o cambiamento di stagione, quando i rischi di proliferazione microbica possono aumentare. Assicuratevi di seguire una routine di disinfezione anche dopo ogni ciclo di pulizia approfondita.

b) Disinfezione Straordinaria: In caso di malattia o sospetto di infezione, eseguite una disinfezione straordinaria immediata. Rimuovete tutte le galline e pulite a fondo il pollaio, applicando un disinfettante potente per garantire l'eliminazione dei patogeni. Ripetete il processo se necessario, e monitorate attentamente la salute delle galline dopo il ritorno nel pollaio.

c) Controllo Periodico: Monitorate regolarmente l'ambiente del pollaio per segni di contaminazione o accumulo di sporcizia. Una buona pratica è quella di effettuare controlli settimanali per garantire che non vi siano condizioni favorevoli alla crescita di patogeni. In caso di problemi ricorrenti, aumentate la frequenza della disinfezione e consultate un esperto per valutare eventuali misure aggiuntive.

3. Tecniche Aggiuntive di Sanitizzazione:

a) Uso di Sanitizzanti Naturali: Per chi cerca alternative meno chimiche, i sanitizzanti naturali come l'aceto bianco e il bicarbonato di sodio possono essere utilizzati per la pulizia e la disinfezione leggera. Questi prodotti sono meno aggressivi e possono aiutare a mantenere l'ambiente pulito senza rischi di residui chimici.

b) Pulizia degli Attrezzi: Non dimenticate di pulire e disinfettare regolarmente gli attrezzi utilizzati per la pulizia e la gestione del pollaio, come scope, spazzole e pale. I batteri possono facilmente accumularsi su questi strumenti e trasferirsi nel pollaio se non vengono mantenuti in buone condizioni igieniche.

Adottare questi metodi di disinfezione e sanitizzazione e mantenere una frequenza regolare contribuisce in modo significativo a prevenire le malattie e a garantire un ambiente sano per le galline ovaiole. La cura costante e l'attenzione ai dettagli sono essenziali per la gestione efficace del pollaio e per il benessere complessivo degli animali.

3. Gestione dei Letti di Lettiera: Tipologie e Manutenzione

La gestione dei letti di lettiera è una componente fondamentale per mantenere un ambiente pulito e sano all'interno del pollaio. La lettiera non solo offre comfort alle galline, ma svolge anche un ruolo cruciale nella gestione dell'umidità e nel controllo degli odori. Una corretta scelta e manutenzione dei materiali di lettiera contribuiscono significativamente al benessere degli animali e alla facilità di gestione del pollaio. Questo paragrafo esplorerà le diverse tipologie di lettiera, le loro caratteristiche e le tecniche di manutenzione per garantire un ambiente ottimale.

1. Tipologie di Lettiera:

a) Paglia: La paglia è una delle lettiere più comuni e tradizionali per i pollai. È leggera, facilmente reperibile e fornisce una buona ammortizzazione. Tuttavia, la paglia può trattenere l'umidità e richiede frequenti cambiamenti per evitare la formazione di muffe. Per utilizzarla efficacemente, è consigliabile distribuire uno strato di paglia di almeno 5-10 cm e sostituirla regolarmente per mantenere un ambiente asciutto e privo di odori.

b) Fieno: Il fieno, simile alla paglia, è spesso usato come lettiera e offre un buon isolamento. È particolarmente utile in ambienti più freddi grazie alle sue proprietà isolanti. Tuttavia, come la paglia, può trattenere l'umidità e quindi necessita di sostituzioni frequenti. È consigliabile usare fieno ben asciutto per minimizzare il rischio di formazione di muffa e odori sgradevoli.

c) Trucioli di Legno: I trucioli di legno, spesso derivati da legno di conifere come il pino, sono un'alternativa popolare. Offrono un buon assorbimento e aiutano a controllare gli odori. I trucioli di legno sono meno inclini alla formazione di muffe rispetto alla paglia e al fieno. È importante scegliere trucioli privi di resina e non trattati chimicamente. Sostituite o aggiungete nuovi trucioli quando iniziano a diventare umidi o sporchi.

d) Pellet di Legno: I pellet di legno sono un'altra opzione eccellente per i letti di lettiera. Questi pellet, quando bagnati, si sbriciolano e si trasformano in una lettiera molto assorbente che controlla bene l'umidità e gli odori. I pellet di legno devono essere sostituiti regolarmente e possono richiedere una preparazione preliminare, come l'ammollo in acqua, per renderli più comodi per le galline.

e) Lettiera a Base di Carta: La lettiera a base di carta, come gli stracci o le pellet di carta riciclata, è ecologica e altamente assorbente. È particolarmente adatta per pollai piccoli e ambienti chiusi. Questi materiali possono essere più costosi e meno comuni, ma offrono un ottimo controllo dell'umidità e degli odori. Sostituite la lettiera a base di carta quando diventa visibilmente sporca o umida.

2. Manutenzione dei Letti di Lettiera:

a) Controllo Regolare: Effettuate controlli regolari della lettiera per monitorare l'umidità e la pulizia. Rimuovete le aree sporche e bagnate quotidianamente per prevenire la formazione di cattivi odori e muffe. Un controllo quotidiano aiuta a mantenere un ambiente sano e riduce la necessità di cambiamenti totali frequenti.

b) Sostituzione e Aggiunta di Lettiera: A seconda del tipo di lettiera utilizzata e delle condizioni del pollaio, sarà necessario aggiungere o sostituire la lettiera periodicamente. Per lettiere come la paglia e il fieno, sostituite completamente la lettiera ogni 2-4 settimane o più spesso se necessario. Per trucioli e pellet di legno, monitorate l'usura e aggiungete nuovi materiali quando diventano eccessivamente umidi o sporchi.

c) Prevenzione della Muffa e degli Odori: Per prevenire la muffa e i cattivi odori, è cruciale mantenere una buona ventilazione all'interno del pollaio. Assicuratevi che il pollaio sia ben ventilato e asciutto. L'uso di lettiere assorbenti come i pellet di legno può aiutare a gestire l'umidità in eccesso e controllare gli odori. Se la lettiera inizia a emettere odori sgradevoli, è segnale che deve essere cambiata immediatamente.

d) Pulizia Profonda Periodica: Ogni 4-6 settimane, effettuate una pulizia profonda del pollaio. Rimuovete tutta la lettiera e pulite accuratamente il pavimento e le pareti con un detergente sicuro per gli animali. Dopo la pulizia, applicate un disinfettante per eliminare i patogeni e lasciate asciugare completamente prima di aggiungere nuova lettiera.

e) Controllo della Salute delle Galline: Monitorate regolarmente le galline per eventuali segni di disagio o malattia che possono essere causati da una lettiera inadeguata. La presenza di odori sgradevoli, pelle irritata o condizioni di pelle anomala può indicare problemi con la lettiera. Assicuratevi che la lettiera non causi irritazioni e che le galline abbiano un ambiente pulito e confortevole.

3. Tecniche di Gestione Avanzate:

a) Sistema di Lettiera Profonda: Per pollai più grandi o per allevatori con molte galline, il sistema di lettiera profonda può essere vantaggioso. Questo metodo prevede l'accumulo di strati di lettiera, che, con il tempo, si decomporranno e creeranno un compost naturale. La lettiera profonda può ridurre i costi e il lavoro di pulizia, ma richiede monitoraggio per prevenire accumuli eccessivi di umidità.

b) Lettiera Automatica: In alcune strutture moderne, i sistemi di lettiera automatica sono utilizzati per semplificare la manutenzione. Questi sistemi possono includere nastri trasportatori o rulli che spostano e rimuovono la lettiera sporca in modo regolare, mantenendo un ambiente pulito e riducendo il lavoro manuale.

Una gestione efficace dei letti di lettiera non solo contribuisce al comfort e alla salute delle galline, ma aiuta anche a mantenere un ambiente pulito e a semplificare le operazioni quotidiane del pollaio. Adottare le tecniche e le pratiche appropriate per la scelta e la manutenzione della lettiera garantirà un ambiente salubre e una gestione più agevole del pollaio.

4. Rimozione dei Rifiuti: Tecniche Efficaci e Pratiche

La rimozione dei rifiuti è un aspetto cruciale nella gestione del pollaio, poiché un ambiente sporco può portare a malattie, cattivi odori e un generale malessere delle galline. Eseguire una rimozione dei rifiuti efficace richiede una combinazione di tecniche pratiche e l'adozione di procedure regolari. In questo paragrafo, esploreremo le migliori pratiche per la rimozione dei rifiuti, le attrezzature consigliate e le strategie per mantenere il pollaio pulito e sano.

1. Frequenza della Rimozione dei Rifiuti:

a) Pulizia Quotidiana: La pulizia quotidiana del pollaio è fondamentale per prevenire l'accumulo di rifiuti e mantenere un ambiente igienico. Questa operazione include la rimozione di escrementi, avanzi di cibo e altri detriti che possono accumularsi durante la giornata. Utilizzate una paletta e un secchio per raccogliere i rifiuti e smaltirli in modo sicuro. Per facilitare la pulizia quotidiana, potete posizionare il pollaio su una superficie che permetta di rimuovere facilmente gli escrementi, come una griglia sopraelevata o un pavimento inclinato verso un sistema di raccolta.

b) Pulizia Settimanale: Oltre alla rimozione quotidiana dei rifiuti, effettuate una pulizia più approfondita ogni settimana. Questa operazione comprende la rimozione di lettiera sporca, la pulizia dei mangiatoi e abbeveratoi e la verifica dei sistemi di ventilazione. Rimuovete tutta la lettiera usata, pulite e disinfettate le superfici e sostituite con nuova lettiera. Durante la pulizia settimanale, ispezionate anche le aree meno accessibili, come gli angoli e sotto le strutture, per garantire che non ci siano accumuli di rifiuti.

c) Pulizia Mensile: Una pulizia più approfondita dovrebbe essere effettuata ogni mese. Questa include la rimozione e la sostituzione completa della lettiera, la pulizia e disinfezione dei pavimenti, delle pareti e dei soffitti del pollaio. Controllate e pulite anche i sistemi di ventilazione e le finestre. Una pulizia mensile aiuta a prevenire la formazione di muffe e parassiti e assicura un ambiente salubre per le galline.

2. Tecniche di Rimozione dei Rifiuti:

a) Uso di Attrezzature Adeguate: Utilizzare le attrezzature giuste può semplificare notevolmente la rimozione dei rifiuti. Una paletta o una scopa a lunga maniglia è essenziale per raccogliere gli escrementi e i detriti. Un aspirapolvere per pollaio, progettato specificamente per gestire rifiuti di animali, può essere utile per aree con accumuli significativi di sporco. Per la rimozione della lettiera, un rastrello o una pala robusta facilita la raccolta e il trasporto della lettiera sporca.

b) Sistemi di Raccolta: Implementare un sistema di raccolta dei rifiuti può rendere il processo di pulizia più efficiente. Alcuni allevatori utilizzano sistemi a nastro che trasportano automaticamente la lettiera sporca verso un'area di raccolta. Altri optano per contenitori mobili sotto la zona di lettiera che possono essere facilmente svuotati e puliti. L'installazione di un sistema di raccolta ben progettato riduce il tempo di pulizia e migliora la gestione dei rifiuti.

c) Compostaggio dei Rifiuti: Il compostaggio è una tecnica ecologica per gestire i rifiuti del pollaio. Gli escrementi di gallina, misti con la lettiera usata, possono essere compostati per creare un fertilizzante naturale e ricco di nutrienti per il giardino. Per compostare i rifiuti, disponete un'area dedicata dove accumulare il materiale organico e mescolatelo regolarmente per favorire la decomposizione. Assicuratevi di mantenere un buon equilibrio tra azoto (escrementi di gallina) e carbonio (paglia, fieno) per ottenere un compost di alta qualità.

3. Smaltimento Sicuro dei Rifiuti:

a) Smaltimento dei Rifiuti Organici: I rifiuti organici, come escrementi e lettiera, dovrebbero essere smaltiti correttamente per evitare problemi ambientali e sanitari. Se non compostate i rifiuti, assicuratevi di smaltirli in conformità con le normative locali. Alcuni allevatori optano per raccogliere i rifiuti in sacchi biodegradabili e consegnarli a centri di compostaggio o servizi di raccolta dei rifiuti organici.

b) Pulizia e Disinfezione degli Strumenti: Dopo ogni sessione di rimozione dei rifiuti, pulite e disinfettate tutti gli strumenti utilizzati. Questo include palette, scope, e qualsiasi altro attrezzo per evitare la diffusione di patogeni e mantenere gli strumenti in buone condizioni. Utilizzate soluzioni disinfettanti sicure per gli animali e assicuratevi che gli strumenti siano completamente asciutti prima di riporli.

4. Strategia per la Gestione a Lungo Termine:

a) Pianificazione delle Pulizie: Stabilite un calendario di pulizie regolari e assegnate compiti specifici per garantire che tutte le aree del pollaio siano trattate in modo appropriato. Un buon piano di gestione dei rifiuti riduce il rischio di accumulo e mantiene un ambiente pulito e sano per le galline.

b) Monitoraggio e Valutazione: Monitorate costantemente le condizioni del pollaio e l'efficacia delle tecniche di rimozione dei rifiuti. Valutate regolarmente se sono necessarie modifiche alle vostre pratiche di pulizia o se è necessario aggiornare le attrezzature. Un monitoraggio attento garantisce che le tecniche adottate rimangano efficaci e rispondano alle esigenze in evoluzione del pollaio.

Adottare tecniche efficaci per la rimozione dei rifiuti e mantenere una routine di pulizia regolare non solo contribuisce alla salute e al benessere delle galline, ma migliora anche l'efficienza operativa del pollaio. Con una gestione accurata dei rifiuti, è possibile garantire un ambiente pulito, ridurre i rischi di malattie e ottimizzare le condizioni di vita per le galline.

5. Controllo e Prevenzione degli Infestanti nel Pollaio

Il controllo e la prevenzione degli infestanti sono essenziali per mantenere la salute e il benessere delle galline ovaiole e per garantire un ambiente produttivo e igienico. Gli infestanti possono includere parassiti esterni, come pulci e zecche, e parassiti interni, come vermi e protozoi. Un programma di gestione efficace dei parassiti aiuta a prevenire infezioni, malattie e riduce l'impatto negativo sulla produzione di uova. In questo paragrafo, esploreremo le migliori pratiche per il controllo e la prevenzione degli infestanti, comprese le tecniche di monitoraggio, le misure preventive e le soluzioni di trattamento.

1. Identificazione degli Infestanti:

a) Parassiti Esterni: I parassiti esterni, come pulci, zecche, e acari, sono comuni nel pollaio e possono causare prurito, irritazioni cutanee e infezioni secondarie. Segni di infestazione includono piumaggio opaco, pelle irritata, e comportamenti anomali come il beccaggio eccessivo delle piume. Gli acari della polvere e degli uccelli, che vivono nella lettiera e nel piumaggio delle galline, sono particolarmente problematici. Identificare precocemente questi parassiti permette di intervenire rapidamente per evitare un'ulteriore diffusione.

b) Parassiti Interni: I parassiti interni, come vermi intestinali e protozoi, possono causare sintomi come perdita di peso, diarrea, e ridotta produzione di uova. I vermi più comuni includono ascaridi, tricocefali e coccidi. La presenza di parassiti interni può essere rilevata attraverso esami delle feci o comportamenti anomali delle galline.

2. Tecniche di Monitoraggio:

a) Ispezioni Visive: Eseguite ispezioni visive regolari delle galline e del pollaio per individuare segni di infestazione. Controllate attentamente il piumaggio, la pelle, e le aree intorno agli occhi e alle orecchie delle galline. Durante le ispezioni, verificate anche la lettiera e gli spazi interni del pollaio per la presenza di parassiti esterni.

b) Esami delle Feci: Effettuate esami delle feci periodici per rilevare la presenza di parassiti interni. Potete utilizzare kit per analisi delle feci o inviare campioni a laboratori specializzati. Un'analisi regolare aiuta a monitorare la salute interna delle galline e a individuare infestazioni precoci.

c) Monitoraggio Ambientale: Controllate regolarmente l'ambiente del pollaio per identificare fattori che potrebbero favorire la proliferazione di parassiti. Un'attenzione particolare va dedicata alla lettiera, all'umidità e alle aree di accumulo di rifiuti, che possono ospitare e nutrire parassiti.

3. Misure Preventive:

a) Pulizia e Manutenzione: Mantenere il pollaio pulito e ben mantenuto è cruciale per prevenire infestazioni. Rimuovete regolarmente i rifiuti e la lettiera contaminata, e disinfettate le superfici e le attrezzature. Un ambiente pulito riduce i luoghi di nidificazione per i parassiti e limita le loro opportunità di proliferazione.

b) Rotazione della Lettiera: Utilizzare una rotazione della lettiera e cambiare frequentemente i materiali di lettura può ridurre la possibilità di accumulo di parassiti. Assicuratevi di smaltire correttamente la lettiera usata e di introdurre sempre materiale fresco e pulito.

c) Controllo dell'Umidità: I parassiti prosperano in ambienti umidi. Assicuratevi che il pollaio sia ben ventilato e che l'umidità sia mantenuta a livelli bassi. Utilizzate deumidificatori o ventilatori se necessario per mantenere un ambiente asciutto.

d) Isolamento delle Nuove Galline: Quando introducete nuove galline nel pollaio, isoletele in una zona separata per un periodo di quarantena. Questo permette di monitorare le nuove aggiunte per eventuali segni di infestazione e previene la diffusione di parassiti nel pollaio esistente.

4. Trattamenti e Soluzioni:

a) Trattamenti Ectoparassitari: Per i parassiti esterni come pulci e acari, utilizzate trattamenti specifici come polveri antiparassitarie, spray e bagni medicati. Seguite sempre le istruzioni del produttore e assicuratevi di trattare anche l'ambiente del pollaio per eliminare eventuali focolai di infestazione.

b) Antiparassitari Interni: Per i parassiti interni, utilizzate vermifughi e altri trattamenti specifici raccomandati da veterinari specializzati. I trattamenti dovrebbero essere somministrati seguendo i dosaggi e le frequenze consigliate. Monitorate la risposta delle galline al trattamento e ripetete se necessario.

c) Prevenzione delle Recidive: Dopo un trattamento, continuate a monitorare regolarmente le galline e il pollaio per prevenire recidive. Implementate le misure preventive descritte sopra per ridurre la probabilità di reinfestazioni e mantenere un ambiente sano.

5. Pianificazione a Lungo Termine:

a) Programma di Gestione dei Parassiti: Stabilite un programma di gestione dei parassiti a lungo termine che includa ispezioni regolari, trattamenti preventivi e strategie di controllo ambientale. Questo programma dovrebbe essere adattato alle specifiche esigenze del vostro pollaio e alle condizioni ambientali locali.

b) Formazione e Aggiornamento: Educatevi sulle nuove pratiche di gestione dei parassiti e aggiornate regolarmente le vostre tecniche in base alle ultime ricerche e alle raccomandazioni veterinarie. La formazione continua è essenziale per garantire che il vostro programma di controllo dei parassiti rimanga efficace e rilevante.

Il controllo e la prevenzione degli infestanti richiedono un approccio sistematico e continuo. Con la giusta combinazione di monitoraggio, misure preventive e trattamenti mirati, è possibile mantenere il pollaio libero da infestazioni e garantire la salute e il benessere delle vostre galline ovaiole.

6. Manutenzione delle Strutture e Attrezzature del Pollaio

La manutenzione delle strutture e delle attrezzature del pollaio è fondamentale per garantire un ambiente sicuro, sano e funzionale per le galline ovaiole. Una manutenzione regolare non solo migliora le condizioni di vita delle galline, ma contribuisce anche a prevenire problemi di salute e a ottimizzare la produzione di uova. Questo paragrafo esplorerà le pratiche essenziali per mantenere in buono stato le strutture e le attrezzature del pollaio, offrendo suggerimenti pratici e tecniche per garantire che tutto funzioni in modo efficiente e duraturo.

1. Manutenzione delle Strutture del Pollaio:

a) Controllo e Riparazione della Struttura: La struttura del pollaio, inclusi i muri, il tetto e le fondamenta, deve essere controllata regolarmente per individuare danni o segni di usura. Le riparazioni tempestive sono cruciali per evitare problemi più gravi in futuro. Esaminate le travi del tetto per verificare perdite o danni, e controllate i muri e le fondamenta per crepe o segni di deterioramento. Utilizzate materiali di riparazione adatti e seguite le migliori pratiche di costruzione per garantire che il pollaio rimanga sicuro e resistente.

b) Ispezione delle Porte e delle Finestre: Le porte e le finestre del pollaio devono essere funzionanti correttamente per garantire una buona ventilazione e sicurezza. Verificate che le porte si chiudano e si aprano facilmente e che le cerniere e le serrature siano ben funzionanti. Controllate le finestre per accertarvi che non ci siano spifferi e che il vetro o la griglia siano integri. Sostituite o riparate le parti danneggiate per mantenere un ambiente protetto e ben ventilato.

c) Manutenzione del Sistema di Ventilazione: Il sistema di ventilazione del pollaio è essenziale per mantenere una buona qualità dell'aria e prevenire l'accumulo di umidità e ammoniaca. Pulite regolarmente le griglie e i filtri di ventilazione e verificate che i ventilatori funzionino correttamente. Assicuratevi che le aperture di ventilazione non siano ostruite e che l'aria possa circolare liberamente all'interno del pollaio.

2. Manutenzione delle Attrezzature del Pollaio:

a) Controllo e Pulizia degli Abbeveratoi: Gli abbeveratoi devono essere mantenuti puliti e in buone condizioni per garantire che le galline abbiano sempre accesso a acqua fresca e pulita. Pulite gli abbeveratoi regolarmente per rimuovere alghe, detriti e residui di minerali. Verificate che non ci siano perdite o malfunzionamenti e sostituite le parti danneggiate. Utilizzate detergenti non tossici e sciacquate bene per evitare contaminazioni.

b) Manutenzione dei Mangimi e delle Mangiatoie: Le mangiatoie devono essere controllate e pulite regolarmente per prevenire l'accumulo di residui di mangime e ridurre il rischio di infestazioni. Verificate che le mangiatoie non siano bloccate e che il meccanismo di distribuzione del mangime funzioni correttamente. Rimuovete il mangime in eccesso e pulite la mangiatoia con detergenti sicuri e adatti all'uso alimentare.

c) Cura dei Nidi e delle Uova: I nidi devono essere puliti e ben mantenuti per garantire che le galline possano deporre le uova in un ambiente igienico. Ispezionate regolarmente i nidi per assicurarsi che non ci siano segni di infestazioni o deterioramento. Rimuovete le uova raccolte quotidianamente e pulite i nidi se necessario. Utilizzate materiali di riempimento puliti e sostituite quelli contaminati o usurati.

3. Manutenzione del Sistema di Riscaldamento e Raffreddamento:

a) Verifica e Pulizia dei Riscaldatori: Se il vostro pollaio utilizza riscaldatori per mantenere una temperatura adeguata durante i periodi freddi, assicuratevi che siano controllati e puliti regolarmente. Rimuovete la polvere e i detriti dai riscaldatori e verificate che funzionino correttamente. Effettuate controlli periodici e riparate o sostituite i componenti difettosi per garantire una temperatura costante e sicura per le galline.

b) Manutenzione dei Sistemi di Raffreddamento: Se utilizzate ventilatori o sistemi di raffreddamento per gestire il calore estivo, assicuratevi che siano puliti e operativi. Pulite le pale dei ventilatori e verificate che non ci siano ostruzioni che potrebbero ridurre l'efficacia del raffreddamento. Assicuratevi che i sistemi di raffreddamento siano in buone condizioni e sostituite le parti usurate o danneggiate.

4. Manutenzione delle Attrezzature di Pulizia:

a) Cura degli Strumenti di Pulizia: Gli strumenti di pulizia, come scope, rastrelli e spazzole, devono essere mantenuti in buone condizioni e puliti regolarmente. Rimuovete i residui di lettiera e altri detriti dagli strumenti dopo ogni utilizzo e verificate che siano privi di danni. Riparate o sostituite gli strumenti danneggiati per mantenere l'efficacia della pulizia.

b) Conservazione delle Attrezzature: Conservate le attrezzature di pulizia in un luogo asciutto e protetto per evitare la formazione di ruggine e deterioramento. Assicuratevi che gli utensili siano asciutti e privi di umidità prima di riporli, e utilizzate scaffali o contenitori per tenerli organizzati e facilmente accessibili.

5. Pianificazione della Manutenzione:

a) Creazione di un Piano di Manutenzione: Stabilite un piano di manutenzione regolare che includa controlli periodici, pulizie e riparazioni. Documentate le scadenze e i compiti di manutenzione per garantire che tutte le aree del pollaio e le attrezzature siano gestite in modo sistematico. Utilizzate un calendario o un software di gestione per pianificare e monitorare le attività di manutenzione.

b) Formazione e Coinvolgimento del Personale: Se più persone sono coinvolte nella gestione del pollaio, assicuratevi che tutti siano formati sulle pratiche di manutenzione e sull'importanza di mantenere le strutture e le attrezzature in buone condizioni. Un team ben informato può aiutare a prevenire problemi e a garantire che le attività di manutenzione siano eseguite correttamente.

La manutenzione regolare delle strutture e delle attrezzature del pollaio è essenziale per garantire un ambiente sano e produttivo per le galline ovaiole. Seguendo le pratiche descritte e mantenendo un programma di manutenzione organizzato, è possibile assicurarsi che il pollaio rimanga funzionale e che le galline possano prosperare in un ambiente ben curato.

7. Pulizia delle Attrezzature di Alimentazione e Abbeveraggio

La pulizia delle attrezzature di alimentazione e abbeveraggio è un aspetto cruciale nella gestione di un pollaio sano ed efficiente. Un'adeguata igiene di queste attrezzature non solo previene malattie e contaminazioni, ma contribuisce anche al benessere generale delle galline e alla qualità delle uova prodotte. Questo paragrafo fornisce una guida dettagliata e pratica per la pulizia e la manutenzione delle mangiatoie e degli abbeveratoi, assicurando che le galline ricevano cibo e acqua in condizioni ottimali.

1. Pulizia degli Abbeveratoi

a) Rimozione e Smaltimento dell'Acqua Residua: Prima di iniziare la pulizia, svuotate completamente l'abbeveratoio da ogni residuo d'acqua. Questo è un passo fondamentale per evitare la proliferazione di alghe e batteri. Utilizzate un contenitore per raccogliere l'acqua residua e, se possibile, smaltitela lontano dall'area di allevamento per evitare contaminazioni.

b) Smontaggio e Pulizia: Molti abbeveratoi possono essere smontati in parti separate. Smontate tutte le componenti rimovibili, come i beccucci e i coperchi. Utilizzate una spazzola a setole morbide e acqua calda con un detergente non tossico per rimuovere alghe, incrostazioni e residui di minerali. Per i depositi più ostinati, una soluzione di aceto bianco può essere efficace. Risciacquate bene tutte le parti per eliminare qualsiasi traccia di detergente.

c) Disinfezione: Una volta pulite, disinfettate le parti dell'abbeveratoio con una soluzione di disinfettante sicuro per gli animali, seguendo le istruzioni del produttore. Un'opzione comune è una soluzione di candeggina diluita (1 parte di candeggina per 10 parti di acqua). Assicuratevi di risciacquare abbondantemente con acqua pulita dopo la disinfezione per rimuovere qualsiasi residuo chimico.

d) Asciugatura e Rimontaggio: Asciugate tutte le parti dell'abbeveratoio con un panno pulito e asciutto o lasciatele asciugare all'aria in un luogo ben ventilato. Rimontate l'abbeveratoio solo quando tutte le parti sono completamente asciutte per prevenire la formazione di muffa e batteri. Riposizionate l'abbeveratoio nella gabbia o nell'area di alimentazione.

2. Pulizia delle Mangiatoie

a) Rimozione del Mangime Vecchio: Rimuovete tutto il mangime residuo dalla mangiatoia. Questo aiuterà a prevenire l'accumulo di muffa e batteri. Se possibile, raccogliete il mangime rimasto e smaltitelo in modo appropriato, evitando di disperderlo nell'ambiente circostante.

b) Pulizia e Disinfezione: Utilizzate una spazzola a setole morbide o un raschietto per rimuovere eventuali residui di mangime incrostati. Lavate la mangiatoia con acqua calda e detergente non tossico. Per disinfettare, potete utilizzare soluzioni come acido citrico o una miscela di acqua e perossido di idrogeno (H_2O_2) in proporzioni sicure. Assicuratevi di risciacquare abbondantemente con acqua pulita per eliminare tutti i residui di detergente o disinfettante.

c) Controllo delle Parti e Riparazioni: Ispezionate la mangiatoia per eventuali segni di usura o danni. Controllate le componenti come le griglie di protezione e i meccanismi di distribuzione del mangime. Sostituite o riparate le parti danneggiate per garantire un'alimentazione continua e sicura per le galline.

d) Asciugatura e Riposizionamento: Asciugate la mangiatoia con un panno pulito e asciutto, oppure lasciatela asciugare all'aria in un luogo asciutto. Assicuratevi che sia completamente asciutta prima di riempirla nuovamente con il mangime. Una mangiatoia asciutta previene la formazione di muffa e batteri e mantiene il mangime fresco e appetibile per le galline.

3. Frequenza della Pulizia

a) Routine Quotidiana: Eseguite una pulizia superficiale degli abbeveratoi e delle mangiatoie ogni giorno, rimuovendo residui di cibo e acqua e controllando eventuali segni di contaminazione o usura. Questo aiuta a mantenere un ambiente igienico e a prevenire problemi prima che diventino gravi.

b) Pulizia Settimanale: Ogni settimana, effettuate una pulizia approfondita come descritto nei paragrafi precedenti. Assicuratevi di disinfettare tutte le attrezzature e di controllare attentamente tutte le parti per eventuali segni di danni o accumulo di residui.

c) Controlli Mensili: Una volta al mese, eseguite una verifica completa delle condizioni generali degli abbeveratoi e delle mangiatoie, comprese eventuali riparazioni necessarie e sostituzioni di parti usurate. Questo aiuta a garantire che tutte le attrezzature funzionino correttamente e che le galline abbiano sempre accesso a cibo e acqua di alta qualità.

La pulizia regolare delle attrezzature di alimentazione e abbeveraggio è essenziale per mantenere la salute e il benessere delle galline ovaiole. Implementando queste pratiche e mantenendo un programma di pulizia sistematico, è possibile garantire che il pollaio rimanga un ambiente sano e produttivo.

8. Controllo della Ventilazione e Gestione dell'Umidità

Un corretto controllo della ventilazione e della gestione dell'umidità sono essenziali per mantenere un ambiente salubre all'interno del pollaio. La qualità dell'aria, la regolazione della temperatura e il mantenimento di livelli di umidità appropriati sono tutti fattori cruciali che influenzano la salute delle galline ovaiole, la loro produttività e il comfort generale del pollaio. Questo paragrafo esplora le migliori pratiche e tecniche per gestire efficacemente la ventilazione e l'umidità nel pollaio.

1. Importanza della Ventilazione

a) Benefici della Ventilazione Adeguata: Una ventilazione efficace aiuta a mantenere l'aria fresca e a ridurre la concentrazione di ammoniaca, che può derivare dalle deiezioni delle galline. Inoltre, contribuisce a prevenire l'accumulo di umidità e condensa, riducendo il rischio di malattie respiratorie e problemi di pelle. Una buona ventilazione è cruciale anche per mantenere temperature stabili e un ambiente sano.

b) Tipologie di Ventilazione: Ci sono due principali tipi di ventilazione per i pollai: naturale e meccanica. La ventilazione naturale utilizza aperture, come finestre e ventilatori a soffitto, per consentire il flusso d'aria attraverso il pollaio. La ventilazione meccanica impiega ventilatori elettrici per forzare l'aria attraverso il pollaio, particolarmente utile in strutture chiuse o durante condizioni climatiche estreme. La scelta tra ventilazione naturale e meccanica dipende dalle dimensioni del pollaio, dal clima e dalle risorse disponibili.

c) Installazione e Manutenzione dei Sistemi di Ventilazione: Installate le aperture e i ventilatori in punti strategici per garantire un flusso d'aria uniforme. Le finestre dovrebbero essere posizionate in modo da favorire la ventilazione trasversale, mentre i ventilatori devono essere installati ad altezza adeguata per evitare il soffio diretto sulle galline. Effettuate controlli regolari per assicurare che le aperture e i ventilatori funzionino correttamente e che non siano ostruiti da sporco o detriti.

2. Gestione dell'Umidità

a) Effetti dell'Umidità Elevata: L'umidità eccessiva nel pollaio può portare alla formazione di muffa e funghi, che possono causare problemi respiratori e malattie per le galline. L'umidità elevata può anche provocare un ambiente scivoloso, aumentando il rischio di lesioni e cadute. Inoltre, contribuisce a una temperatura interna più alta, che può stressare gli animali.

b) Metodi per Ridurre l'Umidità: Per mantenere l'umidità sotto controllo, è fondamentale una ventilazione adeguata, che aiuta a dissipare l'umidità e a mantenere l'aria secca. Usare lettiera assorbente, come il truciolo di legno o la paglia, può aiutare a gestire l'umidità proveniente dalle deiezioni delle galline. È utile anche utilizzare deumidificatori in ambienti particolarmente umidi e assicurarsi che le strutture di drenaggio del pollaio siano efficienti.

c) Monitoraggio e Controllo dell'Umidità: Installa strumenti di monitoraggio dell'umidità, come igrometri, per tenere sotto controllo i livelli di umidità nel pollaio. I livelli ideali di umidità dovrebbero essere mantenuti tra il 50% e il 70%. Regolare i sistemi di ventilazione e di riscaldamento in base ai dati raccolti dai sensori di umidità aiuterà a mantenere un ambiente stabile. In condizioni di alta umidità, considerare l'uso di ventilatori aggiuntivi o deumidificatori per abbassare l'umidità.

3. Prevenzione di Problemi Relativi alla Ventilazione e all'Umidità

a) Manutenzione dei Sistemi di Ventilazione: Effettuate una manutenzione regolare dei ventilatori e delle aperture, pulendoli e verificando che non ci siano ostruzioni. I ventilatori devono essere ispezionati per garantire che non ci siano componenti usurati o danneggiati che possano compromettere la loro efficienza.

b) Gestione della Lettiera e del Drenaggio: Controllate regolarmente la lettiera per assicurare che non sia umida o ammuffita. Sostituite la lettiera bagnata con nuova lettiera asciutta e mantenete il sistema di drenaggio pulito e funzionante per evitare l'accumulo di acqua stagnante.

c) Monitoraggio del Microclima: Mantenete un registro delle condizioni ambientali del pollaio, annotando le variazioni di temperatura e umidità. Questo vi aiuterà a identificare eventuali problemi in anticipo e a prendere provvedimenti correttivi tempestivi.

Implementare queste pratiche di gestione della ventilazione e dell'umidità aiuterà a creare un ambiente ottimale per le galline ovaiole, favorendo la loro salute e produttività. Con una ventilazione adeguata e un controllo efficace dell'umidità, è possibile garantire un pollaio sano e confortevole per gli animali.

9. Rimozione dei Focolai di Malattie e Misure di Prevenzione

La rimozione dei focolai di malattie e l'implementazione di misure preventive sono essenziali per mantenere un pollaio sano e per garantire la produttività e il benessere delle galline ovaiole. Un ambiente pulito, una corretta gestione e una rapida risposta ai segnali di malattia sono fondamentali per prevenire e contenere le infezioni. In questo paragrafo, esploreremo strategie efficaci per identificare e rimuovere i focolai di malattia, oltre a misure preventive che possono essere adottate per proteggere le vostre galline.

1. Identificazione dei Focolai di Malattie

a) Segnali di Malattia: Per prevenire la diffusione delle malattie, è fondamentale riconoscere i segnali precoci. Le galline malate possono presentare sintomi come perdita di appetito, letargia, cambiamenti nel colore e nella consistenza delle feci, piumaggio arruffato e abbassamento della produzione di uova. Osservate regolarmente il comportamento e la salute delle vostre galline, annotando qualsiasi cambiamento che potrebbe indicare una malattia.

b) Ispezione e Diagnosi: Effettuate ispezioni quotidiane del pollaio e delle galline per identificare eventuali segni di malattia. Utilizzate strumenti diagnostici, come termometri e test rapidi, per confermare la presenza di malattie comuni, come la coccidiosi o l'influenza aviaria. Consultate un veterinario avicolo per confermare la diagnosi e ottenere consigli specifici sui trattamenti appropriati.

c) Isolation e Trattamento: Isolate immediatamente le galline malate per prevenire la diffusione della malattia. Fornite loro un'area separata con cibo e acqua freschi e monitoratele attentamente. Seguite le raccomandazioni del veterinario per il trattamento, che può includere farmaci, cambiamenti nella dieta o altre terapie specifiche. Assicuratevi di disinfettare le aree e le attrezzature utilizzate per il trattamento.

2. Rimozione dei Focolai di Malattia

a) Pulizia e Disinfezione: Una volta identificato e trattato un focolaio di malattia, è cruciale eseguire una pulizia e disinfezione approfondita del pollaio. Rimuovete e smaltite la lettiera contaminata e pulite a fondo le superfici con detergenti e disinfettanti approvati per uso avicolo. La disinfezione dovrebbe includere tutti gli angoli del pollaio, le attrezzature, i mangiatoie e le abbeveratoi.

b) Rimozione dei Resti Infetti: Disfatevi dei resti di alimenti e lettiera contaminati seguendo le linee guida sanitarie per evitare il rischio di contaminazione. Smaltite i rifiuti in modo sicuro e, se necessario, utilizzate servizi di smaltimento specializzati. Assicuratevi di trattare i materiali contaminati con disinfettanti per ridurre il rischio di diffusione della malattia.

c) Monitoraggio e Controllo: Dopo la rimozione di un focolaio di malattia, monitorate attentamente le galline rimanenti per assicurare che non ci siano ulteriori segni di infezione. Continuate a mantenere un regime di pulizia regolare e a ispezionare frequentemente il pollaio per prevenire la ricomparsa della malattia.

3. Misure di Prevenzione

a) Programma di Vaccinazione: Implementate un programma di vaccinazione regolare per le vostre galline, seguendo le raccomandazioni del veterinario. Le vaccinazioni possono proteggere le galline da malattie comuni e potenzialmente gravi, come la Marek e la Newcastle. Assicuratevi che le vaccinazioni siano aggiornate e somministrate secondo le scadenze consigliate.

b) Controllo delle Nuove Introduzioni: Prima di introdurre nuove galline nel pollaio, eseguite un periodo di quarantena per monitorare eventuali segni di malattia. Le nuove aggiunte dovrebbero essere isolate per almeno due settimane per evitare la contaminazione del gruppo esistente. Effettuate controlli sanitari e consultate il veterinario per escludere la presenza di malattie.

c) Manutenzione e Formazione: Mantenete il pollaio e le attrezzature in buone condizioni, eseguendo manutenzione regolare e aggiornando le pratiche di pulizia e disinfezione. Educate tutti i membri del personale o della famiglia coinvolti nella cura delle galline sulle migliori pratiche di prevenzione e gestione delle malattie.

d) Controllo degli Infestanti: Implementate misure per controllare gli infestanti, come topi e insetti, che possono trasmettere malattie alle galline. Utilizzate trappole, esche e reti protettive per mantenere gli infestanti fuori dal pollaio. Monitorate regolarmente l'ambiente per segni di infestazione e adottate misure correttive tempestive.

e) Buone Pratiche di Allevamento: Adottate buone pratiche di allevamento per mantenere le galline in salute e prevenire malattie. Questo include una dieta bilanciata, una corretta ventilazione, e una gestione adeguata dello spazio e del benessere animale. Mantenete un ambiente pulito e sicuro per le galline, riducendo lo stress e migliorando la loro resistenza alle malattie.

Implementando queste strategie di rimozione dei focolai di malattia e misure preventive, è possibile mantenere un pollaio sano e produttivo. Una gestione attenta e proattiva non solo protegge le galline dalla malattia, ma contribuisce anche alla longevità e alla qualità della produzione delle uova.

10. Pianificazione delle Pulizie Straordinarie e delle Ispezioni

Una gestione efficace del pollaio non si limita alla routine quotidiana di pulizia e manutenzione, ma comprende anche la pianificazione e l'esecuzione di pulizie straordinarie e ispezioni periodiche. Questi interventi sono cruciali per mantenere un ambiente salubre, prevenire la diffusione di malattie e garantire il benessere delle galline ovaiole. In questo paragrafo, esploreremo in dettaglio come pianificare e implementare pulizie straordinarie e ispezioni, fornendo indicazioni pratiche e consigli utili.

1. Pianificazione delle Pulizie Straordinarie

a) Frequenza e Tempistica: Le pulizie straordinarie, rispetto alla routine quotidiana, richiedono una pianificazione più dettagliata e una tempistica specifica. È consigliabile effettuare una pulizia straordinaria del pollaio almeno ogni sei mesi, con una frequenza maggiore in caso di problemi sanitari ricorrenti o cambiamenti stagionali. Programmate queste pulizie nei periodi di minor attività per ridurre l'interferenza con le normali operazioni del pollaio.

b) Preparazione dell'Area: Prima di iniziare una pulizia straordinaria, preparate adeguatamente l'area. Rimuovete tutte le galline e le attrezzature, e posizionate i materiali di pulizia e disinfezione a portata di mano. Assicuratevi che le attrezzature di protezione personale, come guanti e maschere, siano pronte per garantire la sicurezza durante l'uso di prodotti chimici e detergenti.

c) Metodologia di Pulizia: La pulizia straordinaria del pollaio dovrebbe seguire una metodologia sistematica. Iniziate rimuovendo completamente la lettiera e gli eventuali residui di cibo. Procedete con una pulizia approfondita delle superfici, comprese le pareti, il soffitto e i pavimenti, utilizzando detergenti adeguati. Successivamente, eseguite una disinfezione completa utilizzando disinfettanti approvati per uso avicolo. Non dimenticate di pulire anche le attrezzature di alimentazione e abbeveraggio, assicurandovi che siano ben asciutte prima di riposizionarle.

d) Smaltimento dei Rifiuti: Smaltite i rifiuti e la lettiera contaminata seguendo le linee guida sanitarie locali. È essenziale evitare la contaminazione dell'ambiente circostante e garantire che i rifiuti siano trattati e smaltiti in modo sicuro, utilizzando servizi specializzati se necessario.

2. Pianificazione delle Ispezioni Periodiche

a) Programmazione e Frequenza: Le ispezioni periodiche del pollaio dovrebbero essere pianificate regolarmente per identificare tempestivamente eventuali problemi o malattie. Programmate ispezioni dettagliate mensili per valutare la salute delle galline e lo stato generale del pollaio. Inoltre, effettuate ispezioni approfondite almeno due volte all'anno per monitorare le condizioni strutturali e le attrezzature.

b) Contenuto delle Ispezioni: Durante le ispezioni periodiche, verificate diversi aspetti del pollaio:

- **Condizioni Strutturali:** Controllate la solidità della struttura, cercando segni di usura, danni o infiltrazioni.

- **Ventilazione e Umidità:** Assicuratevi che il sistema di ventilazione funzioni correttamente e che i livelli di umidità siano adeguati.

- **Pulizia e Sanitizzazione:** Verificate che le aree di alimentazione e abbeveraggio siano pulite e che non ci siano accumuli di sporco o residui di cibo.

- **Salute delle Galline:** Osservate le galline per segni di malattia o stress, e controllate se ci sono cambiamenti nel comportamento o nella produzione di uova.

c) Registrazione e Reportistica: Documentate tutte le ispezioni e le pulizie straordinarie in report dettagliati. Annotate le osservazioni, le azioni intraprese e qualsiasi problema riscontrato. Utilizzate questi report per pianificare ulteriori interventi e migliorare le pratiche di gestione del pollaio. La registrazione accurata delle ispezioni aiuta a mantenere un quadro chiaro dello stato di salute e della manutenzione del pollaio.

d) Aggiornamento delle Procedure: Sulla base dei risultati delle ispezioni e delle pulizie straordinarie, aggiornate le procedure e le pratiche di gestione del pollaio. Adattate le tecniche di pulizia, la pianificazione delle ispezioni e le misure preventive per rispondere ai cambiamenti nelle condizioni del pollaio e alle esigenze delle galline.

3. Implementazione delle Migliori Pratiche

a) Formazione del Personale: Formate tutti i membri del personale coinvolti nella gestione del pollaio sulle migliori pratiche di pulizia e ispezione. Assicuratevi che comprendano l'importanza di mantenere un ambiente pulito e di eseguire ispezioni dettagliate regolarmente.

b) Uso di Strumenti Adeguati: Utilizzate strumenti e attrezzature di pulizia adeguati per garantire un'efficace rimozione dello sporco e dei contaminanti. Strumenti come spazzole, aspirapolveri e disinfettanti specifici per uso avicolo sono essenziali per mantenere elevati standard di igiene.

c) Manutenzione Programmata: Integrare la pulizia straordinaria e le ispezioni periodiche in un piano di manutenzione programmata per garantire che tutte le attività siano eseguite puntualmente e in modo efficiente. Questo approccio sistematico aiuta a prevenire problemi e a mantenere il pollaio in condizioni ottimali.

Una pianificazione attenta e l'esecuzione rigorosa di pulizie straordinarie e ispezioni periodiche sono fondamentali per garantire un ambiente sano e produttivo per le galline ovaiole. Adottando queste pratiche, non solo proteggerete la salute delle vostre galline, ma migliorerete anche la qualità e la sicurezza della produzione di uova.

VIII. Salute e Benessere delle Galline

1. Monitoraggio della Salute Giornaliera delle Galline

Il monitoraggio quotidiano della salute delle galline è un aspetto cruciale nella gestione di un allevamento di successo. Per garantire il benessere delle galline ovaiole e prevenire malattie, è essenziale adottare una routine di osservazione dettagliata e sistematica. Questo processo non solo aiuta a mantenere le galline in ottime condizioni, ma consente anche di individuare precocemente segnali di problemi, permettendo interventi tempestivi.

Controllo Visivo e Comportamentale

Ogni giorno, dedica del tempo per ispezionare attentamente le galline. Una buona pratica è osservare il gruppo al momento dell'alimentazione o quando sono in movimento. Verifica che ogni gallina si muova in modo naturale e che non mostri segni di zoppia o difficoltà nel camminare. Osserva anche il comportamento di socializzazione: galline che rimangono isolate o che mostrano comportamenti aggressivi potrebbero essere sotto stress o malate.

Esame Fisico e Controllo dei Sintomi

Accertati che le galline abbiano un piumaggio pulito e ben curato. La presenza di piume opache, mancanti o sporche può essere un indicativo di problemi di salute. Controlla anche il becco, gli occhi e le zampe per eventuali segni di infezione o irritazione. Le secrezioni anomale dagli occhi, il becco che sembra secco o screpolato e le zampe con gonfiori o escrescenze devono essere trattati come segnali di allerta.

Monitoraggio dell'Appetito e della Produzione di Uova

Osserva l'appetito delle galline e la loro capacità di consumare il cibo. Cambiamenti improvvisi nell'appetito o nella quantità di cibo consumato possono essere segnali di malattie o parassiti. Allo stesso modo, tieni d'occhio la produzione di uova. Un calo improvviso nella produzione può essere dovuto a vari fattori, tra cui malattie, stress ambientale o nutrizionale.

Gestione della Pulizia e dell'Igiene

Verifica la pulizia dell'ambiente in cui le galline vivono. L'accumulo di escrementi o lettiera sporca può portare a infezioni o malattie. Assicurati che le aree di alimentazione e abbeveraggio siano pulite e prive di residui. Un ambiente ben mantenuto riduce il rischio di proliferazione di agenti patogeni e contribuisce al benessere generale delle galline.

Registrazione dei Dati e Analisi

Mantieni un registro dettagliato delle osservazioni quotidiane, inclusi i cambiamenti nel comportamento, nella salute e nella produzione di uova. Questo registro può rivelare modelli o tendenze che indicano problemi ricorrenti. Ad esempio, se noti un aumento della mortalità in un certo periodo dell'anno, potrebbe essere necessario esaminare le condizioni ambientali o i cambiamenti nella dieta.

Consulenza Veterinaria

Infine, non esitare a contattare un veterinario specializzato in avicoltura se noti segni di malattia o se hai dubbi sulla salute delle galline. I veterinari possono offrire diagnosi precise e suggerire trattamenti specifici per mantenere le galline in ottima forma. Inoltre, possono fornire consigli su protocolli di prevenzione e gestione delle malattie.

Implementando una routine di monitoraggio giornaliero dettagliata e sistematica, puoi assicurarti che le tue galline ovaiole rimangano in salute, produttive e felici. Un'osservazione attenta e una pronta azione possono fare una grande differenza nella qualità della vita delle tue galline e nella riuscita del tuo allevamento.

2. Identificazione dei Segnali di Malattia e Stress

Riconoscere i segnali di malattia e stress nelle galline ovaiole è fondamentale per mantenere un allevamento sano e produttivo. Le galline, come gli altri animali, manifestano cambiamenti nel loro comportamento e nella loro salute quando affrontano problemi. Un'identificazione precoce di questi segnali può prevenire l'insorgere di malattie più gravi e migliorare la gestione complessiva del pollaio.

Segnali Comportamentali di Malattia e Stress

Le galline malate o stressate spesso mostrano cambiamenti significativi nel loro comportamento quotidiano. Alcuni segni di malattia e stress includono:

- **Isolamento:** Galline che si isolano dal gruppo o che rimangono accovacciate in un angolo possono essere malate o stressate. Questo comportamento potrebbe indicare debolezza o dolore.

- **Inattività:** Se una gallina appare apatica, sedentaria o mostra una diminuzione dell'attività, potrebbe essere un segno di malessere. Una gallina sana è generalmente vivace e curiosa.

- **Cambiamenti nel Comportamento Sociale:** Comportamenti aggressivi, come picchiettamenti e battaglie tra galline, possono essere sintomi di stress ambientale, come sovraffollamento o mancanza di risorse.

Osservazione di Sintomi Fisici

Le manifestazioni fisiche sono spesso i segnali più evidenti di malattia. Monitorare attentamente le galline per identificare i seguenti sintomi può aiutare a diagnosticare problemi in fase iniziale:

- **Cambiamenti nel Piumaggio:** Piumaggio opaco, danneggiato, o la perdita di piume possono essere indicatori di malattie o parassiti. La presenza di piume bagnate o sporche può anche suggerire problemi di salute.

- **Problemi Respiratori:** Tossicchi, starnuti e difficoltà respiratorie sono segni di infezioni respiratorie. Un naso che gocciola o secrezioni oculari possono accompagnare questi sintomi.

- **Alterazioni del Comportamento Alimentare:** Diminuzione dell'appetito, difficoltà a mangiare o bere, e cambiamenti nel consumo di cibo possono essere segni di malattia. Monitorare quanto e cosa mangiano le galline è cruciale per rilevare eventuali problemi.

Esame delle Feci

Le feci delle galline possono fornire indizi importanti sulla loro salute:

- **Feci Anormali:** Le feci liquide, di colore verde scuro, o con sangue possono indicare problemi gastrointestinali o infezioni. Le feci troppo secche o dure possono segnalare disidratazione o problemi di digestione.

- **Presenza di Vermi:** La presenza di vermi o parassiti nelle feci è un chiaro segno di infestazione parassitaria, che necessita di un trattamento immediato.

Controllo del Peso e della Condizione Corporea

Il peso e la condizione corporea delle galline sono indicatori importanti della loro salute:

- **Perdita di Peso:** La perdita di peso è spesso un segnale di malattia o malnutrizione. Le galline dovrebbero avere un aspetto ben nutrito e non mostrare ossa sporgenti.

- **Condizione Corporea:** Valuta la condizione corporea generale delle galline. Un corpo magro o emaciato può essere un segnale di problemi di salute.

Monitoraggio dell'Attività del Nido

Il comportamento all'interno dei nidi è indicativo della salute delle galline:

- **Problemi nella Deposta:** Difficoltà nella deposizione delle uova, come la presenza di uova deformi o di uova senza guscio, possono indicare carenze nutrizionali o problemi di salute.

- **Nidi Sporchi:** Nidi sporchi o infestati da parassiti possono causare stress alle galline e contribuire a malattie.

Interventi Preventivi e Consulto Veterinario

Implementare misure preventive e consultare un veterinario specializzato può aiutare a prevenire e gestire i problemi di salute:

- **Protocolli di Prevenzione:** Mantieni protocolli di prevenzione come vaccinazioni regolari e una dieta equilibrata per ridurre il rischio di malattie.

- **Consulto Veterinario:** Rivolgiti a un veterinario specializzato se i segnali di malattia persistono. I veterinari possono fornire diagnosi precise e suggerire trattamenti adeguati.

Riconoscere e rispondere ai segnali di malattia e stress è essenziale per mantenere le galline ovaiole in salute e garantire una produzione ottimale. Un'osservazione regolare e una risposta tempestiva ai segnali di problemi aiutano a prevenire malattie e a promuovere il benessere delle galline.

3. Routine di Controllo e Prevenzione delle Malattie Comuni

Una routine di controllo e prevenzione delle malattie comuni è essenziale per garantire la salute e il benessere delle galline ovaiole. Implementare un programma di prevenzione efficace non solo riduce il rischio di malattie, ma migliora anche la produttività e la qualità della vita degli uccelli. Questa sezione esplorerà le migliori pratiche e tecniche per controllare e prevenire le malattie comuni nel pollaio.

Controlli Regolari e Monitoraggio

1. **Ispezioni Visive Quotidiane**

   Effettua ispezioni visive quotidiane per monitorare lo stato di salute generale delle galline. Cerca segni evidenti di malattia, come piumaggio opaco, cambiamenti nel comportamento o anomalie nelle feci. Questo aiuta a rilevare tempestivamente qualsiasi problema.

2. **Controllo dei Parametri Vitali**

   Controlla regolarmente parametri vitali come la temperatura corporea, il battito cardiaco e la respirazione. Sebbene possa essere più complesso senza strumenti specifici, una variazione significativa da questi parametri può indicare stress o malattia.

Prevenzione e Gestione delle Malattie Comuni

1. **Vaccinazioni**

   Pianifica e segui un programma di vaccinazione regolare per prevenire malattie comuni come la bronchite infettiva, la malattia di Marek e la coccidiosi. Le vaccinazioni devono essere somministrate in base alle raccomandazioni del veterinario e alle condizioni locali. Assicurati che le vaccinazioni siano registrate e monitorate.

2. **Controllo dei Parassiti**

   Implementa un programma di controllo dei parassiti per prevenire infestazioni di acari, pidocchi e vermi. Utilizza trattamenti antiparassitari specifici e mantieni un ambiente pulito per ridurre il rischio di infestazioni. Effettua esami regolari delle feci per rilevare parassiti interni.

3. **Pulizia e Disinfezione**

   Mantieni una routine di pulizia e disinfezione regolare per ridurre la proliferazione di agenti patogeni. Pulisci e disinfetta il pollaio, le attrezzature di alimentazione e abbeveraggio, e le lettiere. Utilizza prodotti disinfettanti sicuri e approvati per animali.

Alimentazione e Nutrizione

1. **Dieta Bilanciata**

   Fornisci una dieta bilanciata e nutriente per rafforzare il sistema immunitario delle galline. Assicurati che il mangime contenga tutti i nutrienti essenziali, comprese vitamine e minerali. La nutrizione adeguata aiuta a prevenire carenze che potrebbero rendere le galline più vulnerabili alle malattie.

2. **Accesso all'Acqua Pulita**

   Garantisci un accesso continuo a acqua fresca e pulita. La disidratazione può compromettere la salute e il sistema immunitario delle galline. Cambia l'acqua regolarmente e pulisci i contenitori per evitare la contaminazione.

Controllo Ambientale

1. **Ventilazione e Umidità**

   Mantieni un'adeguata ventilazione nel pollaio per prevenire malattie respiratorie. La ventilazione insufficiente e l'umidità elevata possono favorire la crescita di muffe e batteri. Utilizza ventilatori e deumidificatori se necessario per mantenere un ambiente sano.

2. **Controllo della Temperatura**

   Monitora la temperatura all'interno del pollaio per prevenire stress termico. In inverno, assicurati che il pollaio sia ben isolato, mentre in estate utilizza ventilatori o sistemi di raffreddamento per evitare il surriscaldamento.

Formazione e Educazione

1. **Formazione del Personale**
   Forma il personale e i familiari coinvolti nella gestione del pollaio riguardo alle pratiche di controllo e prevenzione delle malattie. La conoscenza e l'osservazione attenta possono migliorare l'efficacia della prevenzione e la risposta ai problemi di salute.

2. **Aggiornamenti e Consulto Veterinario**
   Resta aggiornato sulle nuove malattie e le migliori pratiche di prevenzione. Consulta regolarmente un veterinario specializzato in avicoltura per consigli personalizzati e aggiornamenti sulle migliori pratiche.

Implementare una routine di controllo e prevenzione efficace è cruciale per mantenere le galline ovaiole in salute e produttive. Seguendo questi passaggi e mantenendo un ambiente ben gestito, è possibile ridurre significativamente il rischio di malattie comuni e migliorare il benessere generale degli uccelli.

4. Vaccinazioni e Trattamenti Preventivi Essenziali

Le vaccinazioni e i trattamenti preventivi sono fondamentali per la salute e il benessere delle galline ovaiole. Un programma di prevenzione ben strutturato non solo protegge gli uccelli dalle malattie infettive, ma contribuisce anche a garantire una produzione di uova costante e di alta qualità. Questo paragrafo fornisce una guida dettagliata sui vaccini e sui trattamenti preventivi essenziali, le loro tempistiche e modalità di somministrazione.

Vaccinazioni Fondamentali per le Galline Ovaiole

1. **Vaccinazione contro la Bronchite Infettiva**

   La bronchite infettiva è una delle malattie respiratorie più comuni nelle galline. Per prevenire questa malattia, è cruciale somministrare un vaccino specifico. Le vaccinazioni possono essere effettuate per via orale, per via intramuscolare o tramite aerosol. È consigliato iniziare la vaccinazione quando i pulcini hanno circa 6-8 settimane di vita, con richiami annuali per garantire una protezione continua.

2. **Vaccinazione contro la Malattia di Marek**

   La malattia di Marek è una malattia virale che colpisce il sistema nervoso e il sistema immunitario delle galline. I pulcini dovrebbero ricevere il vaccino contro la malattia di Marek poco dopo la schiusa, idealmente entro i primi giorni di vita. Il vaccino è solitamente somministrato per via sottocutanea. I richiami non sono generalmente necessari, ma è fondamentale un'accurata gestione delle vaccinazioni per mantenere alta la protezione.

3. **Vaccinazione contro la Coccidiosi**

   La coccidiosi è causata da protozoi intestinali e può provocare gravi problemi digestivi. Per prevenire questa malattia, i pulcini devono ricevere un vaccino o un trattamento anticoccidico già nella prima settimana di vita. La vaccinazione può essere somministrata attraverso il mangime o l'acqua potabile. È essenziale monitorare la qualità del mangime e dell'acqua per garantire una protezione efficace.

4. **Vaccinazione contro la Salmonella**

   La salmonella è un batterio che può contaminare le uova e causare infezioni gravi. Per prevenire questa malattia, è raccomandato vaccinare le galline adulte annualmente. Il vaccino è somministrato per via intramuscolare e contribuisce a ridurre la trasmissione di salmonella agli esseri umani attraverso il consumo di uova contaminate.

Trattamenti Preventivi e Controllo dei Parassiti

1. **Trattamenti Antiparassitari**

   Il controllo dei parassiti è essenziale per prevenire infestazioni di acari, pidocchi e vermi. È consigliato utilizzare trattamenti antiparassitari regolari per ridurre il rischio di infestazioni. Questi trattamenti possono essere somministrati tramite mangime medicato, spray o polveri antiparassitarie. Le pulizie periodiche e la disinfezione dell'ambiente sono altrettanto importanti per prevenire il ritorno dei parassiti.

2. **Controllo della Verminosi**

   La verminosi intestinale può causare sintomi come diarrea e perdita di peso. Per prevenire questi problemi, è utile somministrare vermifughi ogni 3-6 mesi, a seconda della situazione e delle condizioni sanitarie del pollaio. I vermifughi sono disponibili in diverse formulazioni e devono essere usati secondo le indicazioni del veterinario.

3. **Trattamenti Preventivi per Malattie Virali e Batteriche**
   Oltre ai vaccini, è possibile utilizzare trattamenti preventivi come antibiotici e antivirali in caso di focolai di malattie virali o batteriche. Questi trattamenti devono essere somministrati sotto la supervisione di un veterinario e secondo le necessità specifiche del pollaio.

Pianificazione e Documentazione delle Vaccinazioni e dei Trattamenti

1. **Pianificazione del Programma di Vaccinazione**
   È essenziale creare un programma dettagliato di vaccinazione e trattamenti preventivi, documentando tutte le date e le scadenze. Utilizzare un registro per tenere traccia delle somministrazioni e dei richiami aiuta a garantire che tutte le galline ricevano le vaccinazioni necessarie in modo tempestivo.

2. **Consultazione con il Veterinario**
   Collaborare con un veterinario specializzato in avicoltura per personalizzare il piano di vaccinazione e trattamento preventivo in base alle esigenze specifiche del tuo allevamento. Il veterinario può fornire raccomandazioni aggiornate e personalizzate per ottimizzare la salute delle galline.

In sintesi, un programma di vaccinazioni e trattamenti preventivi ben pianificato è cruciale per mantenere le galline ovaiole in salute e per prevenire l'insorgenza di malattie. Seguire le linee guida sopra indicate e mantenere una documentazione accurata aiuterà a garantire una protezione efficace e continua per le tue galline.

5. Gestione e Trattamento delle Parassitosi e Infestazioni

La gestione e il trattamento delle parassitosi e infestazioni rappresentano aspetti cruciali nella cura delle galline ovaiole. Le infestazioni parassitarie possono compromettere seriamente la salute delle galline, ridurre la loro produttività e aumentare il rischio di malattie. Pertanto, è essenziale adottare un approccio sistematico e proattivo per monitorare, prevenire e trattare i parassiti. Questo paragrafo esplorerà in dettaglio i principali tipi di parassiti, le loro conseguenze sulla salute delle galline, e le migliori pratiche per la loro gestione e trattamento.

Principali Tipi di Parassiti e Infestazioni

1. **Acari del Pollaio**

   Gli acari del pollaio, come l'acaro rosso e l'acaro delle piume, sono parassiti comuni che si nutrono di sangue e tessuti delle galline. Gli acari rossi possono provocare prurito intenso, pelle irritata e anemia. Gli acari delle piume infestano le penne, causando perdita di piumaggio e disagio. Per rilevare un'infestazione, cerca segni di pelle irritata, piumaggio danneggiato e presenza di acari visibili nelle fessure del pollaio.

   Trattamenti:

   - **Insetticidi Specifici:** Utilizza insetticidi specifici per acari, disponibili sotto forma di spray o polveri. Assicurati di applicarli in tutte le aree del pollaio e di seguire attentamente le istruzioni del produttore.

- **Pulizia e Disinfezione:** Effettua una pulizia approfondita del pollaio, rimuovendo tutte le lettiere contaminate e disinfettando le superfici con prodotti adatti. Cambia le lettiere frequentemente per ridurre i rischi di reinfestazione.

2. **Pidocchi e Lice**

I pidocchi e i lice sono parassiti esterni che si alimentano di sangue e detriti cutanei. Possono causare prurito, irritazione della pelle e perdita di piumaggio. I pidocchi e i lice sono visibili ad occhio nudo e si trovano comunemente sotto le piume.

Trattamenti:

- **Polveri Antiparassitarie:** Le polveri antiparassitarie specifiche per pidocchi e lice possono essere applicate direttamente sui polli e nelle aree del pollaio.

- **Bagni Terapeutici:** I bagni terapeutici con soluzioni antiparassitarie possono aiutare a eliminare pidocchi e lice. Assicurati che le galline siano completamente immerse e che la soluzione raggiunga tutte le aree infette.

3. **Vermi Intestinali**

I vermi intestinali, come gli ascaridi e i tricocefali, infestano il tratto gastrointestinale delle galline, causando sintomi come diarrea, perdita di peso e letargia. I vermi possono essere identificati attraverso esami delle feci.

Trattamenti:

- **Vermifughi:** Somministra vermifughi specifici tramite il mangime o l'acqua potabile. È importante seguire le indicazioni del produttore e consultare un veterinario per determinare il prodotto e la dose più adatta.

- **Controllo Regolare delle Feci:** Effettua controlli periodici delle feci per monitorare l'efficacia del trattamento e per prevenire reinfestazioni.

4. **Muffe e Funghi** Le muffe e i funghi possono proliferare in ambienti umidi e mal ventilati, causando problemi respiratori e pelle secca. La presenza di muffe è spesso visibile come macchie bianche o verdi sulle superfici e sulla lettiera.

Trattamenti:

- **Miglioramento della Ventilazione:** Garantire una buona ventilazione nel pollaio per mantenere l'ambiente asciutto e prevenire la proliferazione di muffe.

- **Disinfezione:** Utilizza disinfettanti antifungini per trattare le aree contaminate e rimuovi e sostituisci la lettiera contaminata.

Strategie di Prevenzione

1. **Monitoraggio Regolare**

   Effettua ispezioni quotidiane delle galline per rilevare eventuali segni di infestazioni parassitarie. Controlla il piumaggio, la pelle e le feci delle galline, e osserva il loro comportamento generale. Una diagnosi precoce è fondamentale per trattare efficacemente le infestazioni.

2. **Manutenzione Ambientale**

   Mantieni il pollaio pulito e ben ventilato. Cambia le lettiere regolarmente e disinfetta le superfici per ridurre la proliferazione di parassiti. L'utilizzo di lettiere assorbenti può aiutare a mantenere l'ambiente asciutto e prevenire problemi di umidità che favoriscono la crescita di parassiti.

3. **Alimentazione Adeguata**

   Fornisci una dieta bilanciata e nutriente per mantenere il sistema immunitario delle galline forte e resistente alle infestazioni parassitarie. Una buona nutrizione supporta la salute generale e può aiutare a prevenire l'insorgenza di malattie.

4. **Uso di Barriere Fisiche**

   Installa barriere fisiche, come reti e coperture, per impedire l'accesso di parassiti esterni al pollaio. Questi accorgimenti possono contribuire a ridurre l'incidenza di infestazioni.

Intervento Professionale

In caso di infestazioni gravi o difficili da controllare, consulta un veterinario specializzato in avicoltura. Un professionista può fornire una diagnosi accurata, raccomandare trattamenti specifici e suggerire ulteriori misure di prevenzione e gestione.

6. Importanza della Nutrizione per il Benessere delle Galline

La nutrizione è una delle componenti più cruciali per garantire il benessere ottimale delle galline ovaiole. Una dieta equilibrata non solo sostiene la produzione regolare e di alta qualità delle uova, ma è anche fondamentale per mantenere una buona salute generale, una crescita sana, e una robusta resistenza alle malattie. Questo paragrafo esamina l'importanza della nutrizione nella vita delle galline ovaiole, dettaglia le esigenze nutrizionali specifiche, e fornisce indicazioni pratiche su come garantire una dieta ben bilanciata.

Principi Fondamentali della Nutrizione Avicola

1. **Macronutrienti Essenziali**

   I macronutrienti principali necessari per una dieta equilibrata sono le proteine, i carboidrati e i grassi. Ogni macronutriente svolge un ruolo specifico nel mantenimento della salute e nella produzione di uova.

   - **Proteine:** Le proteine sono fondamentali per la crescita, la riparazione dei tessuti e la produzione di uova. Una gallina ovaia ha bisogno di una quantità elevata di proteine rispetto ad altri polli non in produzione. Le fonti proteiche di alta qualità includono farine di pesce, farine di soia, e legumi. La dieta dovrebbe contenere circa il 16-20% di proteine per le galline in produzione.

   - **Carboidrati:** I carboidrati forniscono l'energia necessaria per le attività quotidiane e il metabolismo. I cereali come il mais, il grano e l'orzo sono eccellenti fonti di carboidrati e dovrebbero costituire una parte significativa della dieta.

   - **Grassi:** I grassi sono una fonte concentrata di energia e sono necessari per l'assorbimento di vitamine liposolubili. Le fonti di grassi, come oli vegetali e semi, devono essere inclusi in quantità moderate nella dieta.

2. **Micronutrienti Indispensabili**

   I micronutrienti, sebbene necessari in quantità minori, sono essenziali per il benessere delle galline e per la qualità delle uova.

   - **Vitamine:** Le vitamine come A, D, E, e K, nonché le vitamine del gruppo B, sono fondamentali per diverse funzioni corporee. La vitamina A è cruciale per la salute degli occhi e del sistema immunitario, mentre la vitamina D è necessaria per l'assorbimento del calcio, essenziale per la formazione del guscio dell'uovo. Le vitamine vengono spesso fornite attraverso integratori o additivi nel mangime.

   - **Minerali:** Minerali come il calcio, il fosforo, e il sodio sono cruciali per la salute delle ossa e la qualità del guscio dell'uovo. Il calcio è particolarmente importante per la formazione del guscio delle uova e può essere fornito tramite integratori come il carbonato di calcio o il guscio d'ostrica macinato.

3. **Acqua: Il Nutriente Fondamentale**

   L'acqua è essenziale per tutte le funzioni corporee, inclusa la digestione e l'assorbimento dei nutrienti. Le galline devono avere accesso costante a acqua fresca e pulita. La mancanza di acqua può causare disidratazione, ridurre la produzione di uova e compromettere la salute generale.

Esempi Pratici di Diete Bilanciate

1. **Mangime Commerciale Bilanciato** Per semplificare la gestione della dieta, molti allevatori utilizzano mangimi commerciali bilanciati specificamente formulati per galline ovaiole. Questi mangimi sono progettati per fornire tutti i nutrienti essenziali in proporzioni ottimali. È fondamentale scegliere un prodotto di alta qualità e seguire le raccomandazioni del produttore per la somministrazione.

2. **Diete Fatte in Casa** Alcuni allevatori preferiscono formulare diete fatte in casa. In questo caso, è essenziale bilanciare attentamente tutti i nutrienti. Un esempio di dieta fatta in casa potrebbe includere una miscela di cereali, legumi, farine di pesce, e aggiustamenti di vitamine e minerali. Consultare un nutrizionista avicolo o un veterinario è consigliabile per garantire che la dieta sia completa e bilanciata.

3. **Integrazione con Alimenti Freschi** L'integrazione con alimenti freschi come frutta e verdura può arricchire la dieta delle galline e fornire ulteriori benefici nutrizionali. Alimenti come carote, zucche, mele e verdure a foglia verde possono essere offerti come supplemento. Tuttavia, è importante evitare cibi avariati o tossici, come patate verdi o avocado, che possono essere dannosi.

Monitoraggio e Adattamenti

1. **Controllo della Condizione Corporea**

   Monitorare la condizione corporea delle galline può fornire indicazioni sul loro stato nutrizionale. Le galline in buona salute hanno un piumaggio lucido e una corporatura ben proporzionata. Se noti segni di sottopeso o eccessivo grasso, potrebbe essere necessario rivedere la dieta.

2. **Adeguamento della Dieta**

   In base all'età, alla fase di produzione e alle condizioni ambientali, la dieta delle galline potrebbe necessitare di modifiche. Ad esempio, le galline giovani in crescita richiedono una dieta ad alto contenuto proteico, mentre le galline in produzione potrebbero avere bisogno di ulteriori integrazioni di calcio.

3. **Consultazione con Esperti**

   Per ottimizzare la dieta e risolvere problemi specifici, è utile consultare un veterinario o un nutrizionista avicolo. Questi esperti possono fornire raccomandazioni personalizzate e aiutare a risolvere eventuali problemi nutrizionali.

7. Creazione di Ambienti Salutari e Confortevoli nel Pollaio

Per garantire il benessere delle galline ovaiole, la creazione di un ambiente salutare e confortevole all'interno del pollaio è fondamentale. Le condizioni ambientali influenzano direttamente la salute, la produttività e la qualità della vita delle galline. Questo paragrafo esplora i vari aspetti della progettazione e della manutenzione di un pollaio che soddisfi le esigenze delle galline, coprendo tutto, dalla ventilazione alla pulizia, fino agli elementi di comfort essenziali.

1. Ventilazione Efficiente

Una ventilazione adeguata è cruciale per mantenere l'aria fresca e ridurre l'umidità all'interno del pollaio. Un buon sistema di ventilazione previene l'accumulo di ammoniaca e altri gas nocivi che possono derivare dagli escrementi delle galline. Ecco come implementare una ventilazione efficace:

- **Aereazione Naturale:** Posizionare finestre e aperture strategiche per favorire il ricircolo dell'aria. Le finestre dovrebbero essere regolabili per permettere un controllo delle correnti d'aria in base alle condizioni climatiche. Le aperture in alto possono facilitare la fuoriuscita dei gas più leggeri e l'umidità in eccesso.

- **Ventilazione Meccanica:** In climi estremi o in strutture più grandi, potrebbe essere necessario un sistema di ventilazione meccanica. I ventilatori possono aiutare a migliorare il flusso d'aria e a mantenere una temperatura costante. È importante scegliere ventilatori che operino in modo silenzioso per evitare stress alle galline.

2. Controllo della Temperatura

La temperatura all'interno del pollaio deve essere regolata per garantire il comfort delle galline e una produzione ottimale di uova.

- **Riscaldamento e Raffreddamento:** In climi freddi, l'uso di riscaldatori e lampade di calore può mantenere una temperatura adeguata. Le lampade a infrarossi sono un'opzione popolare poiché forniscono calore senza eccessivo aumento dell'umidità. Nei climi caldi, è essenziale avere sistemi di raffreddamento come ventilatori ad aria o nebulizzatori per ridurre lo stress da calore.

- **Isolamento:** Un buon isolamento del pollaio aiuta a mantenere una temperatura interna costante. Materiali come il polistirolo espanso o le lane minerali possono essere utilizzati per isolare le pareti e il tetto del pollaio.

3. Gestione dell'Umidità

Il controllo dell'umidità è essenziale per prevenire la formazione di muffe e la proliferazione di batteri. Ecco alcune pratiche per mantenere un ambiente asciutto:

- **Letti di Lettiera:** Utilizzare letti di lettiera assorbenti come la segatura, il truciolo di legno, o la paglia per assorbire l'umidità. È fondamentale mantenere una buona gestione dei letti di lettiera, rimuovendo regolarmente il materiale umido e sostituendolo con nuovo.

- **Trattamento del Suolo:** Il pavimento del pollaio deve essere progettato per facilitare lo scarico dell'acqua. Pavimenti inclinati e drenaggi adeguati possono aiutare a prevenire l'accumulo di acqua e umidità.

4. Spazi e Nidi Adeguati

Le galline hanno bisogno di spazi sufficienti per muoversi liberamente e per svolgere comportamenti naturali.

- **Spazi di Movimento:** Il pollaio deve avere spazio sufficiente per ogni gallina, con una raccomandazione di almeno 0,3 metri quadrati per gallina all'interno del pollaio. Inoltre, le galline dovrebbero avere accesso a un'area esterna per razzolare, se possibile.

- **Nidi e Posti per il Riposo:** I nidi devono essere posizionati in aree tranquille e facilmente accessibili. Ogni nido dovrebbe essere abbastanza grande da permettere alle galline di entrare e uscire comodamente. I posti per il riposo, come le aste di legno, devono essere progettati per essere confortevoli e facili da pulire.

5. Pulizia e Manutenzione

Una routine regolare di pulizia e manutenzione è essenziale per mantenere un ambiente salutare.

- **Pulizia Giornaliera:** Rimuovere le feci e il materiale di lettiera sporco ogni giorno. Questo aiuta a prevenire l'accumulo di batteri e cattivi odori. Utilizzare attrezzi appropriati come rastrelli e scope per facilitare la pulizia.

- **Pulizia Settimanale e Mensile:** Effettuare una pulizia più profonda settimanale o mensile, che includa la disinfezione di tutte le superfici e l'ispezione delle attrezzature per assicurarsi che non vi siano danni o usura.

6. Sicurezza e Protezione

Garantire che il pollaio sia sicuro da predatori e altre minacce è fondamentale.

- **Barriere e Reti:** Utilizzare reti e barriere per proteggere il pollaio da animali predatori come volpi, faine e cani. Le reti dovrebbero essere ben fissate e ispezionate regolarmente per assicurarsi che non ci siano punti deboli.

- **Chiusure Sicure:** Assicurarsi che tutte le porte e le finestre siano dotate di chiusure sicure per evitare l'ingresso di predatori o animali indesiderati.

7. Ambienti di Arricchimento

Gli ambienti stimolanti aiutano a ridurre lo stress e a migliorare la qualità della vita delle galline.

- **Oggetti di Arricchimento:** Aggiungere oggetti come rametti, specchi, e giochi può fornire stimolazione mentale e fisica. Questi elementi aiutano a prevenire comportamenti indesiderati come il beccamento e la noia.

- **Accesso al Terreno:** Se possibile, offrire alle galline l'accesso a un terreno esterno dove possano razzolare e esplorare in modo naturale.

8. Procedure di Isolamento e Trattamento per Galline Malate

Nel mantenere un allevamento di galline ovaiole, la gestione delle malattie è una componente cruciale per garantire la salute dell'intero gruppo. La tempestiva identificazione e isolamento delle galline malate, seguita da un trattamento appropriato, non solo previene la diffusione di malattie ma assicura anche il recupero delle galline colpite. In questo paragrafo, esploreremo le procedure dettagliate per isolare e trattare efficacemente le galline malate, assicurando un ambiente di cura ottimale e riducendo al minimo l'impatto sulla salute complessiva del pollaio.

1. Identificazione delle Galline Malate

Il primo passo nella gestione delle malattie è l'identificazione tempestiva delle galline malate. È fondamentale osservare regolarmente il comportamento e l'aspetto fisico delle galline per notare segni di malattia. Alcuni dei sintomi più comuni includono:

- **Cambiamenti nel Comportamento:** Le galline malate possono mostrare segni di letargia, isolamento dal gruppo, o comportamento anomalo come il beccamento compulsivo o l'immobilità prolungata.

- **Sintomi Fisici:** Osservare segni visibili di malattia come piumaggio arruffato, scarso appetito, diarrea, o secrezioni oculari e nasali. Cambiamenti nella produzione di uova, come uova con gusci deformi o mancanti, possono anche indicare problemi di salute.

2. Isolamento delle Galline Malate

Una volta identificate, le galline malate devono essere isolate per prevenire la diffusione della malattia e per fornire loro una cura adeguata. Ecco come procedere:

- **Creazione di un'Area di Isolamento:** Allestire una zona separata e tranquilla del pollaio, preferibilmente lontana dagli altri animali. Questa area deve essere ben ventilata e facile da pulire. Utilizzare contenitori di isolamento o gabbie, se disponibili, per mantenere le galline malate separate fisicamente dagli altri animali.

- **Procedure di Isolamento:** Dotare l'area di isolamento di tutti i comfort necessari, inclusi acqua fresca, cibo specifico per il trattamento, e letti di lettiera puliti. Assicurarsi che i materiali e le attrezzature utilizzate siano puliti e disinfettati dopo ogni uso per prevenire la contaminazione.

3. Diagnosi e Trattamento

Una diagnosi precisa è essenziale per somministrare il trattamento adeguato. Ecco i passaggi per la diagnosi e il trattamento delle galline malate:

- **Consultazione Veterinaria:** Se possibile, consultare un veterinario avicolo per una diagnosi accurata. Il veterinario potrebbe richiedere esami, come campioni di feci, sangue o secrezioni, per determinare la causa della malattia.

- **Trattamenti Farmaceutici:** Somministrare farmaci secondo le indicazioni del veterinario. I trattamenti possono includere antibiotici, antiparassitari o altri farmaci specifici. Assicurarsi di seguire attentamente le dosi e la durata del trattamento per evitare la resistenza agli antibiotici o l'insuccesso del trattamento.

- **Cure Supportive:** Oltre ai farmaci, fornire cure supportive come vitamine, minerali e integratori per rafforzare il sistema immunitario della gallina malata. La qualità dell'acqua e del cibo deve essere alta, e il comfort della gallina deve essere garantito per facilitare il recupero.

4. Monitoraggio e Valutazione

Durante e dopo il trattamento, è essenziale monitorare attentamente la salute delle galline malate per valutare l'efficacia del trattamento e fare aggiustamenti se necessario:

- **Osservazione dei Progressi:** Monitorare i segni clinici e comportamentali per assicurarsi che la gallina risponda positivamente al trattamento. Seguire regolarmente le condizioni fisiche e le abitudini alimentari per valutare i miglioramenti o eventuali problemi persistenti.

- **Follow-Up con il Veterinario:** Se la gallina non mostra segni di miglioramento o se si verificano complicazioni, consultare nuovamente il veterinario per modificare il piano di trattamento o per indagare su altre possibili cause.

5. Rientro nel Gregge

Una volta che la gallina malata è guarita, è importante reintegrarla nel gruppo con attenzione per evitare ricadute o contaminazioni:

- **Reintegrazione Graduale:** Introduce lentamente la gallina guarita nel pollaio principale, monitorando le interazioni con le altre galline. Assicurarsi che la gallina sia completamente guarita e che non mostri più segni di malattia prima di reintegrarla completamente.

- **Monitoraggio Post-Reintegrazione:** Continuare a monitorare la gallina per assicurarsi che non ci siano segni di stress o reinfezione. È fondamentale osservare anche il comportamento e la salute delle altre galline per garantire che la malattia non si ripresenti.

6. Documentazione e Prevenzione

Infine, mantenere una documentazione dettagliata delle malattie e dei trattamenti è cruciale per la gestione della salute del pollaio:

- **Registro delle Malattie:** Annotare tutte le diagnosi, i trattamenti e le date di isolamento. Questo aiuta a tenere traccia delle malattie ricorrenti e delle risposte ai trattamenti.

- **Piani di Prevenzione:** Sviluppare e aggiornare piani di prevenzione basati sulle osservazioni e sull'esperienza. Include pratiche di igiene, vaccinazioni, e strategie per ridurre il rischio di malattie future.

9. Strategie per Ridurre il Comportamento Aggressivo e Stressante

Nel contesto dell'allevamento delle galline ovaiole, il comportamento aggressivo e lo stress sono due fattori che possono influire significativamente sulla salute e sulla produttività degli animali. Le galline, come molti altri animali da allevamento, possono manifestare comportamenti aggressivi e stressanti per varie ragioni, tra cui condizioni ambientali inadeguate, densità eccessiva, o competizione per risorse limitate. Implementare strategie efficaci per ridurre tali comportamenti non solo migliora il benessere delle galline, ma contribuisce anche a una produzione di uova più sana e consistente. Questo paragrafo esplorerà approcci dettagliati e tecniche pratiche per gestire e minimizzare il comportamento aggressivo e lo stress nel pollaio.

1. Miglioramento dell'Ambiente del Pollaio

Un ambiente di vita ottimale è fondamentale per il benessere delle galline e per ridurre comportamenti aggressivi e stressanti:

- **Spazio Adeguato:** Fornire spazio sufficiente per ogni gallina è cruciale. La densità eccessiva può portare a conflitti e aggressioni. In generale, ogni gallina dovrebbe avere almeno 1 metro quadrato di spazio all'interno del pollaio e 2-3 metri quadrati di spazio all'aperto. Un ambiente spazioso riduce la competizione per le risorse e diminuisce il rischio di stress.

- **Aree di Rifugio e Nidi:** Creare aree di rifugio e nidi separati aiuta a ridurre le tensioni. Le galline necessitano di luoghi sicuri dove possono ritirarsi quando si sentono minacciate. L'installazione di spazi sopraelevati e angoli tranquilli offre alle galline la possibilità di evitare interazioni indesiderate e di trovare rifugio quando necessario.

- **Illuminazione e Ventilazione:** Mantenere una buona ventilazione e un'illuminazione adeguata è essenziale. L'illuminazione artificiale deve imitare il ciclo naturale giorno-notte e non essere troppo intensa. La ventilazione deve garantire aria fresca e ridurre l'umidità, che può contribuire allo stress e alle malattie.

2. Gestione della Gerarchia Sociale

Le galline stabiliscono una gerarchia sociale che può influire sui comportamenti aggressivi. Una gestione adeguata di questa gerarchia è fondamentale:

- **Introduzione Graduale:** Quando si introducono nuove galline nel gruppo, farlo gradualmente per ridurre i conflitti. Le nuove aggiunte devono essere tenute separate inizialmente, in modo che possano essere gradualmente integrate attraverso recinzioni o gabbie all'interno del pollaio.

- **Osservazione della Gerarchia:** Monitorare le interazioni sociali e le gerarchie tra le galline. Le lotte per stabilire una gerarchia possono essere normali, ma un'eccessiva aggressività può indicare problemi. In caso di aggressioni persistenti, è possibile separare temporaneamente gli individui problematici per facilitare una reintegrazione più pacifica.

- **Prevenzione delle Aggressioni:** Fornire abbondanti risorse come mangiatoie e abbeveratoi in diversi luoghi per ridurre la competizione. Le risorse distribuite equamente aiutano a prevenire conflitti tra le galline e a garantire che tutte abbiano accesso adeguato a cibo e acqua.

3. Stimolazione e Arricchimento Ambientale

L'arricchimento ambientale può ridurre il comportamento aggressivo e lo stress:

- **Attività e Giocattoli:** Introdurre oggetti che stimolino le galline a esplorare e a interagire, come giocattoli e strutture per arrampicarsi. Gli arricchimenti fisici e cognitivi possono distrarre le galline dall'aggressività e stimolare comportamenti naturali come il becchettamento e l'esplorazione.

- **Materiale da Becchettamento:** Fornire materiali naturali come paglia, foglie secche o semi da spargere sul terreno aiuta a incoraggiare i comportamenti di foraggiamento e riduce il noia e la frustrazione.

- **Spazi per il Gioco:** Creare aree dedicate per il gioco e l'attività fisica all'aperto permette alle galline di esercitarsi e di ridurre l'energia in eccesso che potrebbe altrimenti manifestarsi sotto forma di aggressività.

4. Monitoraggio e Gestione del Benessere

Un monitoraggio costante e una gestione proattiva del benessere delle galline sono essenziali:

- **Osservazione Quotidiana:** Effettuare ispezioni quotidiane per monitorare il comportamento delle galline e identificare segnali di stress o aggressività. Utilizzare questi dati per apportare modifiche ambientali o gestionali se necessario.

- **Registrazione dei Comportamenti:** Tenere un registro dei comportamenti problematici e delle modifiche ambientali. Questo può aiutare a identificare schemi ricorrenti e a migliorare le strategie di gestione in futuro.

- **Interventi Tempestivi:** In caso di segni evidenti di aggressività o stress, intervenire prontamente. Separare gli animali problematici e rivedere le condizioni ambientali e di alimentazione per risolvere i problemi sottostanti.

5. Formazione e Educazione del Personale

Infine, è fondamentale che chiunque gestisca le galline sia adeguatamente formato e informato:

- **Formazione del Personale:** Assicurarsi che tutti coloro che lavorano con le galline comprendano le migliori pratiche per la gestione del comportamento e del benessere. Fornire formazione su come identificare e risolvere i problemi di comportamento aggressivo e stressante.

- **Aggiornamenti e Miglioramenti:** Investire in aggiornamenti regolari sulle tecniche di gestione e arricchimento. Partecipare a corsi e seminari può fornire nuove intuizioni e strategie per migliorare continuamente le pratiche di allevamento.

Implementare queste strategie con attenzione e coerenza non solo migliora il benessere delle galline, ma contribuisce anche alla creazione di un ambiente più armonioso e produttivo. Con un monitoraggio regolare e una gestione proattiva, è possibile minimizzare i comportamenti aggressivi e stressanti, garantendo un'allevamento sano e prospero.

10. Monitoraggio e Miglioramento della Produzione di Uova e Salute Generale

Il monitoraggio e il miglioramento della produzione di uova e della salute generale delle galline ovaiole sono aspetti cruciali per garantire la sostenibilità e l'efficienza dell'allevamento. Una gestione attenta e basata su dati concreti non solo ottimizza la produzione di uova, ma promuove anche il benessere delle galline, riducendo i rischi di malattie e stress. Questo paragrafo fornisce un approccio dettagliato e pratico per monitorare e migliorare questi due aspetti, offrendo tecniche e suggerimenti utili sia per principianti che per allevatori esperti.

1. Monitoraggio della Produzione di Uova

Per garantire una produzione di uova ottimale, è essenziale monitorare regolarmente diversi indicatori chiave:

- **Controllo della Quantità di Uova:** Tenere traccia della quantità di uova prodotte giornalmente, settimanalmente e mensilmente. Utilizzare schede di registrazione o software di gestione per annotare i dati. Monitorare eventuali fluttuazioni significative nella produzione, che possono indicare problemi come malattie, stress o insufficienza nutrizionale.

- **Qualità delle Uova:** Esaminare regolarmente la qualità delle uova raccolte. Controllare il colore del guscio, la consistenza dell'albume e il colore del tuorlo. Uova con gusci rotti, crepe o discontinuità nella consistenza possono segnalare problemi nutrizionali o ambientali che necessitano di attenzione.

- **Frequenza di Ovodeposizione:** Monitorare la frequenza con cui le galline depongono le uova. Le galline ovaiole dovrebbero deporre uova regolarmente; una diminuzione nella frequenza può indicare problemi di salute o stress. Utilizzare i dati raccolti per identificare tendenze e apportare modifiche alla gestione se necessario.

2. Analisi e Gestione della Salute Generale

La salute delle galline è strettamente legata alla loro capacità di produrre uova di alta qualità. Pertanto, è cruciale monitorare e gestire la loro salute generale:

- **Ispezioni Regolari:** Effettuare ispezioni fisiche delle galline su base giornaliera. Controllare segni visibili di malessere come cambiamenti nel piumaggio, perdita di peso, difficoltà respiratorie o segni di zoppia. Un'ispezione accurata può aiutare a rilevare problemi di salute in fase precoce e intervenire prima che diventino gravi.

- **Analisi delle Feci:** Controllare le feci delle galline per rilevare anomalie come variazioni nel colore, consistenza o presenza di parassiti. Feci anomale possono indicare infezioni, problemi digestivi o nutrizionali. In caso di anomalie persistenti, effettuare esami di laboratorio per identificare la causa e trattare di conseguenza.

- **Monitoraggio dei Segnali Vitali:** Misurare regolarmente i parametri vitali delle galline, come la temperatura corporea e la frequenza cardiaca, per assicurarsi che siano nella norma. Cambiamenti significativi possono essere indicatori di malattie o condizioni stressanti.

3. Miglioramento della Dieta e Nutrizione

Una dieta equilibrata è fondamentale per ottimizzare la produzione di uova e mantenere una buona salute generale:

- **Analisi della Dieta:** Valutare la composizione del mangime e assicurarsi che soddisfi le esigenze nutrizionali delle galline. Collaborare con un nutrizionista avicolo per ottimizzare la dieta in base alle esigenze specifiche delle galline, tenendo conto della loro età, razza e livello di produzione.

- **Aggiustamenti e Supplementi:** In base ai risultati del monitoraggio della produzione di uova e della salute, apportare aggiustamenti alla dieta. Integrare integratori vitaminici o minerali se necessario e assicurarsi che le galline ricevano una dieta variata che includa fonti di proteine di alta qualità e carboidrati.

- **Acqua Fresca e Pulita:** Garantire che le galline abbiano sempre accesso a acqua fresca e pulita. L'acqua è essenziale per il metabolismo e la produzione di uova. Controllare regolarmente la pulizia dei sistemi di abbeveraggio per prevenire contaminazioni.

4. Ambiente e Condizioni di Vita

Le condizioni ambientali influenzano direttamente la salute e la produttività delle galline:

- **Gestione della Temperatura e Umidità:** Monitorare e regolare la temperatura e l'umidità all'interno del pollaio. Condizioni estreme di temperatura o umidità possono influire negativamente sulla produzione di uova e sulla salute generale delle galline. Utilizzare termometri e igrometri per mantenere le condizioni ambientali ottimali.

- **Controllo dell'Illuminazione:** Fornire un'illuminazione adeguata per stimolare la produzione di uova. La luce deve simulare il ciclo naturale giorno-notte e non essere troppo intensa. Una corretta illuminazione aiuta a mantenere il ritmo circadiano delle galline e migliora la loro produttività.

- **Spazi e Attività:** Assicurarsi che le galline abbiano accesso a spazi per il movimento e l'esercizio fisico. L'attività fisica regolare è importante per prevenire l'obesità e migliorare la salute generale. Offrire aree di gioco e strutture per arrampicarsi può contribuire a mantenere le galline attive e stimolate.

5. Procedure di Intervento e Correzione

Implementare procedure per affrontare e correggere problemi identificati attraverso il monitoraggio:

- **Piani di Intervento:** Stabilire piani di intervento per affrontare problemi di salute e produttività. Se si identificano anomalie nella produzione di uova o nella salute delle galline, sviluppare un piano dettagliato per risolvere i problemi, che può includere cambiamenti nella dieta, nella gestione ambientale o nel trattamento medico.

- **Documentazione e Valutazione:** Tenere una documentazione accurata di tutti gli interventi e delle modifiche apportate. Valutare l'efficacia delle azioni intraprese attraverso il monitoraggio continuo e apportare ulteriori aggiustamenti se necessario.

- **Consultazione con Esperti:** Consultare veterinari e specialisti avicoli per problemi complessi o persistenti. Gli esperti possono fornire diagnosi precise e consigli su trattamenti e miglioramenti per ottimizzare la produzione e la salute delle galline.

Implementando queste strategie, gli allevatori possono garantire una produzione di uova ottimale e mantenere le galline in condizioni di salute eccellenti. Un monitoraggio costante e una gestione proattiva permettono di affrontare prontamente eventuali problemi e di apportare miglioramenti continui, promuovendo così un allevamento di successo e sostenibile.

IX. Raccolta e Conservazione delle Uova

1. Tecniche Ottimali per la Raccolta delle Uova

La raccolta delle uova è una fase cruciale nella gestione delle galline ovaiole, e una buona pratica in questa attività garantisce la qualità del prodotto finale e la salute delle galline. Le tecniche ottimali per la raccolta delle uova non solo prevengono danni alle uova, ma contribuiscono anche al mantenimento di un ambiente sano e produttivo per le galline. Ecco una guida dettagliata per eseguire questa operazione con efficienza e cura.

1. Tempistiche e Frequenza di Raccolta

Per massimizzare la freschezza delle uova e ridurre il rischio di contaminazione, è essenziale raccogliere le uova almeno due volte al giorno, idealmente al mattino presto e nel tardo pomeriggio. Le galline generalmente depongono le uova durante le ore di luce, e la raccolta frequente minimizza l'esposizione alle feci e ai potenziali agenti patogeni. In ambienti commerciali, dove il volume di produzione è elevato, potrebbe essere necessario raccogliere le uova anche tre o quattro volte al giorno.

2. Strumenti e Attrezzature Necessarie

Utilizzare gli strumenti appropriati è fondamentale per garantire una raccolta sicura e pulita delle uova. Un cesto di raccolta con una fodera morbida o una copertura in feltro è ideale per evitare rotture. È preferibile usare contenitori ergonomici che riducono il rischio di urti e cadute. I guanti, sebbene non sempre necessari, possono essere utili per proteggere le mani e prevenire la contaminazione delle uova.

3. Tecniche di Raccolta

Quando si raccolgono le uova, è importante maneggiarle con cura per evitare crepe e danni. Utilizzare una tecnica di raccolta delicata, che prevede di afferrare l'uovo con le dita senza esercitare una pressione eccessiva. Inserire una mano sotto l'uovo e sollevarlo delicatamente per poi posizionarlo nel cesto con la parte appuntita verso il basso. Questo metodo previene la rottura della camera d'aria e mantiene la freschezza dell'uovo.

4. Controllo Visivo delle Uova

Durante la raccolta, eseguire un controllo visivo delle uova per identificare eventuali segni di rottura, sporco o altri difetti. Le uova con crepe o macchie dovrebbero essere separate e gestite separatamente. È utile disporre di una postazione di ispezione vicino all'area di raccolta per facilitare questo controllo e intervenire rapidamente in caso di uova compromesse.

5. Procedure di Pulizia e Trasporto

Dopo la raccolta, le uova devono essere trasferite delicatamente in contenitori puliti e asciutti per evitarne il contatto con polveri o sporco. Non è consigliabile lavare le uova immediatamente dopo la raccolta, poiché la pulizia prematura può rimuovere il rivestimento protettivo naturale dell'uovo. Se necessario, le uova possono essere pulite con un panno asciutto o una spazzola morbida prima della conservazione.

6. Igiene e Manutenzione dell'Area di Raccolta

L'area in cui avviene la raccolta deve essere mantenuta pulita e igienica per prevenire la contaminazione. Pulire regolarmente il pavimento, le pareti e gli strumenti utilizzati, e assicurarsi che le galline abbiano accesso a lettiera pulita e asciutta. L'igiene dell'ambiente di raccolta è fondamentale per garantire la qualità delle uova e la salute delle galline.

7. Registrazione e Monitoraggio della Produzione

Per una gestione efficace, è utile mantenere un registro della produzione di uova, annotando la data e l'ora della raccolta, insieme al numero di uova raccolte e eventuali anomalie. Questo aiuta a monitorare le prestazioni delle galline, identificare eventuali problemi e ottimizzare le pratiche di raccolta nel tempo.

Implementare queste tecniche nella routine di raccolta delle uova non solo migliora la qualità del prodotto finale, ma contribuisce anche alla salute e al benessere delle galline. Con una raccolta frequente e meticolosa, si garantisce un'alta qualità delle uova e una gestione efficiente dell'allevamento.

2. Prevenzione dei Danni durante la Raccolta

La prevenzione dei danni alle uova durante la raccolta è fondamentale per garantire che il prodotto finale sia di alta qualità e sicuro per il consumo. I danni alle uova possono verificarsi per vari motivi, e la consapevolezza delle migliori pratiche per evitare tali problemi è essenziale per mantenere l'efficienza e la qualità dell'allevamento. Questo paragrafo esplorerà le tecniche e le precauzioni necessarie per ridurre al minimo i danni durante la raccolta.

1. Preparazione dell'Area di Raccolta

La preparazione dell'area di raccolta è il primo passo per prevenire danni alle uova. Assicurati che l'area sia priva di ostacoli e pulita. I pavimenti devono essere asciutti e privi di materiali scivolosi o irregolari che potrebbero causare incidenti durante la raccolta. Utilizzare tappeti antiscivolo o pavimentazione morbida nelle zone di raccolta può ridurre il rischio di cadute accidentali di uova.

2. Uso di Contenitori Adeguati

Scegliere il giusto tipo di contenitore è cruciale per proteggere le uova durante la raccolta e il trasporto. I contenitori devono essere progettati specificamente per contenere uova, con divisori morbidi o imbottiture che evitino il contatto diretto tra le uova e riducano il rischio di urti. Utilizzare contenitori rigidi e ben ventilati aiuta a mantenere le uova fresche e a prevenire danni durante la manipolazione e il trasporto.

3. Tecnica di Raccolta Delicata

Adottare una tecnica di raccolta delicata è essenziale per prevenire rotture e incrinature. Utilizzare entrambe le mani per raccogliere le uova, posizionando le dita in modo da sostenere completamente l'uovo senza esercitare pressione eccessiva. Evitare movimenti bruschi o repentini e gestire ogni uovo con la massima attenzione. Prendere ogni uovo dalla nidiata in modo sicuro e metterlo delicatamente nel contenitore.

4. Controllo delle Uova durante la Raccolta

Durante la raccolta, eseguire un controllo visivo delle uova per rilevare eventuali anomalie come crepe, macchie o sporco. Se si nota un uovo danneggiato, rimuoverlo immediatamente e trattarlo separatamente per evitare che possa contaminare le uova intatte. Utilizzare una luce intensa o una lampada per ispezionare accuratamente le uova, specialmente se si raccolgono in condizioni di scarsa illuminazione.

5. Monitoraggio della Temperatura

La temperatura è un fattore cruciale nella prevenzione dei danni alle uova. Assicurarsi che l'area di raccolta e conservazione sia mantenuta a una temperatura controllata e costante. Le uova dovrebbero essere trasferite in un ambiente fresco il più presto possibile dopo la raccolta. Evitare l'esposizione a temperature estreme, sia alte che basse, che potrebbero compromettere la qualità delle uova e accelerare la degradazione.

6. Gestione dei Cesti di Raccolta

I cesti utilizzati per raccogliere le uova devono essere maneggiati con attenzione. Evitare di sovraccaricare i cesti, poiché un carico eccessivo può causare rotture a causa della pressione esercitata sugli strati inferiori. Inoltre, i cesti devono essere puliti e privi di detriti o materiali che potrebbero danneggiare le uova. Lavare e disinfettare i cesti regolarmente per mantenere un ambiente di raccolta igienico.

7. Formazione del Personale

Formare adeguatamente il personale coinvolto nella raccolta delle uova è essenziale per minimizzare i danni. Assicurarsi che tutti i lavoratori comprendano le tecniche corrette di raccolta e manipolazione delle uova. Organizzare sessioni di formazione pratica che dimostrino le migliori pratiche e forniscano indicazioni chiare su come trattare le uova con cura.

8. Manutenzione degli Impianti e delle Attrezzature

Controllare e mantenere regolarmente gli impianti e le attrezzature utilizzate nella raccolta e nella conservazione delle uova. Gli impianti di trasporto e le macchine per la raccolta devono essere privi di parti danneggiate e in condizioni ottimali per evitare che causino danni alle uova. Eseguire controlli periodici e manutenzione per garantire che tutte le attrezzature funzionino correttamente.

Implementare queste misure di prevenzione non solo riduce il rischio di danni alle uova, ma contribuisce anche a garantire un prodotto finale di alta qualità. Con una preparazione adeguata e una manipolazione attenta, è possibile mantenere elevati standard di sicurezza e freschezza per le uova prodotte.

3. Procedure di Lavaggio e Pulizia delle Uova

Il lavaggio e la pulizia delle uova sono passaggi cruciali nella raccolta e preparazione delle uova per il consumo. Queste procedure non solo garantiscono che le uova siano visivamente attraenti e igieniche, ma aiutano anche a mantenere la loro qualità e sicurezza alimentare. È essenziale seguire tecniche precise per evitare di danneggiare le uova e di compromettere la loro freschezza. Questo paragrafo fornirà una guida dettagliata sui metodi di lavaggio e pulizia delle uova, includendo considerazioni pratiche e suggerimenti per ottenere i migliori risultati.

1. Preparazione dell'Area di Lavaggio

Prima di iniziare il processo di lavaggio, è fondamentale preparare adeguatamente l'area di lavoro. Assicurati che l'area sia pulita e ben organizzata. Utilizza superfici facili da igienizzare, come acciaio inox o plastica non porosa. Prepara due lavandini o contenitori: uno per il lavaggio e uno per il risciacquo. Verifica che tutti gli strumenti e i materiali necessari siano a disposizione, tra cui guanti, spugne non abrasivi, detergenti specifici per alimenti e asciugamani puliti.

2. Temperatura dell'Acqua

La temperatura dell'acqua utilizzata per il lavaggio è cruciale per garantire l'efficacia del processo e la sicurezza delle uova. Utilizza acqua calda, preferibilmente tra 40°C e 45°C (104°F e 113°F). L'acqua deve essere calda ma non eccessivamente calda, poiché temperature troppo alte possono compromettere il rivestimento naturale dell'uovo, noto come cuticola, che funge da barriera contro batteri e contaminanti. Evita l'uso di acqua fredda, poiché potrebbe causare la contrazione della cuticola e favorire l'assorbimento di contaminanti.

3. Detergenti e Soluzioni di Lavaggio

Utilizza detergenti specifici per alimenti approvati per il lavaggio delle uova. Questi detergenti sono progettati per rimuovere efficacemente sporco e contaminanti senza lasciare residui nocivi. Evita detergenti domestici o prodotti chimici aggressivi che potrebbero lasciare tracce dannose. Segui le istruzioni del produttore per la diluizione e l'uso del detergente. In alternativa, puoi utilizzare una soluzione di acqua e aceto bianco (1 parte di aceto per 3 parti di acqua) per una pulizia più naturale e meno invasiva.

4. Lavaggio delle Uova

Immergi delicatamente le uova nell'acqua calda e detergente, evitando di sovraccaricare il contenitore. Utilizza una spugna morbida o una spazzola a setole morbide per pulire le superfici delle uova. Fai attenzione a non graffiare o danneggiare il guscio. Procedi con movimenti leggeri e circolari per rimuovere sporco e residui. Non lasciarle in ammollo per periodi prolungati, poiché l'acqua potrebbe penetrare nel guscio se lasciata troppo a lungo.

5. Risciacquo e Asciugatura

Dopo il lavaggio, sciacqua le uova in un secondo lavandino o contenitore con acqua calda pulita. Questo passaggio è essenziale per rimuovere eventuali residui di detergente e sporco rimasto. Asciuga delicatamente le uova con asciugamani puliti e privi di pelucchi. Evita di utilizzare asciugamani ruvidi o abrasivi che potrebbero danneggiare la superficie delle uova. Assicurati che le uova siano completamente asciutte prima di immagazzinarle.

6. Controllo e Selezione

Dopo il lavaggio e l'asciugatura, esegui un controllo visivo delle uova per verificare la presenza di eventuali crepe, incrinature o danni. Se noti uova danneggiate, separale e utilizzale immediatamente o smaltirle in modo appropriato. Le uova integre e ben pulite sono pronte per la conservazione o la vendita.

7. Conservazione Post-Lavaggio

Le uova pulite devono essere conservate in condizioni adeguate per mantenere la loro freschezza. Riponile in frigorifero a una temperatura costante di 4°C (39°F) o inferiore. Utilizza contenitori puliti e ben ventilati per evitare l'accumulo di umidità, che può accelerare il deterioramento. Assicurati che il frigorifero sia pulito e mantenuto a una temperatura corretta per garantire una conservazione ottimale.

8. Regole di Igiene e Sicurezza

Durante tutto il processo di lavaggio, mantieni elevati standard di igiene. Lava frequentemente le mani e usa guanti se necessario. Disinfetta regolarmente le superfici di lavoro e gli strumenti utilizzati. La sicurezza alimentare è fondamentale per prevenire la contaminazione e garantire che le uova siano sicure per il consumo.

Implementando queste procedure dettagliate di lavaggio e pulizia delle uova, puoi garantire che le uova raccolte siano di alta qualità e sicure per il consumo. Seguire questi passaggi con attenzione contribuirà a mantenere l'efficacia del rivestimento protettivo dell'uovo e a garantire un prodotto finale privo di contaminanti.

4. Controllo della Qualità delle Uova al Momento della Raccolta

Il controllo della qualità delle uova al momento della raccolta è un aspetto cruciale nella gestione dell'allevamento di galline ovaiole. Questo processo non solo garantisce che le uova siano sicure e salubri per il consumo, ma aiuta anche a mantenere elevati standard di qualità e a ridurre il rischio di deterioramento. Per ottenere risultati ottimali, è necessario adottare un approccio sistematico e dettagliato per ispezionare ogni uovo, identificare eventuali difetti e implementare pratiche di raccolta che preservino la freschezza e la qualità del prodotto. Questo paragrafo fornirà una guida completa per il controllo della qualità delle uova, evidenziando le tecniche pratiche e le considerazioni essenziali.

1. Preparazione e Pianificazione della Raccolta

Prima di iniziare la raccolta, è essenziale preparare l'area di lavoro e gli strumenti necessari. Assicurati di avere a disposizione cesti puliti, contenitori e guanti. Verifica che le attrezzature siano prive di contaminanti e che l'area di raccolta sia ben illuminata e facilmente accessibile. Una pianificazione attenta ridurrà il rischio di contaminazione e faciliterà un'ispezione accurata delle uova.

2. Ispezione Visiva delle Uova

Durante la raccolta, esegui un'ispezione visiva di ogni uovo. Controlla attentamente la superficie dell'uovo per individuare eventuali segni di rottura, incrinature o sporco. Le uova con il guscio danneggiato devono essere rimosse e scartate o utilizzate immediatamente, poiché possono ospitare batteri che compromettono la sicurezza alimentare. Un guscio integro e pulito è essenziale per garantire la qualità e la durata di conservazione delle uova.

3. Controllo del Colore e della Superficie

Esamina il colore del guscio delle uova per verificare eventuali anomalie. Un guscio con macchie di colore o disomogeneo potrebbe indicare problemi di nutrizione o di salute delle galline. Anche se il colore del guscio può variare a seconda della razza, ogni uovo deve apparire uniforme e senza segni di deterioramento. Le macchie, le macchie di sangue o altre imperfezioni visibili devono essere segnalate e trattate di conseguenza.

4. Verifica della Freschezza

La freschezza delle uova può essere indicata da alcuni segnali chiave al momento della raccolta. Un metodo semplice per verificare la freschezza è il test della candela, che consiste nell'illuminare l'uovo per osservare il contenuto interno attraverso il guscio. Le uova fresche presenteranno un chiaro e uniforme contenuto, mentre quelle meno fresche mostreranno un'area d'aria più grande e un albumen più fluido. Inoltre, puoi anche utilizzare il metodo dell'affondamento: un uovo fresco si deposita sul fondo dell'acqua, mentre uno più vecchio galleggia o tende a sollevarsi.

5. Controllo della Forma e della Consistenza

Verifica che le uova abbiano una forma regolare e non presentino deformazioni o irregolarità. Le uova dovrebbero essere di dimensioni uniformi e avere una consistenza solida. Le uova deformate, troppo piccole o troppo grandi, potrebbero essere sintomo di problemi di salute o nutrizione nelle galline e devono essere escluse dal ciclo di vendita o consumo fino a una valutazione più approfondita.

6. Raccolta e Immagazzinamento Immediati

Una volta completato il controllo della qualità, le uova devono essere immediatamente trasferite in contenitori puliti e adeguati per la conservazione. Utilizza contenitori che proteggano le uova da urti e contaminazioni. Evita di impilare le uova o di esercitare pressione su di esse, poiché ciò potrebbe danneggiare il guscio e compromettere la qualità. L'immagazzinamento deve avvenire in un ambiente fresco e asciutto, preferibilmente a temperatura controllata per mantenere la freschezza.

7. Registrazione e Monitoraggio della Qualità

Implementa un sistema di registrazione per monitorare la qualità delle uova raccolte. Annotare i dati relativi alla quantità, alla qualità e a eventuali difetti può aiutare a identificare tendenze e problemi ricorrenti. Utilizza queste informazioni per apportare miglioramenti nelle pratiche di raccolta e gestione, garantendo un prodotto finale di alta qualità e sicuro per il consumo.

8. Formazione del Personale e Procedure di Controllo

Assicurati che il personale coinvolto nella raccolta delle uova sia adeguatamente formato sui protocolli di controllo della qualità. La formazione dovrebbe includere tecniche di ispezione, gestione della freschezza e riconoscimento dei difetti. Procedure chiare e una buona formazione contribuiranno a mantenere elevati standard di qualità e a ridurre il rischio di errori durante la raccolta.

Adottando queste pratiche dettagliate e sistematiche per il controllo della qualità delle uova al momento della raccolta, è possibile garantire che il prodotto finale sia sicuro, fresco e di alta qualità. La cura e l'attenzione dedicate a questo processo riflettono direttamente sulla soddisfazione del cliente e sulla reputazione dell'allevamento.

5. Metodi di Conservazione a Breve Termine

La conservazione delle uova a breve termine è un aspetto cruciale nella gestione di un allevamento di galline ovaiole. Garantire che le uova rimangano fresche e di alta qualità fino al momento del consumo richiede metodi efficaci e appropriati. Questi metodi devono essere applicati con attenzione subito dopo la raccolta per preservare le caratteristiche organolettiche e nutrizionali delle uova. Questo paragrafo esplorerà le tecniche di conservazione a breve termine più comuni e raccomandate, fornendo istruzioni dettagliate e pratiche per mantenerle in condizioni ottimali.

1. Raffreddamento Immediato

Il raffreddamento immediato delle uova dopo la raccolta è fondamentale per prolungare la loro freschezza. Le uova devono essere trasferite in un ambiente fresco e asciutto entro due ore dalla raccolta. Idealmente, la temperatura di conservazione deve essere mantenuta tra 7 e 13 gradi Celsius. Questo aiuta a rallentare la crescita batterica e a mantenere l'integrità del guscio. L'uso di refrigeratori o camere frigorifere dedicate è altamente consigliato per mantenere la temperatura stabile e prevenire fluttuazioni che potrebbero compromettere la qualità delle uova.

2. Utilizzo di Contenitori Adeguati

Per preservare la freschezza delle uova a breve termine, è cruciale utilizzare contenitori adeguati. Le uova devono essere conservate in contenitori puliti e asciutti, preferibilmente in materiale plastico o cartone progettato specificamente per questo scopo. I contenitori devono essere ben ventilati per evitare la condensazione interna, che può portare alla crescita di muffe e batteri. Assicurati che i contenitori non siano stati utilizzati precedentemente per alimenti contaminati o sporchi. Per evitare rotture e danni, è importante che le uova siano posizionate in un solo strato e non impilate.

3. Controllo dell'Umidità

Il controllo dell'umidità è un altro aspetto cruciale nella conservazione delle uova a breve termine. L'umidità eccessiva può compromettere la freschezza delle uova e favorire la proliferazione di microrganismi dannosi. È consigliabile mantenere l'umidità relativa dell'ambiente di conservazione tra il 70% e l'80%. L'uso di deumidificatori o sistemi di ventilazione adeguati può aiutare a mantenere i livelli di umidità controllati e prevenire problemi di condensa.

4. Protezione dalla Luce

La luce può influire sulla qualità delle uova, accelerando la degradazione delle vitamine e alterando la qualità del guscio. Per evitare questi effetti, le uova devono essere conservate in ambienti bui o semi-oscuri. Se le uova sono conservate in contenitori trasparenti, è importante coprirli o posizionarli in luoghi lontani da fonti di luce diretta. La protezione dalla luce aiuta a preservare l'integrità del guscio e a mantenere le qualità nutrizionali delle uova.

5. Ispezione e Rotazione delle Uova

Durante il periodo di conservazione a breve termine, è buona pratica ispezionare regolarmente le uova per verificare la presenza di eventuali difetti o segni di deterioramento. Le uova danneggiate o sporche devono essere rimosse immediatamente per prevenire la contaminazione delle uova sane. Inoltre, implementa un sistema di rotazione delle uova, seguendo il principio "prima in, prima fuori" (FIFO), per garantire che le uova più vecchie vengano utilizzate prima delle uova più recenti. Questo aiuta a garantire che le uova siano sempre fresche al momento del consumo.

6. Registrazione e Monitoraggio della Qualità

Infine, è utile mantenere un registro della data di raccolta e della data di conservazione delle uova. Questo ti permetterà di monitorare la durata di conservazione e di gestire meglio le scorte. L'uso di un sistema di tracciabilità semplice e accurato consente di tenere sotto controllo la freschezza delle uova e di prendere decisioni informate sul loro utilizzo.

Implementando questi metodi di conservazione a breve termine, puoi garantire che le uova rimangano fresche e di alta qualità, offrendo ai consumatori un prodotto sicuro e gustoso. La cura e l'attenzione dedicate a ogni fase del processo di conservazione riflettono direttamente sulla soddisfazione del cliente e sulla reputazione dell'allevamento.

6. Soluzioni per la Conservazione a Lungo Termine delle Uova

La conservazione a lungo termine delle uova richiede metodi più avanzati rispetto a quelli utilizzati per la conservazione a breve termine. Mentre le tecniche di base si concentrano sul mantenimento della freschezza e della qualità per pochi giorni, la conservazione a lungo termine deve affrontare sfide aggiuntive come la prevenzione della degradazione e della contaminazione per settimane o mesi. Di seguito vengono esplorati diversi metodi di conservazione a lungo termine, inclusi quelli con e senza refrigerazione, e forniscono indicazioni pratiche su come applicarli efficacemente.

1. Congelamento delle Uova

Il congelamento è uno dei metodi più efficaci per conservare le uova a lungo termine. Tuttavia, richiede un po' di preparazione per garantire che le uova mantengano la loro qualità dopo la scongelazione. Ecco come procedere:

- **Preparazione:** Prima di congelare le uova, è consigliabile romperle e sbatterle leggermente per mescolare i tuorli e gli albumi. Questo previene la formazione di cristalli di ghiaccio e facilita un'eventuale utilizzazione in ricette.

- **Contenitori:** Utilizza contenitori sicuri per il congelamento, come sacchetti per alimenti con chiusura ermetica o contenitori plastici con coperchi ben sigillati. Etichetta ogni contenitore con la data di congelamento.

- **Temperatura e Tempo:** Congela le uova a una temperatura di -18°C o inferiore. Le uova possono essere conservate in congelatore per un massimo di 6-12 mesi. È importante non congelare le uova in guscio, poiché l'espansione del contenuto durante il congelamento può causare la rottura del guscio.

- **Scongelamento:** Scongelare le uova nel frigorifero per evitare una rapida crescita batterica. Utilizza le uova scongelate entro 24 ore e cuocile bene prima del consumo.

2. Conservazione in Liquidi

Le uova possono essere conservate in liquidi per estenderne la durata. Questo metodo, noto come conservazione in liquidi, prevede l'immersione delle uova in soluzioni specifiche che aiutano a preservarle.

- **Salamoia:** Una salamoia di acqua e sale è una soluzione comune per la conservazione delle uova. Prepara una soluzione salina concentrata (circa 100 grammi di sale per litro d'acqua) e immergi le uova sode nel liquido. Questa soluzione aiuta a prevenire la crescita batterica e a mantenere le uova fresche per diverse settimane.

- **Olio:** Un'altra opzione è conservare le uova sode in un bagno di olio vegetale. L'olio forma uno strato protettivo intorno all'uovo, prevenendo l'ingresso di aria e batteri. Assicurati che le uova siano completamente coperte e conserva in un luogo fresco e buio.

- **Aceto:** L'aceto è un altro conservante efficace. Immergi le uova sode in una miscela di aceto e acqua (circa 1 parte di aceto per 4 parti di acqua). Questo metodo è particolarmente utile per le uova in salamoia e può prolungare la durata delle uova fino a 3 mesi.

3. Essiccazione delle Uova

L'essiccazione è una tecnica che può essere utilizzata per conservare le uova in polvere. Questa tecnica richiede apparecchiature specifiche ma consente una conservazione a lungo termine.

- **Preparazione:** Rompi e sbatti le uova, poi cuocile a bassa temperatura fino a quando sono completamente asciutte. Utilizza un essiccatore alimentare o un forno a temperatura molto bassa (circa 60-70°C) per questo scopo.

- **Macina e Conserva:** Una volta essiccate, macina le uova in una polvere fine. Conserva la polvere in contenitori ermetici, al riparo dalla luce e dall'umidità.

- **Riutilizzo:** Per utilizzare le uova in polvere, mescola con acqua in proporzione di circa 1 parte di polvere a 2 parti di acqua. Questa miscela può essere usata in cucina per ricette che richiedono uova.

4. Sbiancamento e Confezionamento

Il sbiancamento è una tecnica che implica la pulizia e il trattamento delle uova per prolungarne la durata di conservazione.

- **Pulizia:** Lavare le uova con una soluzione di acqua e candeggina diluita (una parte di candeggina per dieci parti di acqua) per disinfettare la superficie. Dopo il trattamento, risciacqua le uova con acqua fresca e asciugale bene.

- **Confezionamento:** Avvolgi le uova in carta assorbente o in sacchetti di plastica per proteggerle dai danni fisici e dall'umidità. Conserva in frigorifero o in un luogo fresco e asciutto.

5. Controllo Periodico e Gestione delle Scorte

Indipendentemente dal metodo di conservazione scelto, è essenziale monitorare regolarmente le uova per garantire che rimangano in buone condizioni. Verifica la data di conservazione e ispeziona le uova per eventuali segni di deterioramento o contaminazione. Implementa un sistema di rotazione delle scorte per garantire che le uova più vecchie vengano utilizzate prima delle più recenti.

Implementando questi metodi di conservazione a lungo termine, puoi garantire una disponibilità continua di uova fresche e sicure, prolungando significativamente la durata e la qualità del tuo prodotto. Ogni metodo ha i suoi vantaggi e limitazioni, quindi è importante scegliere quello più adatto alle tue esigenze specifiche e alle risorse disponibili.

7. Temperatura e Umidità Ideali per la Conservazione delle Uova

La conservazione ottimale delle uova richiede un attento controllo della temperatura e dell'umidità, due fattori cruciali che influenzano significativamente la qualità e la durata di conservazione del prodotto. Le condizioni ambientali devono essere gestite con precisione per garantire che le uova rimangano fresche e sicure per il consumo nel tempo. Questo paragrafo esplorerà le migliori pratiche e le raccomandazioni specifiche per mantenere temperature e umidità ideali, sia per la conservazione a breve che a lungo termine.

1. Temperatura Ideale per la Conservazione delle Uova

La temperatura è uno degli aspetti più critici nella conservazione delle uova. Mantenere le uova alla temperatura corretta aiuta a prevenire la proliferazione batterica e a preservare la freschezza. Ecco alcune linee guida fondamentali:

- **Frigorifero:** Per la conservazione a breve termine, ovvero per periodi che vanno da pochi giorni a qualche settimana, le uova dovrebbero essere conservate in frigorifero a una temperatura compresa tra 1°C e 4°C. Questa gamma di temperatura rallenta la crescita dei batteri e mantiene la qualità delle uova. È importante mantenere il frigorifero a una temperatura costante e non superiore a 5°C.

- **Congelatore:** Se si prevede di conservare le uova per periodi più lunghi, il congelamento è un'opzione valida. Le uova dovrebbero essere congelate a una temperatura di -18°C o inferiore. Assicurati che il congelatore sia ben funzionante e non ci siano sbalzi di temperatura che potrebbero compromettere la qualità delle uova. Le uova congelate dovrebbero essere utilizzate entro 6-12 mesi per garantire la migliore qualità.

- **Conservazione senza Refrigerazione:** In ambienti più caldi o se non si dispone di un frigorifero, le uova possono essere conservate a temperatura ambiente per brevi periodi, ma è essenziale che il luogo sia fresco e asciutto, idealmente sotto i 20°C. Tuttavia, questa pratica è meno consigliata e dovrebbe essere limitata a brevi periodi per minimizzare il rischio di deterioramento.

2. Umidità Ideale per la Conservazione delle Uova

L'umidità è altrettanto importante quanto la temperatura nella conservazione delle uova. Un'umidità eccessiva o insufficiente può influire sulla qualità del guscio e sulla freschezza dell'uovo stesso. Ecco alcune considerazioni fondamentali:

- **Frigorifero:** Nel frigorifero, l'umidità ideale per la conservazione delle uova dovrebbe essere mantenuta intorno al 75-85%. L'umidità elevata aiuta a prevenire l'essiccazione del guscio e mantiene l'integrità dell'uovo. Tuttavia, è cruciale evitare l'eccesso di umidità, che potrebbe portare alla formazione di muffe o alla proliferazione di batteri. Per gestire l'umidità, è possibile utilizzare contenitori o scatole progettate specificamente per la conservazione delle uova.

- **Congelatore:** Nel congelatore, l'umidità non è un problema diretto, poiché l'ambiente è secco. Tuttavia, è importante evitare che le uova sviluppino bruciature da congelamento, che possono avvenire se le uova non sono ben confezionate. Utilizza sacchetti per alimenti o contenitori ermetici per proteggere le uova dall'esposizione all'aria.

- **Conservazione Senza Refrigerazione:** Per la conservazione a temperatura ambiente, è fondamentale mantenere l'umidità bassa per evitare la formazione di condensa all'interno dei contenitori. L'umidità eccessiva può compromettere la qualità delle uova e accelerare la crescita di batteri. Conserva le uova in luoghi asciutti e ben ventilati, lontano da fonti di umidità come la cucina o il bagno.

3. Monitoraggio delle Condizioni Ambientali

Per garantire che le uova siano conservate nelle migliori condizioni, è importante monitorare regolarmente la temperatura e l'umidità degli ambienti di conservazione:

- **Termometri e Igrometri:** Utilizza termometri e igrometri accurati per misurare e registrare la temperatura e l'umidità. Posiziona i dispositivi nei luoghi di conservazione e controlla regolarmente le letture per assicurarti che rimangano all'interno degli intervalli ideali.

- **Manutenzione degli Impianti:** Controlla e manutenzione regolarmente frigoriferi e congelatori per assicurarti che funzionino correttamente. Verifica che le porte si chiudano ermeticamente e che i sistemi di raffreddamento e deumidificazione siano operativi.

- **Gestione dei Contenitori:** Scegli contenitori adatti e ben sigillati per la conservazione delle uova, specialmente quando si conservano a lungo termine. I contenitori dovrebbero essere puliti e privi di umidità interna per mantenere le condizioni ideali.

Implementare e mantenere le condizioni ideali di temperatura e umidità non solo aiuta a preservare la qualità delle uova ma contribuisce anche a garantire la sicurezza alimentare. Seguire queste linee guida ti permetterà di ottenere uova fresche e sicure per un periodo prolungato, soddisfacendo così le esigenze quotidiane e migliorando l'efficienza della tua produzione avicola.

8. Imballaggio e Stoccaggio delle Uova per la Vendita

Imballare e stoccare le uova per la vendita richiede attenzione ai dettagli e una pianificazione accurata per garantire che il prodotto arrivi al consumatore finale in condizioni ottimali. Un imballaggio adeguato non solo protegge le uova dai danni fisici ma contribuisce anche a mantenere la freschezza e la sicurezza alimentare. Questo paragrafo esplorerà le tecniche di imballaggio e stoccaggio più efficaci, offrendo linee guida pratiche per un imballaggio di alta qualità e una gestione ottimale durante il processo di vendita.

1. Selezione del Materiale di Imballaggio

La scelta del materiale di imballaggio è cruciale per proteggere le uova durante il trasporto e lo stoccaggio. Ecco le opzioni più comuni e le loro caratteristiche:

- **Cartoni di Carta:** I cartoni di carta riciclata sono ampiamente utilizzati per imballare le uova. Offrono una buona protezione grazie alla loro capacità di assorbire gli urti e ridurre il rischio di rottura. Sono disponibili in diverse capacità, come 6, 12 o 18 uova, e possono essere personalizzati con etichette per informazioni sul prodotto e la tracciabilità.

- **Cartoni di Plastica:** I cartoni di plastica rigida forniscono una protezione eccellente contro la rottura e possono essere riutilizzati. Sono più resistenti e facili da pulire rispetto ai cartoni di carta, ma possono essere meno ecologici. Alcuni modelli sono progettati con divisori che riducono il movimento delle uova all'interno del cartone.

- **Imballaggi di Schiuma:** Gli imballaggi di schiuma, come quelli in polistirolo, offrono un'ulteriore protezione contro gli urti e le vibrazioni. Questi imballaggi sono particolarmente utili per spedizioni a lunga distanza e possono ridurre significativamente il rischio di rottura delle uova.

2. Tecniche di Imballaggio

Per garantire che le uova arrivino in condizioni perfette, è importante seguire tecniche di imballaggio adeguate. Ecco una guida passo-passo:

- **Ispezione Preliminare:** Prima di imballare, ispeziona ogni uovo per assicurarti che non ci siano crepe o rotture. Le uova difettose devono essere rimosse per evitare contaminazioni e danni agli altri prodotti.

- **Pulizia e Disinfezione:** Se necessario, pulisci le uova con un panno asciutto per rimuovere eventuali residui superficiali. Evita di lavare le uova con acqua, poiché può rimuovere il rivestimento naturale che protegge il guscio. Utilizza soluzioni di disinfezione approvate per garantire la sicurezza senza compromettere la qualità.

- **Posizionamento:** Colloca delicatamente ogni uovo nei contenitori, assicurandoti che siano ben posizionati e non si muovano. Gli spazi vuoti o il movimento eccessivo possono causare rotture. Utilizza separatori o inserti se il cartone non dispone di scomparti individuali.

- **Chiusura:** Sigilla i cartoni o i contenitori in modo sicuro per prevenire l'ingresso di contaminanti esterni. Se usi imballaggi riutilizzabili, assicurati che siano puliti e privi di residui.

3. Stoccaggio delle Uova

Il corretto stoccaggio delle uova è essenziale per mantenere la loro freschezza e qualità fino al momento della vendita. Ecco alcune linee guida per uno stoccaggio ottimale:

- **Condizioni Ambientali:** Conserva le uova in un luogo fresco, asciutto e ben ventilato. Idealmente, la temperatura di stoccaggio dovrebbe essere mantenuta tra 1°C e 4°C, come nel frigorifero, per garantire la freschezza. Mantieni l'umidità relativa intorno al 75-85% per prevenire l'essiccazione del guscio.

- **Rotazione delle Scorte:** Utilizza il metodo FIFO (First In, First Out) per gestire le scorte. Questo metodo assicura che le uova più vecchie vengano vendute prima di quelle più recenti, riducendo il rischio di vendere uova scadute.

- **Isolamento e Protezione:** Stocca i cartoni di uova su scaffali o pallet per evitare il contatto diretto con il pavimento, che potrebbe essere umido o sporco. Proteggi le uova dalla luce diretta e da fonti di calore che potrebbero alterare la qualità del prodotto.

4. Imballaggio per la Vendita al Dettaglio

Se stai preparando uova per la vendita al dettaglio, considera le seguenti raccomandazioni per garantire l'attrattiva e la funzionalità del tuo prodotto:

- **Etichettatura:** Assicurati che ogni imballaggio contenga etichette chiare con informazioni essenziali, come la data di scadenza, il numero di lotto e le istruzioni per la conservazione. Le etichette devono essere leggibili e ben visibili per i consumatori.

- **Packaging Aggiuntivo:** Per il mercato al dettaglio, puoi considerare l'uso di imballaggi aggiuntivi, come sacchetti o confezioni personalizzate, che migliorano l'aspetto visivo del prodotto e ne aumentano l'attrattiva sugli scaffali dei negozi.

- **Certificazioni e Normative:** Assicurati che il packaging e il processo di conservazione rispettino tutte le normative locali e nazionali riguardanti la sicurezza alimentare e le certificazioni richieste per la vendita.

Implementare queste pratiche di imballaggio e stoccaggio garantirà che le tue uova siano sicure, fresche e pronte per il mercato, aumentando la soddisfazione del cliente e il successo della tua attività avicola.

9. Tecniche di Congelamento e Conservazione delle Uova Crude

Congelare e conservare le uova crude è una strategia efficace per estendere la loro durata e garantirne la disponibilità anche fuori stagione. Tuttavia, il congelamento delle uova richiede una preparazione adeguata e l'adozione di tecniche specifiche per preservare la qualità del prodotto. Questo paragrafo offre una guida completa su come congelare e conservare correttamente le uova crude, fornendo suggerimenti pratici e tecniche dettagliate per ottenere risultati ottimali.

1. Preparazione delle Uova per il Congelamento

Prima di congelare le uova, è fondamentale prepararle adeguatamente per mantenere la loro qualità e sicurezza. Ecco i passaggi da seguire:

- **Selezione e Ispezione:** Seleziona solo uova fresche e prive di crepe o rotture. Le uova danneggiate possono compromettere la qualità del congelamento e la sicurezza alimentare. Ispeziona ogni uovo e scarta quelli che non sono in perfette condizioni.

- **Lavaggio e Asciugatura:** Se necessario, lava le uova delicatamente sotto acqua fredda per rimuovere eventuali residui superficiali. Evita di immergere le uova in acqua, poiché potrebbe rimuovere il rivestimento naturale protettivo. Asciuga completamente le uova con un panno pulito e asciutto.

- **Rottura e Separazione:** Rompi le uova e separa il tuorlo dall'albume se desideri congelare le parti individualmente. Questo può essere utile se hai intenzione di utilizzare solo uno dei due componenti in seguito. Usa un contenitore pulito e asciutto per raccogliere ogni parte.

2. Tecniche di Congelamento delle Uova Crude

Le uova possono essere congelate intere, come tuorli e albumi separati, o anche come miscela di entrambi. Ecco le tecniche consigliate:

- **Congelamento delle Uova Intere:** Per congelare le uova intere, sbattile leggermente fino a ottenere una miscela uniforme. Versa il composto in contenitori sicuri per il congelamento, come sacchetti di plastica per alimenti o contenitori di plastica rigida. Assicurati di lasciare un po' di spazio libero per l'espansione del liquido durante il congelamento. Etichetta il contenitore con la data e il contenuto.

- **Congelamento dei Tuorli e Albumi Separati:** Se preferisci congelare tuorli e albumi separatamente, versa ciascuno in contenitori diversi. I tuorli possono essere leggermente sbattuti con un pizzico di sale o zucchero per evitare che diventino troppo gelatinosi durante il congelamento. Gli albumi devono essere congelati in contenitori ermetici per evitare la formazione di cristalli di ghiaccio che possono compromettere la loro consistenza.

- **Congelamento dei Miscugli di Uova:** Se prevedi di utilizzare le uova in preparazioni che richiedono entrambi i componenti, puoi mescolare tuorli e albumi insieme prima di congelare. Sbatti leggermente il composto e versalo in contenitori per il congelamento. Etichetta chiaramente con la data e il tipo di miscela.

3. Conservazione e Uso delle Uova Congelate

Il corretto stoccaggio delle uova congelate è essenziale per mantenere la loro qualità e sicurezza alimentare. Segui queste indicazioni per un'adeguata conservazione:

- **Temperatura di Congelamento:** Mantieni le uova congelate a una temperatura costante di -18°C o inferiore. Assicurati che il congelatore sia in grado di raggiungere e mantenere questa temperatura per garantire una conservazione ottimale.

- **Durata del Congelamento:** Le uova congelate possono essere conservate per un periodo massimo di 12 mesi. Tuttavia, è consigliabile utilizzarle entro 6-9 mesi per garantire la migliore qualità e freschezza.

- **Scongelamento:** Per scongelare le uova, trasferiscile dal congelatore al frigorifero e lasciale scongelare lentamente per 24 ore. Evita di scongelare le uova a temperatura ambiente, poiché può aumentare il rischio di crescita batterica. Una volta scongelate, utilizza le uova entro 24 ore e non ricongelarle.

- **Utilizzo:** Le uova scongelate possono essere utilizzate come quelle fresche in una varietà di preparazioni culinarie, inclusi dolci e piatti a base di uova. È importante notare che la consistenza potrebbe cambiare leggermente, ma le uova congelate sono perfettamente sicure e utili per la maggior parte delle ricette.

4. Suggerimenti e Precauzioni

- **Verifica la Qualità:** Dopo il congelamento e lo scongelamento, verifica l'aspetto e l'odore delle uova. Se noti qualsiasi segnale di deterioramento, come odori sgradevoli o cambiamenti di colore, scarta le uova e non utilizzarle.

- **Utilizzo di Contenitori adatti:** Utilizza solo contenitori sicuri per alimenti e adatti al congelamento. I contenitori di plastica rigida o i sacchetti per alimenti con chiusura ermetica sono ideali per prevenire la fuoriuscita di liquidi e l'assorbimento di odori.

- **Manutenzione del Congelatore:** Mantieni il congelatore pulito e libero da eventuali accumuli di ghiaccio. Un congelatore ben mantenuto garantirà una conservazione più efficiente e sicura delle uova.

Implementando queste tecniche e pratiche, potrai congelare e conservare le uova crude in modo efficace, mantenendo la loro qualità e sicurezza alimentare per un utilizzo prolungato.

10. Ispezione e Gestione delle Uova in Caso di Contaminazione

La gestione delle uova contaminate è cruciale per garantire la sicurezza alimentare e mantenere elevati standard di qualità. La contaminazione delle uova può avvenire per diverse ragioni, tra cui il contatto con batteri patogeni, la manipolazione impropria o condizioni di conservazione inadeguate. Questo paragrafo esplorerà in dettaglio come ispezionare e gestire le uova contaminate, offrendo pratiche e tecniche dettagliate per affrontare questa situazione in modo efficace.

1. Identificazione delle Uova Contaminate

Il primo passo nella gestione delle uova contaminate è l'identificazione precoce. Ecco come riconoscere le uova che potrebbero essere state compromesse:

- **Controllo Visivo:** Ispeziona le uova per segni evidenti di contaminazione. Le uova contaminate possono presentare crepe, macchie o ammaccature. I segni di contaminazione esterna includono la presenza di materiale fecale, sporco o altri residui. Le uova con gusci screpolati sono particolarmente suscettibili alla contaminazione batterica e devono essere scartate.

- **Test di Galleggiamento:** Esegui il test di galleggiamento per verificare la freschezza delle uova. Immergi le uova in un recipiente d'acqua. Le uova fresche affonderanno e rimarranno sul fondo. Le uova contaminate e non fresche tendono a galleggiare o a sollevarsi verso la superficie a causa della formazione di gas all'interno. Questo test può essere utile per identificare uova che hanno subito deterioramenti.

- **Odore:** Un odore sgradevole è un chiaro indicativo di contaminazione batterica. Se un uovo emana un odore forte e rancido, è segno che potrebbe essere contaminato e non dovrebbe essere consumato. Questo controllo deve essere effettuato prima della cottura o durante la preparazione delle uova.

2. Procedure di Gestione e Scarto delle Uova Contaminate

Una volta identificate le uova contaminate, è essenziale adottare procedure adeguate per gestirle e smaltirle in modo sicuro:

- **Isolamento delle Uova Contaminate:** Se trovi uova contaminate, isola immediatamente quelle identificate per prevenire la contaminazione incrociata con altre uova. Utilizza contenitori separati e ben sigillati per evitare il contatto con uova sane.

- **Scarto e Smaltimento:** Le uova contaminate devono essere scartate in modo sicuro. Non gettarle nel cestino dei rifiuti domestici, poiché potrebbero rappresentare un rischio per la salute. Consulta le normative locali per il corretto smaltimento delle uova contaminate. In molti casi, è possibile contattare i servizi di gestione dei rifiuti per ricevere indicazioni su come smaltire correttamente le uova.

- **Pulizia e Disinfezione:** Dopo aver rimosso le uova contaminate, pulisci e disinfetta accuratamente le superfici e gli strumenti che sono venuti a contatto con le uova. Utilizza detergenti e disinfettanti sicuri per alimenti per garantire che non vi siano residui di contaminazione. Assicurati che tutte le aree di lavoro siano pulite e asciutte prima di riprendere le operazioni normali.

3. Prevenzione della Contaminazione

Prevenire la contaminazione delle uova è essenziale per mantenere la qualità e la sicurezza. Ecco alcune pratiche preventive:

- **Manutenzione del Pollaio:** Mantieni il pollaio pulito e in buone condizioni. Assicurati che le galline abbiano accesso a spazi asciutti e ben ventilati. La pulizia regolare delle strutture e delle attrezzature contribuisce a ridurre il rischio di contaminazione.

- **Manipolazione Igienica:** Adotta pratiche igieniche durante la raccolta e la manipolazione delle uova. Usa guanti puliti e cambiabili per ridurre il rischio di contaminazione. Lava le mani frequentemente e assicurati che gli strumenti e i contenitori siano ben disinfettati.

- **Controllo delle Condizioni di Conservazione:** Conserva le uova in un ambiente controllato, mantenendo una temperatura stabile e bassa. Evita di conservare le uova in ambienti umidi o caldi, che possono favorire la crescita batterica.

- **Formazione del Personale:** Assicurati che chiunque lavori con le uova sia formato sui protocolli di sicurezza e igiene. La consapevolezza delle pratiche corrette e delle procedure di emergenza può prevenire incidenti e garantire un'adeguata gestione delle uova.

4. Controllo e Monitoraggio Continuo

Per garantire che le pratiche di gestione delle uova siano efficaci, è importante implementare un sistema di controllo e monitoraggio continuo:

- **Registrazione degli Incidenti:** Tieni un registro dettagliato di qualsiasi incidente di contaminazione, comprese le date, le quantità e le cause sospettate. Questo può aiutare a identificare modelli ricorrenti e a migliorare le pratiche di prevenzione.

- **Ispezioni Regolari:** Pianifica ispezioni regolari delle uova e delle strutture di conservazione. Le ispezioni possono aiutare a rilevare problemi potenziali prima che diventino seri e a garantire il rispetto delle pratiche di sicurezza.

- **Aggiornamenti delle Procedure:** Rivedi e aggiorna periodicamente le procedure di gestione delle uova in base ai risultati delle ispezioni e ai feedback ricevuti. Mantieni le pratiche di sicurezza aggiornate per riflettere le ultime raccomandazioni e normative.

Implementando queste tecniche dettagliate e pratiche, sarai in grado di gestire e prevenire efficacemente la contaminazione delle uova, garantendo la sicurezza alimentare e mantenendo elevati standard di qualità nella tua produzione di uova.

X. Risoluzione dei Problemi Comuni e Suggerimenti Utili

1. Affrontare la Riduzione della Produzione di Uova: Cause e Soluzioni

La riduzione della produzione di uova nelle galline ovaiole è una delle preoccupazioni più comuni per gli allevatori e può essere causata da una varietà di fattori. Questo paragrafo esplorerà le principali cause di questo problema e offrirà soluzioni pratiche per affrontarle e ripristinare una produzione ottimale di uova.

Cause della Riduzione della Produzione di Uova

1. **Problemi Nutrizionali**
   La dieta delle galline è cruciale per mantenere una produzione costante di uova. Una carenza di nutrienti essenziali come proteine, vitamine e minerali può ridurre significativamente la capacità di deposizione delle uova. Le galline hanno bisogno di una dieta bilanciata che includa il corretto rapporto di calcio e fosforo per garantire la formazione di gusci di uova robusti e per mantenere la funzione ovarica. Inoltre, l'insufficienza di aminoacidi essenziali, come la metionina e la lisina, può compromettere la produzione di uova. Controlla i livelli di questi nutrienti nei mangimi e considera l'uso di integratori specifici se necessario.

2. **Condizioni Ambientali Inadeguate**
   Le condizioni ambientali del pollaio influenzano notevolmente la produzione di uova. Temperature estreme, sia calde che fredde, possono stressare le galline e ridurre la loro produttività. Le galline ovaiole prosperano in ambienti con temperature stabili, idealmente tra i 15 e i 25 gradi Celsius. Inoltre, un'illuminazione inadeguata può influire sulla produzione di uova. Le galline necessitano di circa 14-16 ore di luce al giorno per mantenere un ciclo di deposizione regolare. Se l'illuminazione naturale è insufficiente, l'uso di luci artificiali a tempo controllato può aiutare a mantenere una produzione costante.

3. **Stress e Comportamento Sociale**
   Le condizioni di stress, sia fisico che psicologico, possono ridurre la produzione di uova. Il conflitto tra galline, la sovraffollamento e la mancanza di spazio possono causare stress e comportamenti aggressivi, come il beccaggio delle uova. Per ridurre il conflitto, assicurati che ci sia spazio sufficiente per tutte le galline e che il pollaio sia ben strutturato con aree di nidificazione adeguate. L'introduzione di arricchimenti ambientali, come aree di foraggiamento e per la polverizzazione, può ridurre lo stress e migliorare il benessere delle galline.

4. **Malattie e Parassiti**
Malattie e infestazioni parassitarie possono avere un impatto diretto sulla produzione di uova. Condizioni come la coccidiosi, la salmonella e la malattia di Marek possono ridurre la capacità delle galline di deporre uova. È essenziale mantenere una routine regolare di monitoraggio sanitario e trattare tempestivamente le malattie. Inoltre, la presenza di parassiti come acari e vermi può compromettere la salute e la produttività delle galline. Implementa un programma di controllo dei parassiti e consulta un veterinario per trattamenti appropriati.

5. **Fattori Legati all'Età**
L'età delle galline gioca un ruolo cruciale nella produzione di uova. Le galline raggiungono il picco della produzione tra i 6 e i 12 mesi di età. Dopo questo periodo, la produzione di uova tende a diminuire progressivamente. Se le galline sono più vecchic c la loro produzione sta calando, potrebbe essere il momento di considerare l'introduzione di nuove galline giovani nel gruppo per mantenere un livello costante di produzione.

Soluzioni Pratiche per Ripristinare la Produzione di Uova

1. **Rivedere e Ottimizzare la Dieta**
Analizza e adatta la dieta delle galline per garantire un apporto equilibrato di nutrienti. Utilizza mangimi formulati specificamente per galline ovaiole e considera l'uso di integratori se necessario. Assicurati che le galline abbiano sempre accesso a acqua fresca e pulita, essenziale per la digestione e l'assorbimento dei nutrienti.

2. **Regolare le Condizioni Ambientali**
   Monitora e regola la temperatura e l'umidità del pollaio per mantenere un ambiente ottimale. Installa ventilatori o riscaldatori se necessario per mantenere temperature stabili. Utilizza luci artificiali per garantire il corretto fotoperiodo e stimolare una produzione regolare di uova.

3. **Ridurre lo Stress**
   Migliora la gestione del pollaio per ridurre lo stress. Fornisci spazio sufficiente e crea aree di nidificazione e di foraggiamento per evitare conflitti tra le galline. Introduci tecniche di arricchimento ambientale e monitora il comportamento sociale per prevenire il beccaggio e altri comportamenti aggressivi.

4. **Monitorare e Trattare Malattie e Parassiti**
   Effettua controlli regolari per identificare malattie e parassiti e intervieni prontamente con trattamenti appropriati. Mantieni un programma di vaccinazione e di prevenzione delle malattie e consulta un veterinario per le migliori pratiche sanitarie.

5. **Gestire l'Età del Pollame**
   Pianifica la sostituzione delle galline più vecchie con nuove galline giovani per mantenere la produttività. Implementa un ciclo di rinnovo del pollame per garantire una produzione costante e sostenibile.

Adottando queste soluzioni, potrai affrontare efficacemente la riduzione della produzione di uova e ottimizzare il benessere e la produttività del tuo pollaio.

2. Gestione delle Galline che Beccano le Uova: Prevenzione e Rimedi

Il beccaggio delle uova è un comportamento problematico tra le galline ovaiole che può causare una significativa riduzione della produzione di uova e problemi di igiene nel pollaio. Questo comportamento può derivare da diversi fattori, tra cui lo stress, la carenza nutrizionale e la noia. In questo paragrafo esploreremo come prevenire e gestire il beccaggio delle uova, fornendo soluzioni pratiche per affrontare questo problema e mantenere un ambiente sano e produttivo per le galline.

Cause del Beccaggio delle Uova

1. **Stress e Sovraffollamento**
   Le galline possono iniziare a beccare le uova quando sono stressate o vivono in condizioni di sovraffollamento. Uno spazio limitato e un numero elevato di galline possono aumentare l'ansia e la competizione, portando a comportamenti aggressivi e distruttivi. Il sovraffollamento può anche limitare l'accesso alle risorse essenziali, come cibo e acqua, contribuendo al beccaggio delle uova.

2. **Carenza Nutrizionale**
   Una dieta squilibrata o carente di nutrienti può spingere le galline a beccare le uova. Le carenze di calcio, proteine e altri minerali possono influire sulla qualità delle uova e sulla loro forza del guscio. Le galline possono iniziare a beccare le uova per compensare la mancanza di questi nutrienti, attratte dalla possibilità di consumare il contenuto nutriente delle uova.

3. **Noia e Mancanza di Stimoli**
   Le galline, come gli altri animali, hanno bisogno di stimolazione per mantenere un comportamento sano. La mancanza di attività e di arricchimento ambientale può portare a comportamenti distruttivi, tra cui il beccaggio delle uova. Senza sufficienti opportunità per scavare, foraggiare e interagire, le galline possono rivolgere la loro energia verso il beccaggio delle uova.

4. **Problemi di Salute**
   Alcune condizioni di salute, come infezioni o parassiti, possono alterare il comportamento delle galline e portare al beccaggio delle uova. Ad esempio, le galline affette da problemi digestivi possono cercare di ingerire materiale non alimentare, comprese le uova.

Strategie di Prevenzione

1. **Gestione dello Spazio e del Sovraffollamento**
   Assicurati che il pollaio sia adeguatamente dimensionato per il numero di galline che ospita. Fornisci almeno 4 metri quadrati per gallina all'interno del pollaio e ulteriori spazi all'aperto se possibile. Spazi sufficienti riducono il rischio di stress e conflitti tra le galline. Inoltre, garantisci che ci siano abbastanza aree di nidificazione per evitare che le galline si accalcino in pochi posti.

2. **Ottimizzazione della Dieta**
   Fornisci una dieta completa e bilanciata che soddisfi tutte le esigenze nutrizionali delle galline. Utilizza mangimi specifici per galline ovaiole e considera l'aggiunta di integratori di calcio, vitamine e minerali se necessario. Controlla regolarmente il contenuto nutrizionale del mangime e modifica la dieta in base alle esigenze specifiche delle galline.

3. **Arricchimento Ambientale**
   Introduci elementi di arricchimento nel pollaio per stimolare le galline e ridurre la noia. Puoi utilizzare oggetti come balle di paglia, rami per scavare, e giochi interattivi per promuovere comportamenti naturali e ridurre il rischio di beccaggio delle uova. Creare spazi di foraggiamento e aree di polverizzazione può anche aiutare a mantenere le galline occupate e felici.

4. **Monitoraggio e Manutenzione della Salute**
   Effettua controlli regolari per monitorare la salute delle galline e prevenire malattie e infestazioni parassitarie. Se sospetti che un problema di salute possa contribuire al beccaggio delle uova, consulta un veterinario per una diagnosi e un trattamento appropriati.

Rimedi per il Beccaggio delle Uova

1. **Utilizzo di Barriere e Modifiche Comportamentali**
   Se il beccaggio delle uova è già avvenuto, considera l'uso di barriere fisiche come teli di protezione sugli nidi per rendere più difficile l'accesso alle uova. Alcuni allevatori utilizzano anche beccatoi anti-beccaggio, che limitano l'accesso alle uova e scoraggiano il comportamento distruttivo.

2. **Rimozione e Monitoraggio delle Galline Aggressive**
   Identifica e separa le galline che mostrano segni di comportamento aggressivo. In alcuni casi, la rimozione di galline problematiche può ridurre il rischio di diffusione del comportamento di beccaggio tra il resto del gruppo. Monitora attentamente il comportamento delle galline rimaste e intervieni rapidamente se il problema persiste.

3. **Modifica delle Abitudini di Raccolta delle Uova**
   Cambia le abitudini di raccolta delle uova, raccogliendo le uova più frequentemente durante la giornata. Questo riduce il tempo in cui le uova rimangono nel pollaio e limita le opportunità per il beccaggio.

4. **Educazione e Formazione**
   Partecipa a corsi di formazione e seminari su gestione e comportamento delle galline per apprendere nuove tecniche di prevenzione e gestione del beccaggio delle uova. Condividi esperienze e soluzioni con altri allevatori per migliorare continuamente le pratiche di allevamento.

Implementando queste strategie e rimedi, è possibile prevenire e gestire efficacemente il beccaggio delle uova, garantendo una produzione di uova sana e sostenibile e mantenendo il benessere delle galline nel pollaio.

3. Come Risolvere Problemi di Parassiti nel Pollaio: Strategie Efficaci

Il controllo dei parassiti è cruciale per mantenere la salute e il benessere delle galline ovaiole. I parassiti, che includono acari, pidocchi, vermi e altri insetti, possono compromettere la produzione di uova, ridurre la qualità della carne e causare malattie gravi. In questo paragrafo, esploreremo le strategie più efficaci per identificare, trattare e prevenire i parassiti nel pollaio, fornendo una guida dettagliata per garantire un ambiente sano e produttivo.

Identificazione dei Parassiti Comuni

1. **Acari delle Galline (Red Mite)**

   Gli acari delle galline sono parassiti notturni che si annidano nelle crepe e nelle fessure del pollaio. Sono difficili da vedere durante il giorno ma possono essere identificati attraverso i seguenti segni: piumaggio irregolare, pelle irritata, e presenza di piccoli punti rossi o neri sulle galline. Gli acari possono provocare anemia e riduzione della produzione di uova.

2. **Pidocchi e Vermi Esterni**

   I pidocchi e i vermi esterni sono parassiti visibili che infestano la pelle e il piumaggio delle galline. I pidocchi possono causare prurito intenso e danni alla pelle, mentre i vermi esterni possono apparire come piccoli insetti che camminano sul corpo delle galline. La presenza di questi parassiti è spesso indicata da piumaggio scolorito e caduta di piume.

3. **Vermi Interni (Nematodi e Cestodi)**

I vermi interni, come i nematodi e i cestodi, infestano il tratto gastrointestinale delle galline. Questi parassiti possono essere identificati osservando segni come feci molli, perdita di peso, e riduzione dell'appetito. I vermi interni possono ridurre l'assorbimento dei nutrienti e compromettere la salute generale delle galline.

Strategie di Controllo e Trattamento

1. **Pulizia e Disinfezione Regolare**

Una delle strategie più efficaci per il controllo dei parassiti è mantenere un ambiente pulito e ben gestito. Pulisci e disinfetta regolarmente il pollaio, rimuovendo lettiera e detriti accumulati. Utilizza disinfettanti specifici per pollai e assicurati di trattare tutte le aree sospette di infestazione. Cambia frequentemente la lettiera e lava i nidi e le aree di alimentazione.

2. **Trattamenti Topici e Sistemici**

Per trattare i parassiti esterni, applica trattamenti topici come polveri antiparassitarie o spray specifici per acari, pidocchi e vermi esterni. Questi prodotti devono essere applicati secondo le istruzioni del produttore e possono richiedere applicazioni ripetute. Per i vermi interni, utilizza vermifughi sistemici che agiscono contro i parassiti all'interno del tratto digestivo delle galline.

3. **Controllo Ambientale e Preventivo**

   Implementa misure preventive per ridurre il rischio di infestazioni future. Questo include l'installazione di trappole per acari e la sostituzione periodica dei materiali di lettiera. Assicurati che il pollaio abbia una buona ventilazione e che le aree umide vengano asciugate regolarmente. Introduci predatori naturali dei parassiti, come alcuni tipi di uccelli o insetti benefici, per mantenere il controllo ecologico.

4. **Monitoraggio e Ispezioni Periodiche**

   Effettua ispezioni regolari per identificare tempestivamente eventuali segni di infestazione. Controlla le galline per la presenza di parassiti esterni e le loro feci per indicazioni di vermi interni. Utilizza una lente di ingrandimento per esaminare il piumaggio e le aree di pelle esposta. Documenta le osservazioni e agisci rapidamente se vengono rilevati problemi.

5. **Gestione e Prevenzione delle Nuove Infestazioni**

   Quando introduci nuove galline nel pollaio, isolale inizialmente per una settimana per assicurarti che non portino parassiti. Inoltre, lava e disinfetta le nuove attrezzature e materiali prima di inserirli nel pollaio. Evita l'acquisto di pollame da fonti non affidabili e seleziona fornitori che praticano controlli rigorosi sui parassiti.

6. **Consultazione con il Veterinario**

   In caso di infestazioni gravi o persistenti, consulta un veterinario specializzato in avicultura. Il veterinario può fornire diagnosi precise, suggerire trattamenti efficaci e offrire consigli su come gestire e prevenire le infestazioni future. Collaborare con un esperto garantisce l'applicazione delle migliori pratiche e l'uso di trattamenti adeguati.

Esempi di Tecniche di Trattamento

1. **Utilizzo di Polveri per Acari**

   Applica polveri antiparassitarie nei nidi e nelle aree di sosta. Le polveri devono essere distribuite uniformemente e lasciate agire per un tempo indicato sulle istruzioni del prodotto. Assicurati di proteggere le galline dall'inalazione della polvere durante l'applicazione.

2. **Trattamenti Sistemici per Vermi Interni**

   Somministra vermifughi sistemici attraverso l'acqua di bevanda o il cibo. Segui attentamente le dosi raccomandate e completa il ciclo di trattamento per assicurare l'eliminazione completa dei vermi.

3. **Disinfettanti Ambientali**

   Utilizza disinfettanti ambientali specifici per pollai per trattare superfici e attrezzature. I disinfettanti devono essere scelti in base al tipo di parassiti e alle condizioni del pollaio, e devono essere applicati in modo sicuro per evitare danni alle galline.

Implementando queste strategie, puoi gestire e prevenire efficacemente i problemi di parassiti nel pollaio, mantenendo le galline sane e produttive. Una gestione proattiva e una pulizia regolare sono essenziali per garantire un ambiente di allevamento ottimale.

4. Trattamento delle Uova con Guscio Fragile: Cause e Correzioni

Il problema delle uova con guscio fragile è comune tra le galline ovaiole e può influenzare significativamente la qualità e la quantità della produzione di uova. Un guscio fragile non solo riduce la durata di conservazione delle uova, ma aumenta anche il rischio di rottura durante la raccolta e il trasporto. In questo paragrafo, esploreremo le cause principali di questo problema e le correzioni pratiche che è possibile adottare per migliorare la qualità del guscio delle uova.

Cause delle Uova con Guscio Fragile

1. **Carente Assunzione di Calcio**

   Il calcio è essenziale per la formazione di un guscio d'uovo solido. Se le galline non ricevono una quantità adeguata di calcio nella loro dieta, i gusci delle uova possono risultare sottili e fragili. La carenza di calcio può derivare da un'alimentazione inadeguata o da una scarsa disponibilità di fonti di calcio.

2. **Dieta Squilibrata**

   Una dieta squilibrata che manca di minerali e vitamine essenziali può compromettere la salute delle galline e la qualità delle uova. In particolare, carenze di vitamina D e di fosforo possono influire negativamente sulla formazione del guscio. La vitamina D è cruciale per l'assorbimento del calcio, mentre il fosforo è fondamentale per il metabolismo osseo.

3. **Problemi di Salute delle Galline**

   Malattie come la malattia di Marek, la salmonella e le infezioni batteriche possono influenzare la capacità delle galline di produrre uova con gusci robusti. Anche condizioni di stress come l'affollamento, le variazioni improvvise di temperatura e la mancanza di esercizio fisico possono incidere sulla qualità del guscio.

4. **Eccesso di Stress Ambientale**

   Le condizioni ambientali stressanti, come temperature estreme, umidità elevata o scarsa ventilazione, possono alterare la produzione di uova e compromettere la qualità del guscio. Le galline stressate possono avere problemi con la deposizione delle uova e la formazione dei gusci.

5. **Problemi di Assorbimento dei Nutrienti**

   Problemi gastrointestinali, come la disbiosi o le infezioni parassitarie, possono influire negativamente sull'assorbimento dei nutrienti essenziali per la formazione del guscio. Una digestione inefficiente riduce l'assimilazione di calcio, vitamina D e altri minerali cruciali.

Correzioni e Strategie di Miglioramento

1. **Ottimizzazione della Dieta**

   Fornisci una dieta bilanciata che contenga una quantità adeguata di calcio. Integra il cibo delle galline con alimenti ricchi di calcio, come il farina di ossa o il carbonato di calcio, e considera l'uso di mangimi speciali per galline ovaiole che includano il giusto equilibrio di vitamine e minerali. Assicurati che l'alimentazione contenga anche vitamine del gruppo B e vitamina D.

2. **Monitoraggio e Regolazione della Salute**

   Esegui controlli regolari della salute delle galline per prevenire e trattare malattie e infestazioni. Mantieni una routine di vaccinazioni e controlli veterinari per affrontare eventuali problemi di salute. Un monitoraggio costante e l'intervento tempestivo sono essenziali per evitare che condizioni di salute compromettere la produzione di uova.

3. **Gestione Ambientale**

   Assicura condizioni ambientali ottimali per le galline. Mantieni una ventilazione adeguata per evitare l'accumulo di umidità e ridurre lo stress termico. Implementa un sistema di ventilazione che regoli la temperatura e l'umidità all'interno del pollaio, e proteggi le galline da sbalzi di temperatura e condizioni estreme.

4. **Controllo della Qualità dell'Acqua**

   Fornisci acqua fresca e pulita alle galline. L'acqua è fondamentale per l'assimilazione dei nutrienti e per il mantenimento della salute generale. Assicurati che le fontanelle e i sistemi di abbeveraggio siano regolarmente puliti e privi di contaminanti.

5. **Uso di Integratori**

   Considera l'uso di integratori nutrizionali specifici per migliorare la qualità del guscio delle uova. Gli integratori di calcio, vitamina D e fosforo possono essere aggiunti alla dieta delle galline per garantire una formazione ottimale del guscio. Segui le raccomandazioni del produttore per le dosi corrette e le modalità di somministrazione.

6. **Gestione dei Stress e delle Condizioni Ambientali**

   Riduci al minimo le fonti di stress per le galline, come l'affollamento e la mancanza di spazio. Fornisci un ambiente sereno e spazioso che permetta alle galline di esprimere comportamenti naturali. Implementa un programma di gestione che includa periodi di riposo e esercizio fisico.

7. **Valutazione e Correzione delle Pratiche di Allevamento**

   Rivedi e aggiorna le pratiche di allevamento e gestione per assicurarti che soddisfino le esigenze nutrizionali e ambientali delle galline. Analizza e adatta le procedure in base ai risultati osservati e alle problematiche emerse. Un approccio proattivo e adattivo è essenziale per migliorare la qualità delle uova.

Esempi di Applicazione

1. **Aggiunta di Farina di Ossa nella Dieta**
   Integra la dieta delle galline con farina di ossa per aumentare il contenuto di calcio. Questo può essere miscelato con il mangime principale o offerto separatamente come supplemento.

2. **Implementazione di Un Sistema di Ventilazione**
   Installa un sistema di ventilazione automatica nel pollaio per mantenere temperature e umidità stabili. Questo aiuta a ridurre lo stress termico e a creare un ambiente più favorevole per la produzione di uova.

3. **Somministrazione di Integratori Vitaminici**
   Aggiungi integratori di vitamina D e fosforo al mangime per migliorare l'assorbimento del calcio e supportare la formazione di gusci d'uovo robusti. Segui le indicazioni specifiche del prodotto per garantire l'uso corretto.

Attraverso l'applicazione di queste strategie, puoi affrontare efficacemente i problemi di uova con guscio fragile e migliorare la qualità complessiva della produzione di uova. Una gestione attenta e una dieta ben equilibrata sono fondamentali per ottenere risultati ottimali.

5. Evitare e Gestire i Problemi di Pollame con Scarso Appetito

Un appetito ridotto nelle galline ovaiole può avere ripercussioni significative sulla loro salute generale e sulla produzione di uova. Quando le galline non mangiano a sufficienza, possono svilupparsi carenze nutrizionali, indebolire il sistema immunitario e ridurre la qualità delle uova. Questo paragrafo esplora le cause comuni di scarso appetito nel pollame e fornisce strategie dettagliate per prevenire e gestire questo problema in modo efficace.

Cause del Scarso Appetito nel Pollame

1. **Problemi di Salute**

   Le malattie sono una delle cause principali di scarso appetito nelle galline. Infestazioni parassitarie, infezioni batteriche o virali e malattie metaboliche possono ridurre l'appetito e portare a una significativa perdita di peso. È essenziale riconoscere e trattare le malattie tempestivamente per prevenire complicazioni gravi.

2. **Squilibri Nutrizionali**

   Una dieta squilibrata, con carenze di nutrienti essenziali, può influenzare negativamente l'appetito delle galline. Carenze di vitamine, minerali o proteine possono portare a un ridotto interesse per il cibo. La qualità del mangime è cruciale per mantenere un appetito sano.

3. **Condizioni Ambientali Stressanti**

   Stress ambientali come temperature estreme, umidità elevata o scarsa ventilazione possono influire sull'appetito delle galline. Gli stressori ambientali possono ridurre l'assunzione di cibo e causare cambiamenti nel comportamento alimentare.

4. **Problemi Digestivi**

   Disturbi digestivi come la disbiosi intestinale o la presenza di parassiti intestinali possono ridurre l'appetito. La digestione inefficiente può portare a un'inadeguata assimilazione dei nutrienti e a una riduzione del desiderio di mangiare.

5. **Mancanza di Stimoli e Noia**

   Le galline che non hanno stimoli ambientali o che vivono in condizioni monotone possono manifestare un ridotto appetito. La mancanza di attività fisica e stimoli ambientali può portare a comportamenti di noia, inclusa la riduzione dell'appetito.

Strategie per Prevenire e Gestire il Scarso Appetito

1. **Monitoraggio della Salute e Diagnosi**

   Effettua controlli regolari della salute delle galline per identificare e trattare eventuali malattie precocemente. Osserva attentamente i sintomi come la perdita di peso, la letargia e la riduzione dell'assunzione di cibo. In caso di sospetti problemi di salute, consulta un veterinario per una diagnosi accurata e un trattamento adeguato.

2. **Ottimizzazione della Dieta**

   Assicurati che la dieta delle galline sia ben bilanciata e contenga tutti i nutrienti essenziali. Fornisci mangimi di alta qualità che contengano vitamine, minerali e proteine in quantità adeguate. Integra la dieta con supplementi se necessario, seguendo le raccomandazioni del produttore.

3. **Gestione Ambientale**

   Mantieni un ambiente confortevole e privo di stress per le galline. Regola la temperatura e l'umidità all'interno del pollaio per evitare condizioni estreme. Fornisci una ventilazione adeguata per garantire un flusso d'aria fresco e ridurre lo stress termico.

4. **Controllo dei Problemi Digestivi**

   Monitora i segni di disturbi digestivi e intervieni tempestivamente. Assicurati che le galline abbiano accesso a acqua pulita e fresca, e considera l'uso di probiotici per migliorare la salute intestinale. Rivedi la dieta per assicurarti che contenga ingredienti che supportano una digestione sana.

5. **Introduzione di Stimoli e Attività**

   Arricchisci l'ambiente delle galline con stimoli e attività per prevenire la noia. Fornisci oggetti da beccare, aree di foraggiamento e spazi per l'attività fisica. Le attività stimolanti possono migliorare l'appetito e il benessere generale.

6. **Implementazione di Tecniche di Alimentazione**

   Adotta tecniche di alimentazione che incoraggino l'appetito. Distribuisci il cibo in piccoli pasti frequenti piuttosto che in grandi quantità una volta al giorno. Utilizza contenitori di alimentazione che riducano lo spreco e che rendano il cibo più appetibile.

7. **Verifica e Regolazione della Qualità dell'Acqua**

   Assicurati che le galline abbiano sempre accesso a acqua pulita e fresca. L'acqua di bassa qualità può influire negativamente sull'appetito e sulla salute generale. Pulisci regolarmente le fontanelle e i sistemi di abbeveraggio per evitare contaminazioni.

8. **Osservazione e Adattamento**

   Monitora l'appetito delle galline e adatta le pratiche di gestione in base ai cambiamenti osservati. Rivedi regolarmente le condizioni ambientali, la dieta e la salute per assicurarti che le galline ricevano tutto ciò di cui hanno bisogno per mantenere un buon appetito.

9. **Consultazione con Esperti**

   Non esitare a consultare un esperto di nutrizione animale o un veterinario se il problema persiste. Un professionista può fornire consigli specifici basati sulle condizioni particolari del tuo pollaio e sulle esigenze delle tue galline.

Esempi di Applicazione

1. **Integrazione di Probiotici nella Dieta** Introduci probiotici nel mangime per supportare la salute intestinale e migliorare l'appetito. I probiotici possono aiutare a bilanciare la flora intestinale e migliorare la digestione.

2. **Utilizzo di Integratori Vitaminici** Somministra integratori vitaminici se si sospetta una carenza di nutrienti. Gli integratori di vitamine del gruppo B e minerali essenziali possono aiutare a stimolare l'appetito.

3. **Progettazione di Spazi Stimolanti** Crea aree di foraggiamento e arricchisci l'ambiente del pollaio con giochi e oggetti che incoraggino l'attività fisica. Questo aiuterà a mantenere le galline attive e interessate, migliorando l'appetito.

Affrontare e gestire il problema del scarso appetito nelle galline è essenziale per mantenere una produzione di uova sana e costante. Con un'attenta osservazione, una dieta equilibrata e una gestione ambientale adeguata, è possibile garantire che le galline mantengano un appetito sano e una buona qualità della produzione di uova.

6. Soluzioni per la Malattia di Marek e Altri Disturbi Virali

La Malattia di Marek e altri disturbi virali rappresentano sfide significative nella gestione delle galline ovaiole. Questi virus possono causare gravi problemi di salute, compromettendo la qualità della produzione di uova e il benessere complessivo del pollame. Questo paragrafo fornisce una guida completa per la prevenzione, la diagnosi e la gestione di queste malattie virali, offrendo soluzioni pratiche e strategie efficaci.

Malattia di Marek: Comprensione e Soluzioni

La Malattia di Marek è una malattia virale altamente contagiosa che colpisce il sistema nervoso e immunitario delle galline. È causata dal virus della famiglia Herpesviridae e può manifestarsi in varie forme, tra cui paralisi, tumori e lesioni oculari.

1. Prevenzione attraverso la Vaccinazione

La vaccinazione è la strategia principale per prevenire la Malattia di Marek. I pulcini dovrebbero essere vaccinati contro il virus appena prima della schiusa o poco dopo la nascita. La vaccinazione precoce aiuta a stimolare una risposta immunitaria efficace e a ridurre il rischio di infezioni.

- **Programma di Vaccinazione:** Consulta il tuo veterinario per stabilire un programma di vaccinazione adatto alle tue galline. La vaccinazione dovrebbe essere somministrata in conformità con le raccomandazioni del produttore e le linee guida veterinarie.

- **Preparazione dei Vaccini:** Assicurati di seguire le istruzioni del produttore per la preparazione e la somministrazione del vaccino. Mantieni i vaccini a temperature appropriate e utilizza tecniche sterili per evitare contaminazioni.

2. Gestione Ambientale e di Popolazione

Poiché il virus della Malattia di Marek può persistere nell'ambiente e colpire altre galline, è fondamentale gestire l'ambiente del pollaio in modo da ridurre il rischio di diffusione.

- **Pulizia e Disinfezione:** Effettua una pulizia e disinfezione regolare del pollaio per ridurre la contaminazione ambientale. Utilizza disinfettanti efficaci contro il virus della Malattia di Marek e presta particolare attenzione alle aree di alta contaminazione.

- **Isolamento dei Malati:** Se viene diagnosticata la Malattia di Marek, isola immediatamente le galline infette per prevenire la diffusione del virus. Mantieni un'area separata per il trattamento e la quarantena delle galline malate.

3. Monitoraggio e Controllo della Salute

Osserva attentamente le galline per segni di Malattia di Marek, come debolezza, paralisi o cambiamenti nel comportamento. Un monitoraggio regolare può aiutare a identificare precocemente i casi e a gestire le malattie in modo più efficace.

- **Esami e Diagnosi:** Rivolgiti a un veterinario per confermare la diagnosi di Malattia di Marek tramite esami clinici e test di laboratorio. Una diagnosi accurata è essenziale per adottare le misure di controllo appropriate.

Altri Disturbi Virali e Soluzioni

Oltre alla Malattia di Marek, esistono altri disturbi virali che possono colpire il pollame, tra cui la bronchite infettiva, il vaiolo aviario e la peste aviaria. Ogni disturbo virale presenta sintomi e necessità di gestione specifiche.

1. Bronchite Infettiva

La bronchite infettiva è causata da un virus influenzale che colpisce il sistema respiratorio delle galline. I sintomi includono tosse, starnuti e secrezioni nasali.

- **Vaccinazione:** Come per la Malattia di Marek, la prevenzione attraverso la vaccinazione è fondamentale. Programma vaccinazioni regolari secondo le raccomandazioni del veterinario.

- **Gestione Ambientale:** Migliora la ventilazione e controlla l'umidità del pollaio per ridurre la diffusione del virus respiratorio.

2. Vaiolo Aviario

Il vaiolo aviario è caratterizzato da lesioni cutanee e mucose, e può essere trasmesso attraverso il contatto diretto e indiretto.

- **Vaccinazione:** È disponibile un vaccino specifico per il vaiolo aviario che dovrebbe essere somministrato regolarmente.

- **Isolamento e Disinfezione:** Isola le galline malate e disinfetta accuratamente l'ambiente per ridurre il rischio di trasmissione.

3. Peste Aviaria

La peste aviaria è una malattia virale ad alta mortalità che colpisce le galline e altre specie di uccelli.

- **Misure di Bio-sicurezza:** Adotta misure di bio-sicurezza rigorose per prevenire l'ingresso del virus nel pollaio. Ciò include il controllo degli accessi e la disinfezione delle attrezzature.

- **Controllo e Sorveglianza:** Monitora continuamente le condizioni di salute delle galline e segnala eventuali focolai alle autorità veterinarie competenti.

Strategie Pratiche e Esempi

1. Pianificazione delle Vaccinazioni

Stabilisci un programma di vaccinazione per le tue galline basato sulle condizioni locali e sui rischi di malattie virali specifici. Collabora con un veterinario per personalizzare il piano vaccinale in base alle tue esigenze.

2. Gestione del Pollaio

Migliora la gestione del pollaio con pratiche di disinfezione regolari e l'uso di prodotti specifici per ridurre la contaminazione ambientale. Fornisci un ambiente pulito e ben ventilato per limitare la diffusione dei virus.

3. Educazione e Formazione

Forma il personale e gli operatori del pollaio su come riconoscere e gestire i sintomi delle malattie virali. La formazione adeguata può aiutare a rispondere rapidamente ai focolai e a mantenere la salute del pollame.

Affrontare e gestire malattie virali come la Malattia di Marek e altri disturbi richiede una combinazione di prevenzione, diagnosi tempestiva e intervento strategico. Con l'implementazione di queste soluzioni e strategie, è possibile migliorare la salute e il benessere delle galline ovaiole e garantire una produzione di uova di alta qualità.

7. Risolvere Problemi di Pulizia e Igiene nel Pollaio: Tecniche e Suggerimenti

Una gestione efficace della pulizia e dell'igiene nel pollaio è essenziale per mantenere la salute delle galline ovaiole e garantire una produzione di uova di alta qualità. I problemi di pulizia e igiene possono causare una serie di complicazioni, inclusi focolai di malattie e riduzione della produzione di uova. Questo paragrafo esplorerà tecniche e suggerimenti dettagliati per risolvere questi problemi, offrendo una guida pratica e applicabile per migliorare le condizioni del pollaio.

1. Pianificazione e Frequenza della Pulizia

1.1. Programmazione Regolare

La pulizia regolare del pollaio è fondamentale per prevenire l'accumulo di letame, polvere e altre impurità. Un programma di pulizia ben strutturato aiuta a mantenere l'ambiente sano e riduce il rischio di malattie.

- **Giornaliera:** Rimuovi gli escrementi dalle zone ad alta frequentazione, come i nidi e le aree di alimentazione. Questa operazione contribuisce a mantenere l'igiene quotidiana e riduce gli odori sgradevoli.

- **Settimanale:** Effettua una pulizia approfondita delle superfici e delle attrezzature. Pulisci e disinfetta i mangiatoi e gli abbeveratoi per prevenire la crescita di batteri e funghi.

- **Mensile:** Fai una pulizia completa del pollaio, rimuovendo il lettame vecchio e sostituendolo con materiale fresco. Disinfetta tutte le superfici, comprese le pareti e i pavimenti, per eliminare qualsiasi residuo di sporco e microbi.

1.2. Uso di Attrezzature Adeguate

Utilizza attrezzature specifiche per facilitare la pulizia e mantenere l'igiene. Tra gli strumenti essenziali ci sono:

- **Spazzole e scope:** Per rimuovere il letame e la polvere dalle superfici.

- **Aspiratori:** Per rimuovere il materiale secco e la polvere accumulata nelle aree difficili da raggiungere.

- **Stracci e mop:** Per pulire e disinfettare i pavimenti e le superfici.

2. Tecniche di Disinfezione

2.1. Scelta dei Disinfettanti

La scelta del disinfettante giusto è cruciale per garantire una pulizia efficace. Preferisci disinfettanti specifici per ambienti avicoli, che siano sicuri per le galline e efficaci contro batteri, virus e funghi.

- **Disinfettanti a base di cloro:** Come la candeggina diluita, efficace contro una vasta gamma di patogeni. Assicurati di risciacquare bene le superfici per evitare residui tossici.

- **Disinfettanti a base di iodio:** Ottimi per la loro capacità di eliminare microrganismi e odori.

- **Disinfettanti a base di acidi organici:** Come l'acido peracetico, che offrono una buona efficacia senza lasciare residui nocivi.

2.2. Procedura di Disinfezione

- **Preparazione:** Rimuovi tutti gli animali e il materiale sporco dal pollaio prima di iniziare la disinfezione.

- **Applicazione:** Spruzza il disinfettante su tutte le superfici, compresi pavimenti, pareti e attrezzature. Lascia agire il prodotto per il tempo indicato dal produttore.

- **Risciacquo e Asciugatura:** Dopo il tempo di contatto, risciacqua le superfici se necessario e lascia asciugare completamente. Assicurati che non rimangano residui di disinfettante.

3. Controllo e Prevenzione dei Parassiti

3.1. Identificazione dei Parassiti

La pulizia e l'igiene aiutano a controllare e prevenire i parassiti, ma è anche essenziale identificare e trattare i focolai esistenti.

- **Controlla regolarmente:** Esamina le galline e l'ambiente per segni di parassiti, come pulci, zecche, acari e vermi.

- **Osserva il comportamento:** Cambiamenti nel comportamento delle galline, come grattarsi eccessivamente, possono indicare infestazioni di parassiti.

3.2. Trattamenti e Rimedi

- **Trattamenti localizzati:** Usa antiparassitari specifici per il tipo di parassita individuato. Segui le istruzioni del prodotto e tratta sia le galline che il loro ambiente.

- **Manutenzione regolare:** Mantieni il pollaio pulito e asciutto per ridurre il rischio di reinfestazioni. Sostituisci regolarmente il lettame e disinfetta gli spazi.

4. Prevenzione dei Problemi di Umidità

4.1. Controllo dell'Umidità

L'umidità eccessiva nel pollaio può favorire la crescita di funghi e batteri, compromettendo l'igiene e la salute delle galline.

- **Ventilazione:** Assicurati che il pollaio sia ben ventilato per ridurre l'umidità. Utilizza ventilatori o apri le finestre per migliorare la circolazione dell'aria.

- **Materiale assorbente:** Usa lettami assorbenti come la segatura o il fieno per mantenere asciutte le superfici e ridurre l'umidità.

4.2. Monitoraggio e Manutenzione

- **Controllo regolare:** Verifica periodicamente il livello di umidità all'interno del pollaio. Usa un igrometro per misurare i livelli di umidità e adotta misure correttive se necessario.

- **Riparazione di perdite:** Risolvi immediatamente eventuali problemi di perdite d'acqua o infiltrazioni che possono aumentare l'umidità.

5. Suggerimenti per un'Igiene Efficace

5.1. Educazione e Formazione

Forma tutti coloro che lavorano nel pollaio sui principi di igiene e pulizia. La formazione adeguata aiuta a garantire che le pratiche di pulizia vengano seguite correttamente e costantemente.

5.2. Monitoraggio della Qualità

Mantieni un registro delle operazioni di pulizia e disinfezione, annotando date, prodotti utilizzati e osservazioni. Questo aiuta a monitorare l'efficacia delle pratiche di igiene e a identificare aree di miglioramento.

5.3. Consulenza Veterinaria

Rivolgiti a un veterinario per consigli specifici riguardo alla pulizia e all'igiene del pollaio. Il veterinario può fornire indicazioni personalizzate in base alle condizioni e alle esigenze del tuo allevamento.

Gestire efficacemente la pulizia e l'igiene del pollaio è essenziale per prevenire malattie, mantenere il benessere delle galline e garantire una produzione di uova di alta qualità. Con l'adozione di queste tecniche e suggerimenti, puoi creare un ambiente sano e favorevole alla salute del tuo pollame.

8. Affrontare il Comportamento Aggressivo tra le Galline: Cause e Interventi

Il comportamento aggressivo tra le galline può rappresentare una sfida significativa per gli allevatori, influenzando negativamente il benessere degli animali e la produttività complessiva del pollaio. Identificare le cause sottostanti e adottare interventi efficaci è essenziale per mantenere un ambiente armonioso e produttivo. Questo paragrafo esplorerà le principali cause di aggressività tra le galline e offrirà soluzioni pratiche per gestirle e prevenirle.

1. Cause Comuni di Comportamento Aggressivo

1.1. Sovraffollamento

Il sovraffollamento è una delle cause principali di aggressività tra le galline. Quando il numero di animali supera la capacità del pollaio, le galline possono manifestare comportamenti aggressivi per stabilire una gerarchia e difendere risorse limitate.

- **Evidenze di Sovraffollamento:** Scarso spazio per il movimento, litigi frequenti e segni di stress come piumaggio danneggiato o comportamenti di beccate eccessive.

- **Soluzione:** Riduci il numero di galline nel pollaio per garantire spazi adeguati per ogni animale. Calcola circa 0,2-0,3 metri quadrati per gallina all'interno del pollaio e aumenta questo spazio se possibile.

1.2. Mancanza di Risorse

La scarsità di risorse come cibo, acqua e nidi può portare a comportamenti competitivi e aggressivi. Le galline possono litigare per accedere ai mangiatoi e agli abbeveratoi o per usare i nidi.

- **Evidenze di Mancanza di Risorse:** Aggressività durante i pasti, litigi intorno ai mangiatoi e segni di stress come piumaggio mangiato.

- **Soluzione:** Fornisci più mangiatoi e abbeveratoi di quanti ne siano necessari, posizionandoli in diverse aree del pollaio per ridurre la competizione. Assicurati che i nidi siano sufficienti e accessibili a tutte le galline.

1.3. Stress Ambientale

Fattori di stress come rumori forti, cambiamenti improvvisi nel loro ambiente e condizioni meteorologiche avverse possono contribuire a comportamenti aggressivi. Le galline stressate sono più propense a mostrare aggressività verso i loro compagni.

- **Evidenze di Stress Ambientale:** Comportamenti di aggressione che coincidono con eventi stressanti o cambiamenti ambientali.

- **Soluzione:** Riduci i fattori di stress creando un ambiente tranquillo e stabile. Utilizza materiali fonoassorbenti per ridurre il rumore e assicurati che il pollaio sia ben isolato e ventilato.

1.4. Disfunzioni Gerarchiche

Le galline stabiliscono una gerarchia sociale all'interno del gruppo, e le sfide alla gerarchia possono portare a comportamenti aggressivi. Le lotte per il dominio sono comuni e possono risultare in danni fisici.

- **Evidenze di Disfunzioni Gerarchiche:** Combattimenti frequenti e dominanza palese tra le galline.

- **Soluzione:** Permetti un'adeguata fase di adattamento quando introduci nuove galline, e osserva le dinamiche del gruppo. Fornisci spazi separati per le galline che mostrano aggressività fino a quando non si stabilisce una nuova gerarchia.

2. Interventi e Strategie di Gestione

2.1. Implementazione di Spazi Aggiuntivi

Creare spazi aggiuntivi all'interno del pollaio può aiutare a ridurre l'aggressività fornendo più aree per il riparo e il cibo. Utilizza barre, ripiani e nascondigli per dare alle galline opzioni aggiuntive per ritirarsi e stabilire il loro territorio.

- **Esempi di Spazi Aggiuntivi:** Crea angoli tranquilli con lettame o paglia, posiziona piattaforme elevate e aggiungi coperture o nascondigli per ridurre la competizione per lo spazio.

2.2. Fornitura di Attività e Stimolazione

La noia e la mancanza di stimoli possono contribuire all'aggressività. Offri una varietà di attività e arricchimento ambientale per mantenere le galline occupate e ridurre i comportamenti distruttivi.

- **Esempi di Arricchimento:** Aggiungi giocattoli, come palline di plastica o oggetti appesi che le galline possono beccare, e distribuisci cibo in modo che le galline debbano cercarlo, promuovendo comportamenti naturali.

2.3. Monitoraggio e Selezione delle Razze

Alcune razze di galline sono più inclini a comportamenti aggressivi rispetto ad altre. Scegli razze note per il loro temperamento docile se l'aggressività è un problema persistente nel tuo pollaio.

- **Esempi di Razze Docili:** Le galline Rhode Island Red, Sussex e Orpington sono spesso considerate più tranquille rispetto ad altre razze.

2.4. Introduzione Graduale di Nuove Galline

Quando introduci nuove galline nel gruppo, fallo gradualmente per minimizzare i conflitti. Utilizza una zona di quarantena e permetti un periodo di adattamento in cui le nuove e le vecchie galline possano abituarsi l'una all'altra senza contatti diretti.

- **Metodo di Introduzione:** Usa una rete o una gabbia separata all'interno del pollaio per permettere alle galline di vedere e abituarsi l'una all'altra senza contatto fisico diretto.

2.5. Gestione delle Ferite e delle Aggressioni

In caso di aggressioni fisiche, isola immediatamente le galline ferite per permettere loro di guarire e prevenire ulteriori attacchi. Tratta le ferite con prodotti disinfettanti e fornisci un ambiente tranquillo per il recupero.

- **Esempi di Trattamenti:** Usa pomate cicatrizzanti e antisettiche per trattare le ferite e assicurati che l'area di isolamento sia pulita e priva di stress.

3. Monitoraggio e Valutazione

3.1. Osservazione Continua

Monitora continuamente il comportamento delle galline per identificare eventuali segni di aggressività e intervenire tempestivamente. Tieni traccia delle situazioni che scatenano conflitti per migliorare le pratiche di gestione.

3.2. Consultazione con Esperti

Se il comportamento aggressivo persiste nonostante gli sforzi, consulta un veterinario specializzato in avicoli o un consulente esperto in gestione del pollame per consigli specifici e soluzioni personalizzate.

Affrontare il comportamento aggressivo tra le galline richiede un approccio sistematico e una gestione proattiva. Implementando le tecniche descritte e monitorando costantemente l'ambiente e le dinamiche sociali del pollaio, puoi ridurre l'aggressività e migliorare il benessere complessivo delle tue galline.

9. Strategie per Gestire le Condizioni Ambientali Estreme nel Pollaio

Gestire un pollaio durante condizioni ambientali estreme, come temperature elevate o basse, è fondamentale per garantire la salute e il benessere delle galline ovaiole. Le condizioni ambientali estreme possono influenzare negativamente la produttività, la salute e il comportamento delle galline. Questo paragrafo fornirà linee guida dettagliate e strategie pratiche per affrontare sia il caldo estremo che il freddo intenso, assicurandoti che il tuo pollaio rimanga un ambiente salutare e produttivo.

1. Gestione del Caldo Estremo

1.1. Ventilazione e Raffreddamento

Durante i periodi di caldo estremo, una ventilazione adeguata è cruciale per mantenere il pollaio fresco e prevenire il colpo di calore. La ventilazione può essere migliorata attraverso l'uso di ventilatori, finestre regolabili e sistemi di ventilazione meccanica.

- **Ventilatori e Sistemi di Raffreddamento:** Installa ventilatori a soffitto o a parete per aumentare il flusso d'aria. In climi particolarmente caldi, considera l'uso di raffreddatori evaporativi, che utilizzano l'acqua per abbassare la temperatura dell'aria.

- **Finestre e Aperture:** Assicurati che il pollaio abbia finestre e aperture sufficienti per favorire la circolazione dell'aria. Durante le ore più calde, apri le finestre per creare correnti d'aria e ridurre la temperatura interna.

1.2. Ombreggiatura e Isolamento

L'ombreggiatura può ridurre notevolmente la temperatura interna del pollaio. Utilizza tende, reti ombreggianti o strutture temporanee per proteggere il pollaio dalla luce solare diretta.

- **Tende e Reti Ombreggianti:** Installa tende o reti ombreggianti all'esterno del pollaio per bloccare la luce solare diretta e ridurre il calore. Assicurati che l'ombreggiatura non comprometta la ventilazione.

- **Isolamento:** Per climi estremamente caldi, considera l'isolamento del tetto e delle pareti del pollaio. Materiali come il polistirene o la lana di roccia possono aiutare a mantenere la temperatura interna più fresca.

1.3. Idratazione e Alimentazione

Una buona idratazione è essenziale durante il caldo estremo. Le galline devono avere sempre accesso a acqua fresca e pulita.

- **Abbeveratoi Adeguati:** Utilizza abbeveratoi con capacità sufficiente per garantire che tutte le galline abbiano accesso all'acqua. In caso di temperature molto alte, considera l'uso di abbeveratoi a circolazione continua per mantenere l'acqua fresca.

- **Alimenti Freschi:** Offri alimenti freschi e facilmente digeribili, poiché le galline potrebbero avere meno appetito durante il caldo. Evita di somministrare cibo troppo secco o difficile da digerire.

1.4. Monitoraggio e Controllo

Monitorare costantemente la temperatura all'interno del pollaio è cruciale per prevenire problemi di salute.

- **Termometri e Igrometri:** Installa termometri e igrometri per misurare la temperatura e l'umidità all'interno del pollaio. Prendi misure correttive se la temperatura supera i limiti consigliati.

2. Gestione del Freddo Estremo

2.1. Riscaldamento e Isolamento

Durante i periodi di freddo estremo, è importante mantenere il pollaio ben isolato e, se necessario, utilizzare fonti di riscaldamento.

- **Riscaldatori e Stufe**: Utilizza riscaldatori elettrici o stufe appositamente progettate per pollai, assicurandoti che siano sicuri e ben protetti. Evita l'uso di stufe a gas che possono produrre anidride carbonica e rischi di incendio.

- **Isolamento delle Pareti e del Tetto:** Isola le pareti e il tetto del pollaio con materiali termoisolanti per mantenere il calore all'interno. Verifica che non ci siano spifferi o fessure che possano far entrare l'aria fredda.

2.2. Protezione dalle Intemperie

Proteggi il pollaio dagli effetti diretti delle intemperie, come vento e neve, per mantenere un ambiente interno stabile.

- **Barriere contro il Vento:** Installa barriere protettive contro il vento attorno al pollaio per ridurre l'impatto delle raffiche di vento. Utilizza materiali resistenti per evitare che il vento freddo penetri all'interno.

- **Protezione dalla Neve:** Assicurati che il tetto del pollaio sia in buone condizioni e in grado di sostenere il peso della neve. Rimuovi regolarmente la neve accumulata per evitare danni strutturali.

2.3. Alimentazione e Idratazione

Durante i periodi di freddo, le galline potrebbero avere bisogno di più calorie per mantenere la temperatura corporea.

- **Cibo ad Alto Contenuto Energetico:** Fornisci una dieta ricca di nutrienti e ad alto contenuto energetico per aiutare le galline a mantenere il calore corporeo. Gli alimenti ricchi di grassi e proteine possono essere utili in inverno.

- **Abbeveratoi Antigelo:** Utilizza abbeveratoi antigelo per evitare che l'acqua si congeli. Assicurati che le galline abbiano sempre accesso a acqua fresca e non congelata.

2.4. Monitoraggio e Manutenzione

Il monitoraggio regolare delle condizioni ambientali e la manutenzione continua sono essenziali durante il freddo estremo.

- **Controllo della Temperatura e dell'Umidità:** Utilizza strumenti di misurazione per monitorare la temperatura e l'umidità nel pollaio. Assicurati che le condizioni siano adatte per il benessere delle galline.

3. Conclusione

Gestire le condizioni ambientali estreme nel pollaio richiede una pianificazione attenta e l'implementazione di strategie efficaci. Adottando le tecniche descritte e monitorando continuamente l'ambiente, puoi garantire un habitat sicuro e confortevole per le tue galline, migliorando la loro salute e produttività anche nelle condizioni più sfidanti.

10. Suggerimenti per Migliorare la Qualità delle Uova e la Salute Generale delle Galline

Migliorare la qualità delle uova e mantenere una buona salute generale delle galline ovaiole richiede un approccio olistico che comprende attenzione alla dieta, alle condizioni ambientali, alla gestione sanitaria e alle pratiche quotidiane. Questo paragrafo esplorerà una serie di suggerimenti pratici e strategie efficaci per ottimizzare sia la qualità delle uova che la salute delle tue galline.

1. Nutrizione Bilanciata

1.1. Composizione della Dieta

Una dieta equilibrata è fondamentale per garantire una buona produzione di uova e una salute ottimale. Le galline ovaiole hanno bisogno di una dieta che fornisca tutti i nutrienti essenziali, tra cui proteine, grassi, carboidrati, vitamine e minerali.

- **Proteine e Aminoacidi:** Le galline in produzione hanno bisogno di un'alimentazione ricca di proteine di alta qualità. Le fonti proteiche come il farina di pesce, i semi di soia e i legumi possono contribuire a migliorare la qualità del guscio e la dimensione delle uova. Un contenuto proteico del 16-18% è generalmente consigliato per le galline ovaiole.

- **Calcio e Fosforo:** Il calcio è cruciale per la formazione di gusci d'uovo forti, mentre il fosforo è necessario per l'assorbimento del calcio. Assicurati che la dieta contenga fonti di calcio come il carbonato di calcio o la calcareous marl e che ci sia un equilibrio adeguato tra calcio e fosforo.

- **Vitamine e Minerali:** Le vitamine A, D e E, insieme ai minerali come il manganese e lo zinco, sono essenziali per la salute generale e la qualità delle uova. Fornisci un integratore vitaminico e minerale se necessario.

1.2. Somministrazione di Integratori

L'integrazione di alimenti specifici può contribuire ulteriormente a migliorare la qualità delle uova.

- **Oli di Pesce e Semi di Lino:** Questi integratori forniscono acidi grassi omega-3 che possono migliorare la qualità dell'uovo e il benessere generale delle galline.

- **Probiotici e Prebiotici:** L'uso di probiotici e prebiotici può migliorare la digestione e l'assorbimento dei nutrienti, contribuendo a una salute ottimale e a una produzione costante di uova.

2. Gestione Ambientale

2.1. Condizioni di Vita Ottimali

Le condizioni ambientali influenzano significativamente la salute delle galline e la qualità delle uova. Assicurati che il pollaio offra un ambiente confortevole e sicuro.

- **Ventilazione e Temperatura:** Mantieni una buona ventilazione per prevenire l'accumulo di umidità e ammoniaca. La temperatura ideale per le galline ovaiole è compresa tra 15 e 25°C. In estate, fornisci ombreggiatura e ventilazione adeguata, mentre in inverno assicurati che il pollaio sia ben isolato e riscaldato se necessario.

- **Pulizia e Igiene:** Mantieni il pollaio pulito e asciutto per prevenire malattie e infestazioni. Rimuovi regolarmente gli escrementi e utilizza disinfettanti sicuri per pollai. Cambia frequentemente il lettiera e assicurati che le aree di alimentazione e abbeveraggio siano sempre pulite.

2.2. Spazio e Arricchimento

Il benessere psicologico delle galline è importante quanto la loro salute fisica. Offri spazio sufficiente e stimoli ambientali per ridurre lo stress e promuovere comportamenti naturali.

- **Spazio e Movimento:** Assicurati che le galline abbiano abbastanza spazio per muoversi liberamente. Sovraffollamento può causare stress e comportamenti aggressivi. Una densità di 4-5 galline per metro quadrato è generalmente consigliata.

- **Arricchimento Ambientale:** Fornisci elementi di arricchimento come pallet di legno, giochi e materiali per beccare, che incoraggiano l'attività fisica e mentale, riducendo la noia e il comportamento distruttivo.

3. Monitoraggio e Prevenzione

3.1. Controlli Regolari e Ispezioni

Monitorare regolarmente la salute delle galline è essenziale per individuare tempestivamente eventuali problemi.

- **Esame Visivo e Controlli Sanitari:** Controlla regolarmente le galline per segni di malattie o parassiti, come piume opache, zoppia o cambiamenti nel comportamento. Effettua controlli sanitari periodici con il veterinario per identificare e trattare eventuali problemi precocemente.

- **Trattamenti Preventivi:** Somministra trattamenti preventivi come vermifughi e vaccini secondo le raccomandazioni del veterinario per proteggere le galline da malattie comuni.

3.2. Registrazione e Monitoraggio della Produzione

Tieniti aggiornato sui dati relativi alla produzione di uova e alla salute delle galline per valutare l'efficacia delle tue pratiche di allevamento.

- **Registro della Produzione:** Mantieni un registro della produzione di uova, annotando il numero e la qualità delle uova raccolte. Questo ti aiuterà a monitorare eventuali variazioni e a fare aggiustamenti alla dieta o alle condizioni ambientali se necessario.

- **Valutazione della Salute:** Tieni traccia della salute generale delle galline, inclusi eventuali casi di malattie o problemi di salute, per migliorare le pratiche di gestione e prevenire future problematiche.

4. Conclusione

Applicando questi suggerimenti e strategie, potrai migliorare la qualità delle uova e mantenere una salute ottimale per le tue galline ovaiole. Un'attenzione continua alla nutrizione, alle condizioni ambientali e alla gestione sanitaria garantirà risultati positivi sia per la salute del pollame che per la qualità della produzione di uova. Con la giusta preparazione e attenzione ai dettagli, il tuo pollaio sarà un ambiente produttivo e sano.

Vuoi un nostro libro a soli 0,99€? Ecco come fare!

Ciao!
Se ti è piaciuto questo libro, puoi ricevere il prossimo titolo **a soli 0,99€**, scegliendo tra:

📖 eBook
🖨 PDF di un libro cartaceo

Segui questi semplici passaggi:

📍 **1.** Condividi la tua esperienza sul sito dove hai effettuato l'acquisto.

📍 **2.** Invia uno screenshot **del tuo feedback** dove si legge anche la dicitura "Acquisto verificato" a:
info.testicreativi@gmail.com

📍 **3.** Riceverai un codice sconto personale da utilizzare sul nostro store online, valido per ottenere il prossimo libro **a soli 0,99€**.

📚 La tua opinione conta davvero: ogni recensione ci aiuta a crescere e permette a nuovi lettori di scoprire i nostri libri.

Grazie di cuore per il tuo tempo e buona lettura!

www.ingramcontent.com/pod-product-compliance
Lightning Source LLC
Chambersburg PA
CBHW071910210526
45479CB00002B/352
9798335528788